壹江肆城

建筑院校青年学者论坛文集（2015—2018）

褚冬竹　主编
谭刚毅　张彤　李翔宁　副主编

重庆大学出版社

重庆　摄影/褚冬竹

图书在版编目(CIP)数据

“壹江肆城”建筑院校青年学者论坛文集. 2015—2018 / 褚冬竹主编. --重庆：重庆大学出版社，2019.11

ISBN 978-7-5689-1881-7

Ⅰ. ①壹… Ⅱ. ①褚… Ⅲ. ①建筑学—学术会议—文集②城市规划—学术会议—文集 Ⅳ. ①TU-0 ②TU984-53

中国版本图书馆CIP数据核字（2019）第246433号

“壹江肆城”建筑院校青年学者论坛文集（2015—2018）

“Yijiang Sicheng” Jianzhu Yuanxiao Qingnian Xuezhe Luntan Wenji

褚冬竹　主　编

谭刚毅　张　彤　李翔宁　副主编

策划编辑　张　婷

责任编辑　文　鹏　邓桂华

责任校对　邬小梅

版式设计　张　婷　尹　恒

责任印制　赵　晟

重庆大学出版社出版发行

出版人：饶帮华

社址：重庆市沙坪坝区大学城西路21号

邮编：401331

网址：http：//www.cqup.com.cn

印刷：重庆共创印务有限公司

开本：787mm×1092 mm　1/16　印张：16.25　字数：479千

2019年11月第1版　2019年11月第1次印刷

ISBN 978-7-5689-1881-7　定价：78.00元

“壹江肆城”建筑院校青年学者论坛文集（2015—2018）编委会

主　编：褚冬竹（重庆大学）

副主编：谭刚毅（华中科技大学）

张　彤（东南大学）

李翔宁（同济大学）

（排名不分先后）

编　委：李　波　李云燕　冷　婕　梁树英　毛华松

石　邢　童乔慧　谭　峥　王中德　王桢栋

肖　竞　徐　瑾　徐　宁　徐　燊　叶　宇

曾　引　张　男　张　愚

（按姓名拼音字母排序）

参　编：阳　蕊（重庆大学）

“壹江肆城”建筑院校青年学者论坛组织机构

主办单位：重庆大学　华中科技大学　东南大学　同济大学

（排名不分先后）

承办单位：重庆大学（2015）　华中科技大学（2016）

东南大学（2017）　同济大学（2018）

协办单位：上海中森建筑与工程设计顾问有限公司

南京　摄影/李翔

壹江川流人杰地灵襟带西东丰彩多姿，肆城相系青年才俊建思泉涌风华正茂。

王建国
中国工程院院士
东南大学建筑学院教授
教育部高等学校建筑类专业教学指导委员会主任
中国建筑学会副理事长
中国城市规划学会副理事长

卷首语

褚冬竹[1]

“滚滚长江东逝水，浪花淘尽英雄”[2]。

长江对中国的意义，从来都不止一条大河那么简单。作为6300余公里的亚洲第一长河，长江对于中国还有着一层特别的意义——她是完整包含于一个国家境内的世界最长河流。长江作为中国最重要的文化发祥地与生态涵养地，养育着三分之一的中国人。与世界上其他著名大河一样，长江孕育了灿烂的文明。早在万余年前，长江流域便已有人类活动，并从上游到下游多个不同地点创造出一个个多彩闪亮的古代文明。河姆渡、良渚、金沙、三星堆……长江孕育、滋养着每一处古文明，见证了文明的起落兴衰。文明的进化发展为这条大河增添了斑斓的人文内涵，也为中华文化的丰富多元提供了直接印证。此后的数千年，长江流域在中国经济与文化发展中一直扮演着重要角色，上游、中游、下游分别以各具特色的生产生活方式担当着重要的基本经济区、文化区使命。

在地理的讨论范畴内，流域首先是自然区域，是河流或水系的集水区域，从河流源头到河口的完整、独立、自成系统的水文单元[3]。有了文化与经济的介入，流域便不仅是地理与生态范畴，更成为人居环境划分的重要依据。流域具有明确的边界和相对完整的生态景观，流域内的人居环境体系在生产、生活以及经济发展等方面具有紧密联系，不仅是水文地理单元、生态体系单元，还可视为具有相似性质的人居环境单元。在同一单元内，河流与其他地理性质的交织叠合，呈现出丰富的内部差异，形成了发源、上游、中游、下游各段因海拔、地势、地貌差别而迥异的特点。在漫长的人居环境发展历程上，由于支流、气候、交通等原因逐渐出现城市的聚集，一个个大小不等、特色鲜明的城市呈现在大江两岸。这些城市，往往既是水系节点，又是交通节点、文化节点和经济节点。因古代自然经济生产力的限制，以及复杂多样的地形山水阻隔，不同单元、不同节点间的经济与文化交流还难以广泛深入，甚至显得相对独立。但是，作为一个历史悠久的完整国家，跨地域的文化交流始终活跃存在，催生出丰富的跨地区文化交流。李白、苏轼、陈子昂顺江出川后流传出的雄美诗篇传颂至今，而杜甫年轻时畅游吴越，安史之乱后则辗转成都、夔州（今奉节）、衡州（今衡阳）等地，将生命的最后11年交给了这片土地。

近代，轮运业、电讯、铁路等基础设施迅猛发展，长江作为国家尺度的交通带、经济带的意义迅速凸显，并在外国列强的逼迫利诱之下，内外交织，由东向西渐次“开放”，客观上促成了中国历史上第一次“西部开发”。1871年，四川的6000包生丝首次沿长江经上海出口国外，开始了与浙江生丝的竞争[4]。在封建王朝终结，近代工商业发展下，长江流域经济越来越成为一个整体，沿江诸多大中城市的往来日益密切，加速了城市之间的交流与发展。

20世纪30年代，长江流域尤其是中下游，已成为中国经济最发达的地区，在近代中国占有重要位置。当时全国口岸埠际贸易量最大的20个城市，长江沿岸便占了12个。抗战爆发后，拥有当时中国经济中心（上海）、政治中心（南京）、交通枢纽（武汉）、战时首都（重庆）的长江沿岸诸城，成为侵略者觊觎掠夺的重要目标。政府、院校、工厂的内迁进一步促进了长江沿岸城市的紧密联系。上海沦陷、南京迁都、武汉失守、重庆轰炸，自西向东，半个中国成为被肆意蹂躏的焦土。彼时的重庆，危难中成为中国反法西斯正面战场的指挥中心，接纳了大量由上海、南京迁来的文化资源、高校师生和政商要员，更经受了日军战机长达六年的狂轰滥炸。从武汉起飞的日军战机，越过三峡，将上万枚炸弹倾倒入这座用地并不宽裕的山

1　重庆大学建筑城规学院副院长，教授。

2　出自明代四川籍文学家杨慎的《临江仙·滚滚长江东逝水》，全诗为：滚滚长江东逝水，浪花淘尽英雄。是非成败转头空。青山依旧在，几度夕阳红。白发渔樵江渚上，惯看秋月春风。一壶浊酒喜相逢。古今多少事，都付笑谈中。

3　陈湘满. 论流域开发管理中的区域利益协调[J]. 经济地理，2002（5）.

4　潘君祥，于顾道. 近代长江流域城市经济联系的历史考察[J]. 中国社会经济史研究，1993（2）.

城。一江、四城，在国难面前被紧紧挤推到了一起。

时光荏苒，如今的长江流域更是中国经济的重要支撑，横跨中国西部、中部和东部三大经济区共计19个省、市、自治区，流域总面积约180万平方公里，占中国国土面积的18.8%。在经济战略层面，长江经济带是一个包含9省2市的巨型区域，人口和生产总值均超过全国的40%。按照国家的顶层设计，长江经济带将打造成具有全球影响力的内河经济带、国家经济增长新的支撑带、东中西部协调发展与沿海沿江沿边全面开放的示范带。虽然各地区资源禀赋与经济发展状况差异仍然较大，成熟的全域城市体系还远未形成，但未来的道路已经清晰可见。长江与国家的未来命运更密切地联系了起来。

重庆、武汉、南京、上海，是沿长江顺流分布的四大重要城市，分属中国西部、中部和东部。四个城市在历史、文化、经济、空间等诸多方面都有着显著的差异和鲜明的个性，四个城市在气候划分、近代历史、高校布局等多个方面也有着许多微妙的相似或可比之处。在清末和民国时期，长江流域的所有城市中，这四个城市发展最为繁荣，它们是当时长江流域中城市经济的领头羊。如今以这四大城市领衔发展的长江三角洲、长江中游和成渝三大跨区域城市群连绵构成了中国重要的规模性城市发展带。城市群之间、城市群内部的分工协作，按沿江集聚、组团发展、互动协作、因地制宜的思路整体推进，成为保证整个长江经济带良性发展的必由之路。

这四个城市分别拥有建筑教育相对先进的优秀高校，以重庆大学、华中科技大学、东南大学、同济大学为代表。为加强长江流域代表性建筑学院青年学者的互动交流，深入研讨长江流域诸多城乡建设中的建筑学、城乡规划学、风景园林学研究、教育、实践动态，由重庆大学倡议，华中科技大学、东南大学、同济大学共同发起创立了“壹江肆城”建筑院校青年学者论坛，以促进这一地区建筑高校青年学者的学术交流、信息互通，在一定广度上探讨城市、建筑、景观的诸多问题。按长江流向，从2015年起，论坛顺次由重庆大学、华中科技大学、东南大学、同济大学分别承办。论坛旨在集聚青年学者智慧，共同研讨当前形势下长江流域诸城市中的若干问题。这些问题涉及城市、乡镇，也与技术、景观乃至市政紧密相关。这些多方位的问题和资源，成为青年学者可以施展才华、深度交流的阵地。过去的四届论坛中，共有68位青年学者登台交流，不仅在相关高校，也在行业实践的第一线，产生了积极的影响。

论坛的发起、开展全过程得到了华中科技大学谭刚毅教授、东南大学张彤教授、同济大学李翔宁教授及所有参与学者的鼎力支持，进一步拉近了各建筑院校青年学者间的距离，促进了更深、更广泛的交流和对话，为长江流域各建筑院校青年学者提供了一个深入探讨流域视角下城市发展问题的平台。

“壹江肆城”只代表基本的地理要素符号，其交流范围远不限于这四个城市。长江流域丰富而精彩的城市与乡村地域的文化资源，更包含着众多优秀院校与青年学者。作为一条孕育生命和文化的大河，长江对沿线城市的文脉传承和文化生态提供了原生且绵长不绝的动力和滋养。未来论坛将邀请更多的青年学者参与，共同为长江流域的城乡建设问题建言献策。本文集中的论文便是在前四年参与论坛的青年学者学术论坛中挑选出来的，虽没能全部呈现所有参与者成果，但可以基本领略各校青年学者的风采和敏锐。根据研究的方向，文集分为三个类别——历史与人文、城市与空间、技术与方法。这三个类别，也是我们面对城乡发展中的诸多问题的回应和责任，分别由谭刚毅、李翔宁和张彤三位教授撰写了导读。

“文明因交流而多彩，文明因互鉴而丰富。文明交流互鉴，是推动人类文明进步和世界和平发展的重要动力。”[5]“壹江肆城”作为一个富有特色的新兴学术交流平台，将继续在互动学习中前进发展。有理由相信，在这些充满热情朝气的青年学者持续推动下，未来一定值得期待。

5　习近平.文明交流互鉴是推动人类文明进步和世界和平发展的重要动力[J]. 求是，2019（9）.

重庆　摄影/褚冬竹

目 录

Ⅲ 方法与技术

附录

致谢

重庆 摄影/褚冬竹

历史与人文

导 读

谭刚毅[1]

历史研究不仅仅可以做史实的线性梳理和归纳总结，也可以致力于考察某个具体对象、事件或时期，并由此挖掘出众多富有思想的主题，从而批判现代的问题。《江城水火——近代武汉城市灾害与之城市形态》从水患与火灾这两种典型城市灾害切入，研究一个城市的形态及其发展的影响因素。水是理解武汉近代城市形态演变的一个重要线索，也对早期汉口的城市形态产生了决定性影响，并长期内嵌于城市肌理之中。大火焚城是城市灾难，也使城市换来涅槃重生的机会，但是1911年汉口大火之后的重建并没有看到在烧毁的所谓随机城市——因地形地貌和自组织发展起来的城市中按照体现一定计划目的和代表着经济或权力在城市空间中运作的规划设计来实施重建。城市的生长与重建中的自然抉择和社会抉择孰轻孰重？灾难与城市的发展联系起来，便于看清城市特质和时代特性。

《解读柯林·罗的“理想别墅的数学”》一文通过柯林·罗的名文“理想别墅的数学”的解读讨论了柯林·罗的建筑观、历史观和形式主义方法，以及投射于此文中的对现代建筑形式法则的洞察与思考。更重要的是作者通过重新审视柯林·罗的遗产来启示或者说警示今天的建筑学科的发展和教育，相信和思考建筑学“内在的本质和重要性”，将历史、理论与设计紧密整合在一起，在一个失魅的现实主义的世界中再创一个坚实的建筑学科的愿景。

时—空间行为是历史与人文研究重要的线索，也是历史环境价值判断的基本维度。以价值为中心的遗产保护需要进行价值判断和特征元素的定义。《拉萨城市历史景观的地域特征与层积过程》则以“价值关联”与“历史层积”的视角对拉萨地区城市历史景观的构成要素与层积载体进行了系统梳理。其“历史层积”不仅建立了时—空关联，其方法也充分体现了遗产的真实性——历史信息的层积和整体性的取证要求。

在研究素材上，《宋代城市楼阁类型与空间形态研究》则长于文献整理和图谱分析结合。中国传统城乡聚落多呈水平方向延展，因而高耸的城

---

1 华中科技大学建筑与城市规划学院副院长，教授。

市楼阁成为中国历史景观的显性符号，也是特定历史语境下社会建构的产物。关乎城市空间秩序、公私观念和形态审美，结合宋代城池图及山水画，阐释宋代城市楼阁礼乐形胜之道。探索这种智慧在当代空间语境下的设计语言和手法转化，是提升现代景观设计理论与方法的重要途径。

《巴蜀地区宋、元、明时期斜栱发展、演变研究》是一篇“典型”的建筑历史研究文章，虽然研究的是“非典型”的斗拱——斜栱。斜栱营造是中国传统木构建筑，特别是民间斗栱技术发展成就的突出代表之一。文章系统而缜密，通过对巴蜀地区宋、元、明时期木构案例进行研究，对巴蜀地区斜栱的使用区域、配置原则、形制及其演变等问题进行分析，比较全面地展示了巴蜀地区斜栱发展演变的面貌及其文化解读，充分体现了历史研究的描述、解释和探索之意义。而文章由史实研究生发的史论和技艺之道似乎才是更值得关注的，即在阐释斜栱夺目绚丽的形式表现外，更令人深思其巨大生命力下隐含着的“结构与功能、技术手段与艺术表现之间深刻的辩证关系”。

建筑学（历史）的研究依然需要做“实验”。《由“村外人”到“新乡贤”的乡村治理新模式》则让我们感受到“城乡人居环境犹如一个巨型的实验室，每一处的营造实践可能都是发现问题或印证假设的机会”。文章探讨了在城乡二元结构下传统村落人口外流和城乡壁垒弱化后走出去的“村外人”返乡的背景下，乡村治理中“村内人”和“村外人”的互动关系、复兴乡村的具体行动。这不仅是一次实践性的实验，也是关于“公”“共”“私”领域等理论的实验操作。

建筑历史的研究需要精深，但也需要有全局的意识，否则就只是“管窥”，或是简单的局部放大而呈现出的“噪点”。历史研究需要坚持，但也要学会“忘却” ，这样才能真正完成文化的转译,否则把历史攥得太紧，最后可能两手空空。只有忘了自己，才能做回自己。让历史活在当下，在于挖掘历史上能跨越时间的存在，以及作为生命体的人能真正感知的文化。

谭刚毅 | Tan Gangyi

华中科技大学建筑与城市规划学院

School of Architecture and Urban Planning,
Huazhong University of Science and Technology

谭刚毅（1972.9），华中科技大学建筑与城市规划学院教授，博士（华南理工大学）、博士生导师，副院长、建筑学系主任，《新建筑》副主编；中国建筑学会建筑教育评估分会副理事长，中国建筑学会健康人居学术委员会理事，中国民族建筑研究会民居专业委员会副秘书长；香港大学和英国谢菲尔德大学访问学者。

主要从事传统民居与乡土实践、近代城市与建筑、文化遗产保护和建筑设计等方面的研究；完成学术著作4本，参编书籍8本，在境内外期刊和会议中发表论文逾50篇；主持国家自然科学基金3项，British Academy（英国国家学术院）基金项目1项（中方负责人）。2006年获全国优秀博士学位论文提名奖，2003年获联合国教科文组织亚太地区文化遗产保护奖第一名“杰出项目奖”；曾获日本《新建筑》“都市住居”住宅设计国际竞赛三等奖（协力），广东省勘察设计协会优秀设计一等奖等竞赛和设计奖项。

观　点

专注小微建筑的设计，探究基本问题；
践行微观史学的方法，深描建筑图景；
倾听弱微群体的需求，奉献专业智慧。

江城水火——近代武汉之城市灾害与城市形态[1]

Flood and Fire of River City:
The Urban Disaster and Urban Form in Modern Wuhan

谭刚毅
Tan Gangyi

摘　要：城市形态发展受到各种因素的影响，文章首先从水患和火灾这两种典型的城市灾害视角切入，以武汉为例展开讨论，分别从水患、水运、堤防与城市形态、扩张方式以及城市建筑等的关联方面，分析了长江、汉水对近代武汉城市形态演变的影响；然后从城市历史、政治、社会等多方面切入，分析1911年汉口大火及其重建对城市形态以及城市发展带来的影响及其机制因素；最后总结了灾后重建规划实施的差异和困境。灾难与城市的发展联系起来，便于看清城市特质和时代特性。

关键词：城市形态，城市灾害，汉口大火，江城，市政

根据科斯托夫（S. Kostof）所总结的城市空间组织的模式，武汉当属典型的随机城市，有时为了强调城市形式中的一个突出的决定因素，也称其为“地貌的”城市，如山城或江城。这类城市通常是在没有人为设计的情况下产生的，只是随着时间的推移，根据土地与地形条件，在日常生活的影响下逐步产生和形成。水对塑造武汉城市形态和日常生活产生了巨大的影响。纵观武汉的历史，其实也是一部与水灾斗争的历史。

1　江（水）与城市形态

1. 1　城进水退与水的“逆袭”

1931年水灾是武汉20世纪以来受灾范围最广、灾情最为严重的特大型水灾。国民党中央宣传部发布的《为救济水灾告全国同胞书》中也如此哀叹：“斯诚国家之不幸，民族之奇灾！”根据《国闻周报》的记载，“汉口市区几乎全部被淹，灾区占全市面积 99%，市内水深四、五尺与两丈不等”；《武汉堤防志》记录“三镇淹水时间 42 天至 100 余天”之久。在短短一个月内，洪水就由后湖及沿两江突破一道道防线，最终将整个汉口镇吞没（图1）。

历史上武汉经历了一个从汪洋泽国中的“洲地”到湖泊日益减少的“江城”的过程。以图文记载相对详细的汉口为例，17世纪中叶的汉口是长江、汉江和潇湘湖与杨林河包围的一块洲地，与汉阳相对，这是汉口最初发展的基础。最初这里地势低洼，汪洋巨浸，洲地荒凉，可谓十足的“水城”。现在的武汉市不包括东西湖和汉南两个郊区，地名中有“墩”字共33个。为什么这一个个“墩”没能发展成湖水环绕的街区（Block），成为类似威尼斯的城市格局？尽管水能给这座城市带来发达的水运交通，人们以“人定胜天”的气概改造着自然，而自然似乎依然按照“自然法则”，

1　国家自然科学基金项目：《近代武汉城市形态与建筑的现代转型及其轨迹与动因研究》（51278210）。

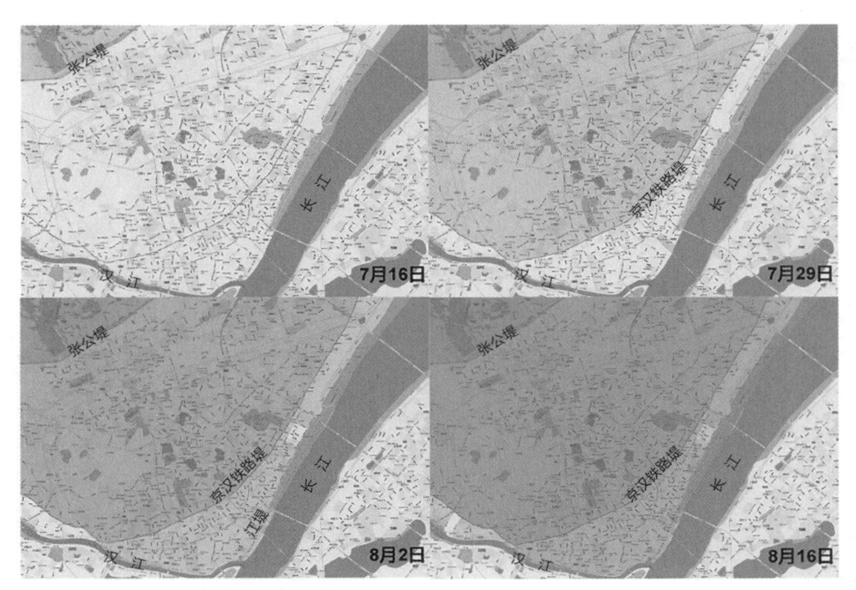

图1 汉口特大水灾受灾过程示意图

图2 1748年汉口水域范围示意图

冲破堤防而使洪灾泛滥。

《汉阳府志》记载的 1748 年《江汉朝宗图》清晰地表现了武昌、汉阳、汉口三镇与长江、汉江的位置关系（图2）。当时汉口镇的市区范围沿两江呈带状分布，后湖则紧挨市镇的边界，汉口犹如被水包围的洲岛。百余年之后汉口堡建成，压缩了后湖的水域范围，城市开始向腹地发展。1877 年《湖北汉口镇街道图》则表达了城内水域与后湖的些许关联（图3），这也为汉口水域的变迁提供了证据。对比图 2可以发现这样的城市发展趋势：汉口市区范围不仅向腹地深入，同时向两翼延伸，而后湖水域范围则逐渐开始萎缩。

19 世纪末开始出现较为精准的测绘地图，它们为研究城市形态的演变提供了有力的证据。如1930年绘制的《武汉市县实测详图》中就清晰地表达出汉口与后湖的关系：张公堤修筑以后，堤坝内的湖泊迅速露浅，仅在张公堤与京汉铁路之间残存部分水域，而铁路内侧则几乎没有大型湖泊的踪迹了。在另一张1930年的地图（图4）中，主要描绘了张公堤内侧汉口市街图。原本紧挨市区的后湖被瓦解为若干个小湖泊分布在铁路外侧。对比航拍图也可发现，如今汉口的发展已将大部分湖泊吞没，“沧海”已变为“桑田”。

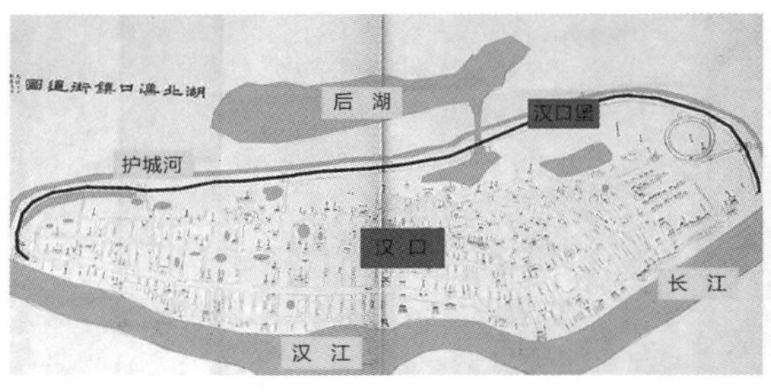

图3 1877年汉口水域范围示意图

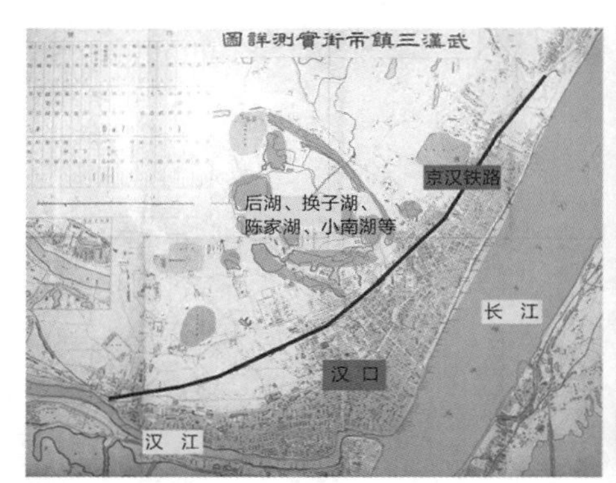

图4 1930年汉口水域范围示意图

1. 2 水对城市形态的影响

1. 2. 1 边界形态

1）边界: 水患与堤防

因为水患，所以才设堤防。历史上武汉曾数次大兴土木，筑堤防洪（图5）。主要的堤防有袁公堤、汉口堡城垣、张公堤等。袁公堤是明崇祯八年（1635年）由汉阳府通判袁焻主持在汉口修筑的长堤。清同治三年（1864年）在今天的硚口至一元路的袁公堤外修筑了汉口堡城垣，城墙可以防水，从而取代袁公堤的作用。袁公堤废后，变成今日之长堤街。还有著名的张公堤。张之洞督鄂19年，在三镇都进行了大规模的堤防建设，包括红关至青山的武丰堤、自金口至平湖门的武泰堤、汉阳10 km长的月湖堤、汉口后湖长堤等。

2）堤防（城防）与城市边界

以上三个时期修筑的长堤（城垣）防护的区域便是汉口先后三个时期的市域。在城市不断发展的过程中，这些江堤“界定”了城市该历史时期的边界，有的成为扩张后新的城市轮廓，先前的边界（长堤）则变成了城中的干道。袁公堤堤内面积约4 km^2，袁公堤兴建后，汉口得到了较快的发展，真正成为闻名全国的商贸港口城市。城区范围虽然还未超过武昌和汉阳，但人口密集，经济繁荣，港口发达，成为三镇最为昌盛的经济中心（图6）。汉口城堡（图7）建成后，市区面积不仅远远超过汉阳城区，还超过了历史悠久、始终雄居三镇之首的武昌城[2]。光绪末年，汉口市区进一步扩张，而当时的汉口堡已经成为阻碍市区发展的障碍，亟待拆除，于是汉口开始第三条堤坝——张公堤的修筑。它的修筑使得汉口市区面积由原先的5. 3 km^2扩大到116. 6 km^2，市区面积扩大了 22 倍（图8）。

夏口与汉阳分治后，撤去城堡，创修马路。1905年（光绪三十一年），湖广总督张之洞设置汉口马路工程局，准备修筑汉口马路。拆屋让路之举难以实行，便拟拆毁汉口堡来修筑马路[3]。这就是今日中山大道的

图 5　1930 年前武汉的几次堤防建设

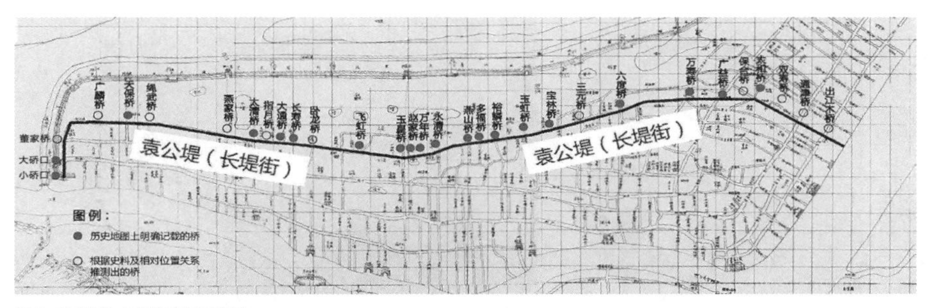

图6 袁公堤与玉带河桥示意图

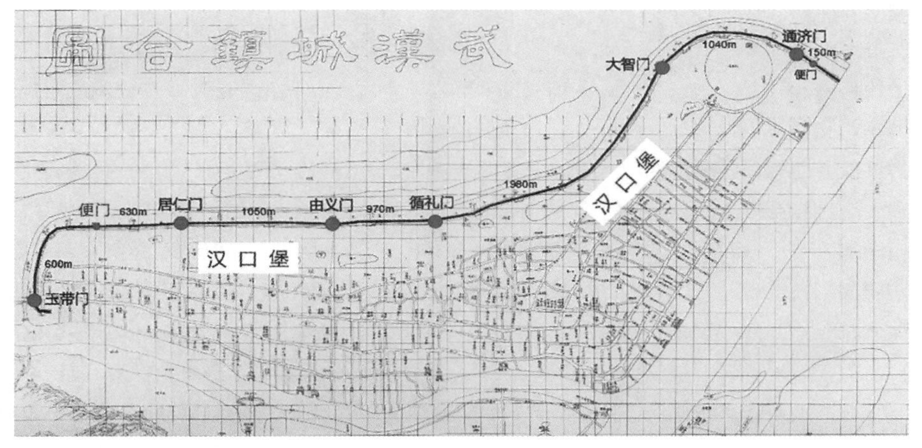

图7　汉口堡与城门楼位置示意图

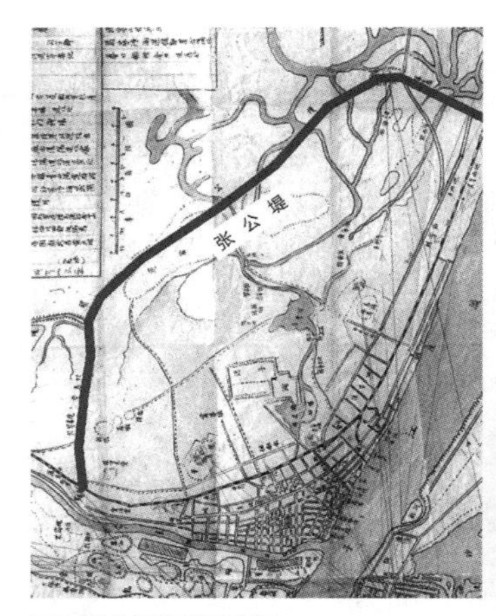

图8 张公堤位置示意图

图9 拆除城堡后修筑的后成马路（今中山大道，1931年水灾情景）

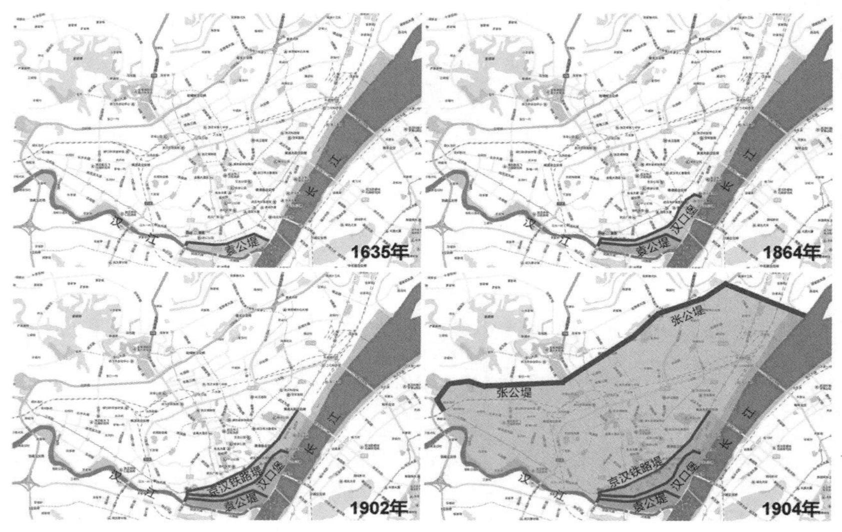

图10 汉口堤防建设与城市边界扩张示意图

上段和中段（图9）。修成之后，从前人迹罕至之处变成轮轨交通、店铺林立的闹市。堤防和城垣的建设使得汉口迅速发展起来的同时，也基本确定了未来汉口多少年内发展的边界和范围，当年的张之洞圈定的汉口堤防范围——张公堤，依然是现在汉口的一个城市边界。通过研究汉口几次重要堤防设施的走向，即可厘清城市发展的一条线索（图10）。

3）汉口——不设防的城市

防洪水而修筑堤防，但在汉口修筑堤防的位置却明显不同于汉阳和武昌，沿长江和汉水可谓既无堤防，又无“城防”。或许清政府视西方列强为“肢体之患”“肘腋之忧”，而视太平军、捻军为心头之患，才有修筑汉口腹地的城堡，而敞开河岸。不难发现《太平天国战争时清军布防图》（图11）中汉口在地图上所占面积不到1/8，可见其军事防御地位之低。1852—1856年，太平军先后三次攻占武昌，四次攻占汉阳。只有汉口是不设防的城市，可随意进出，商贸港口业的发展得不到安全保障，其约4 km^{2}的面积已不能满足市区发展的需要。清同治三年（1864年）汉阳知府钟谦钧、汉阳县知县孙福海等筹议修筑汉口城堡，西

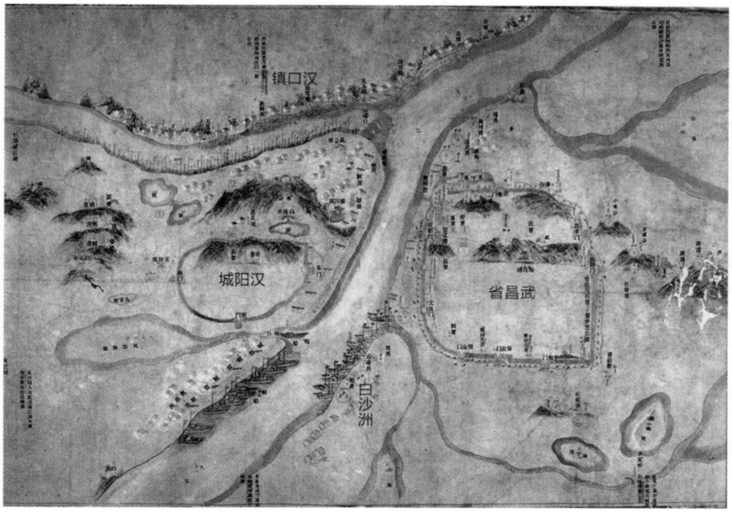

图11 太平天国战争时清军布防图

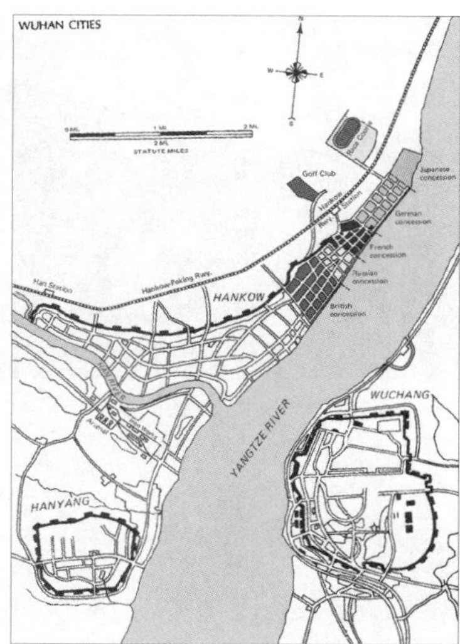

图12 1908年武汉地图

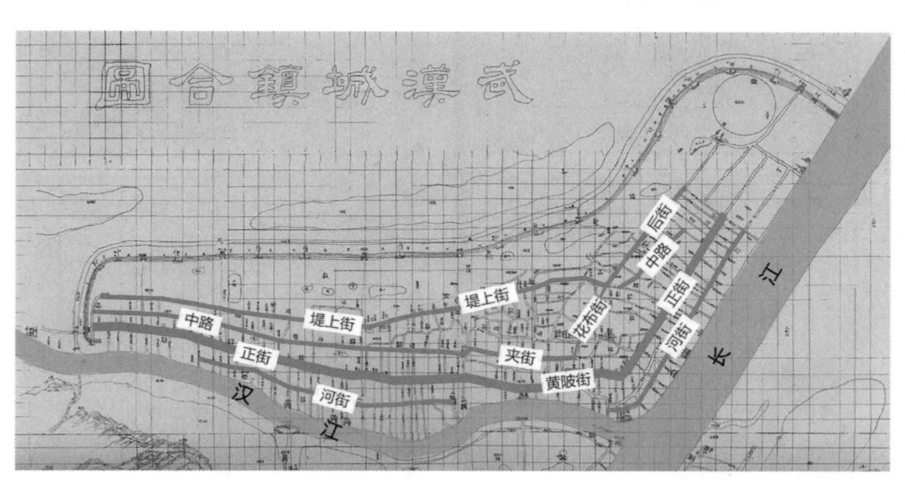

图13 汉口旧市街主要干道和“鱼刺形”街道空间示意图

起汉江边的硚口，东迄长江岸边的沙包（今一元路江边），其全长1990. 2丈，合6635米，如偃月形环绕于袁公堤外。从1908年的地图（图12）可清楚看到，汉阳城和武昌城的城墙都是封闭的，只有汉口城墙是没有闭合的偃月形。

1.2.2 路网结构

明成化年间汉水改道后，汉口便成了一座四面环水的城市，江河湖泊的变化与地形地貌的特征决定了汉口城市道路的雏形。水系的走向深深影响城市道路的走向，道路平行于水系似乎是最顺应自然的方式。汉口最初的居民因生活、生产之便而选择沿河而居，由此逐渐形成了平行于汉水的河街。其后，随着城市的发展，沿河地带已经无法满足人口的需求，于是城市逐渐向腹地发展，形成了“码头—河街—正街—夹街”的道路序列关系（图13）。汉口本质上是一个以水运为本，因商贸而兴的商业型城市，港口城市性质决定了其生活、生产活动都是围绕码头而产生的。为了完成货物的转运、交接及贸易又相应衍生出一系列附属的服务体系及生活设施。这些功能夹杂在码头与主

图14　20世纪初汉口临江的吊脚楼

图15　1924年建成的江汉关

图16　既济水电公司的汉口水塔

干道之间，逐渐形成了一条条垂直于汉水与主街的巷道，呈现出“鱼刺形”的空间特征。

1.2.3　街区划分

水对早期汉口城市街区和地块划分的影响是相当明显的。适于生活用水以及水运交通的要求，汉口的城市地块被无意识地划分为垂直于汉江的一块块窄条状街区，并通过四条平行于江水的主干道串联起来。这些街区的起点便是位于河岸的一个个码头，并在背离河岸的方向发展出仓库、商行、手工作坊、住屋、旅店、茶馆、会馆、寺庙等一系列空间。这些功能区表现出明显的空间序列性，即越靠近江岸活跃性越强，越靠近腹地则私密性越强。体现在空间关系上则是越靠近岸边，垂直于汉水的“巷”就越密集，而越往内陆则巷道越少。汉口的旧市区也就是在这一个个街区单元沿着汉水这条动线一路复制发展而成的。

1.2.4　建筑形态

地处两江会合口的武汉地势低下，水灾频仍。诸如“水没城圮，漂民庐舍”“水及门楣，舟触市瓦”“江湖合一”“戍楼垂钓”等记载史不绝书。水患直接影响当时当地的居住形态。汉口在17世纪中叶时地势低下卑湿，早期的居民在大致今汉正街—大兴路一带，借汉江自然堤形成的高地[4]搭房盖屋，大水时或临时迁走，或自备船只舍屋就船，水退时再迁入居住。许多临水建筑多为千脚落地式的房屋（图14）。整个汉口海拔皆在最高洪水位之下，在堤防围垸未筑前，汉口居民以季节性居民为主，住宅大多是茅棚草屋等临时性建筑。地势特点和水患决定了城市建筑物（标志性建筑）的高程（±0.000）。江汉关的±0.000的高度就是建造当年的历史最高水位（图15）。建筑物的高程在一定时间内也决定了城市的高度。1906年，宋炜臣创办既济水电公司，汉口居民第一次饮用了自来水。该公司的汉口水塔是武汉最早的一座高层建筑（图16）。

1.3　水运对城市转型的作用

1）产业转型

汉口由诞生之初至明朝中后期的150年间，完成了其第一次产业转型，即由传统的农业、渔业转为手工业和商业，奠定了近代汉口以商贸为主的城市产业基调。明清时期，中国政府先后将汉口定为官方的漕粮和淮盐的交兑口岸与转运中心。至清嘉道年间，一个以汉口为中心的具有相当密度的市场网络已经形成，商品的流通覆盖到广阔的中国腹地村镇，汉口镇成为与朱仙镇、景德镇、佛山镇并列的中国四大镇。1861年汉口开埠后，汉口由传统内向循环的商贸网络逐渐指向国际市场，长江航运地位显著提高，汉江航运逐渐弱化，汉口由传统的内聚型商业中心向近代外向型国际商埠转化。张之洞督鄂期间完成了一系列“足以开一时之风气，树工艺之基础”的改革，创办了汉阳铁厂、湖北枪炮厂、大冶铁矿、兵工厂和纱布丝麻四局等近代工业。汉口开埠和张之洞督鄂完成了城市的工商业转型。

2）空间演变

（1）城市中心区变迁

汉口在其500余年发展进程中共经历了三次中心区变迁的过程。第一次变迁在汉口发展的早期阶段，由于洪水连年侵扰，襄河北岸始终无法形成大规模的人口聚居点，城市重心基本处于南岸的崇信坊。直至袁公堤筑成，这不仅确定了汉口城市空间的雏形，还为汉口城市空间的扩张指明了方向。第二次变迁在明末清初，汉江沿岸凭借其天然的港口优势成为汉口最先发展的地区，城市发展主要沿着汉江一带线性发展。特别是当汉口被确定为漕粮和淮盐的转运点之后，汉口逐步发展成为长江中游各种物资的中转站，进一步衍生出各种货物交易的场所，极大地刺激了沿汉江的城市发展。第三次变迁在第二次鸦片战争之后，汉口五国租界纷纷展开沿江码头的大建设，除此之外，如仓库、工厂、旅店、商行、银行等围绕码头兴建，并且租界生活的进一步稳定也带动了教堂、医院、学校、娱乐场所等服务性建筑的产生。租界区的建设无论是规模还是质量都远远超过同时期华界的发展。汉口城市发展的重心就这样逐渐由沿河转为沿江。（图17）

（2）码头的生长

汉口码头的生长主要有两个过程：一是汉水沿岸码头不断加密的过程；二是码头由汉江沿线转为长江沿线的蔓延生长过程。汉口开埠以前，汉口的码头基本集中于汉水沿岸。汉口最早的有名可考的码头是建于乾隆元年（1736 年）的天宝巷码头，其后三年内又相继修建了大硚口、小硚口、武圣庙、关圣祠、接驾嘴、龙王庙等码头；道光八年（1828 年），又陆续修建了鲍家巷、新码头和流通巷码头等[5]。《武汉竹枝词》也描绘了当时码头发展的盛况：“廿里长街八码头，路多车轿水多舟”[6]。 至同治七年（1868 年），汉口由硚口至龙王庙短短十余里河岸码头数量已达 35 个之多，平均 150 m 就有一座。这些码头都是由汉水上游到下游逐步建设的，表明了码头生长的大趋势和大方向。此外，码头的密度不断增加也反映了城市密度不断增大的事实（图18）。

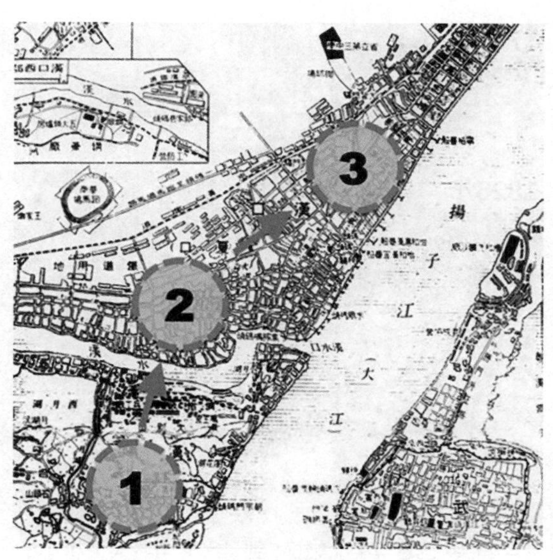

图17　汉口城市中心区的三次变迁示意图

汉口开埠后，汉口的码头迎来新的生长契机，码头沿着长江一线发展。汉口洋码头是与租界区相辅相成的，其上游的起点为江汉关。最早的洋码头是建于1863年的英租界宝顺洋行的五码头。1871年，俄国顺丰、新泰砖茶厂也在长江边建立码头；1875 年，英租界太古洋行设立太古、怡和两个轮船公司，建立一码头、三码头；1898 年，日本开办日清轮船公司，在俄租界内建立六码头……直至 1910年，汉口长江边的

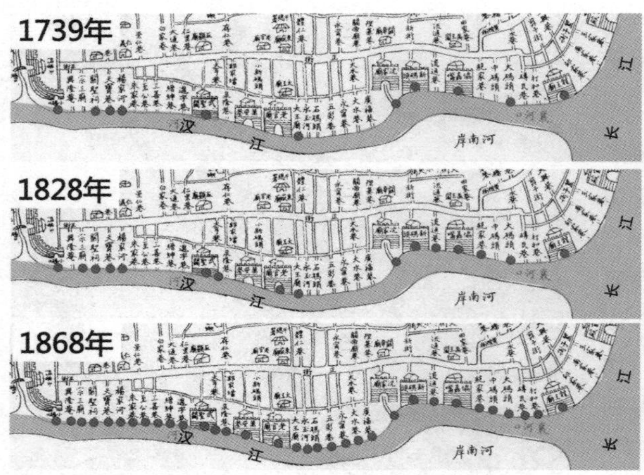

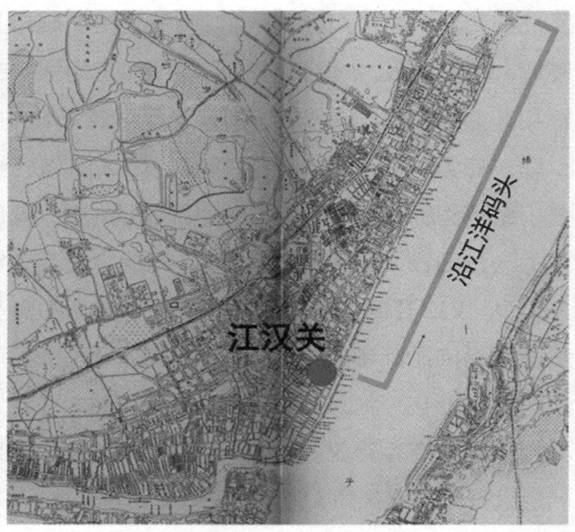

图18 汉江沿岸和长江沿岸码头发展过程示意图

“洋码头”已达 74 个之多；到 1926 年，大大小小的洋码头有 87 个，从江汉关一直延伸到丹水池、谌家矶一带[7]。1931 年的《武汉街市图》清楚地标明了汉口码头的分布状况，其中自江汉关以下开始的租界沿岸，码头个数为29 个（图22），为整个武汉沿江码头最为密集的一段。

2 大火与城市形态

2.1 1911年汉口大火及其城市重建

1911年的汉口大火是伴随着辛亥革命的枪声而起的。1911年10月10日傍晚，革命军在武昌打响了起义的第一枪。10月11日汉阳、汉口光复[8]。紧接着武汉保卫战（又称为“阳夏战争”）于10月18日开始，包含汉口战役（10月18日—11月1日）与汉阳战役（11月2日—11月20日），历时40余天。“10月30日，清军第一军军统冯国璋到达汉口，命令所部在市区放火烧城，大火三日三夜不灭，不少居民葬身火海，成千上万的人无家可归，30里长的汉口市区，几成瓦砾。11月1日夜，汉口终于沦于敌手。”这场火，从歆生路花楼街一直烧到满春茶园，又烧到硚口。“汉口1/4市区被焚毁。”（图19）

1）1911—1918年汉口重建

（1）重建方略

1912年年初，汉口当局开始筹划重建汉口。面对汉口天然的地理优势和已积累的经济基础，整个汉口当局上下一片沸腾，酝酿着“复兴”汉口的大计。辛亥

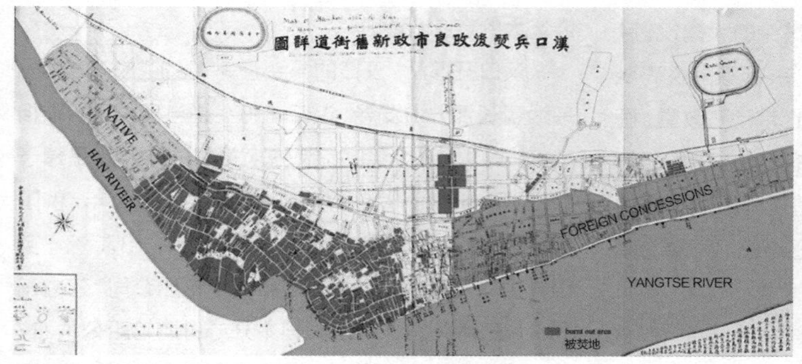

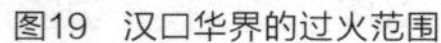
图19 汉口华界的过火范围

图20 《建国方略》中对武汉城市扩张的设想

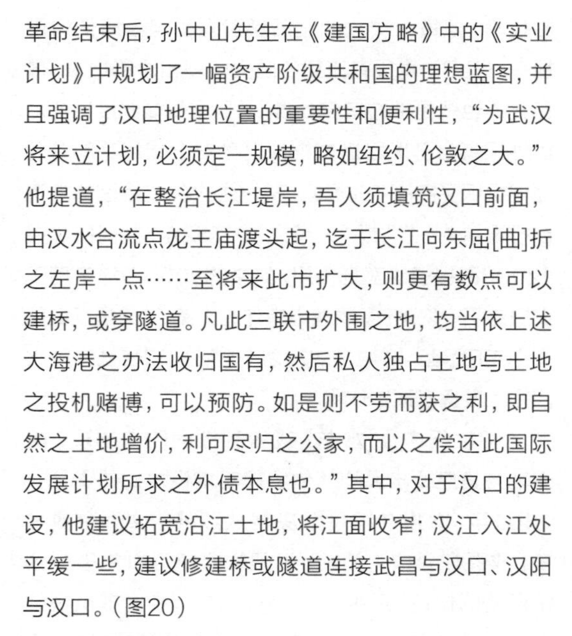

图21　1912年建筑汉口全镇街道图

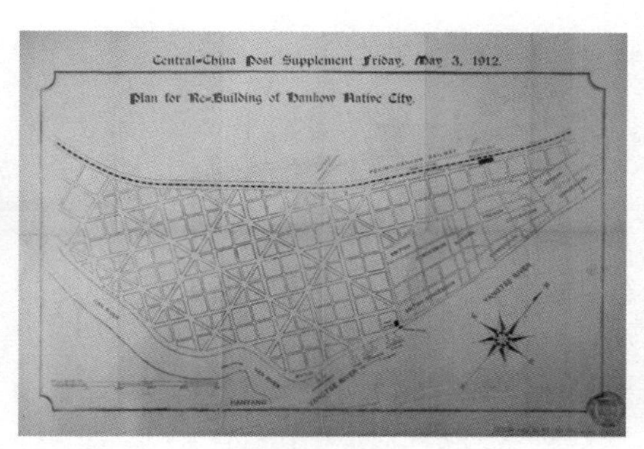

图22　1912年汉口华界重建规划平面图

图23　汉口兵燹后改良市政新旧街道详图

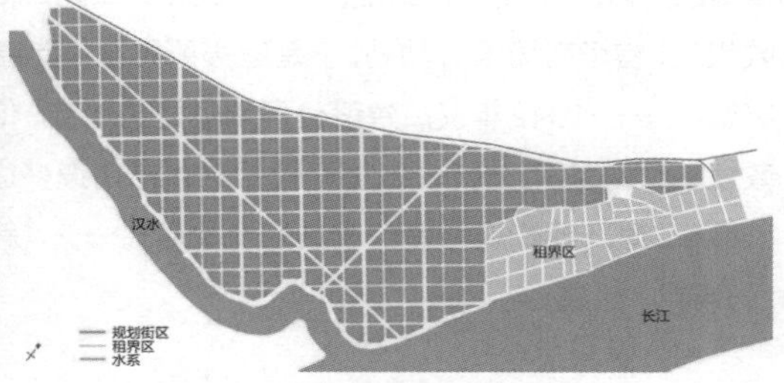

图24　1912年6月汉口重建规划网格

革命结束后，孙中山先生在《建国方略》中的《实业计划》中规划了一幅资产阶级共和国的理想蓝图，并且强调了汉口地理位置的重要性和便利性，“为武汉将来立计划，必须定一规模，略如纽约、伦敦之大。”他提道，“在整治长江堤岸，吾人须填筑汉口前面，由汉水合流点龙王庙渡头起，迄于长江向东屈[曲]折之左岸一点……至将来此市扩大，则更有数点可以建桥，或穿隧道。凡此三联市外围之地，均当依上述大海港之办法收归国有，然后私人独占土地与土地之投机赌博，可以预防。如是则不劳而获之利，即自然之土地增价，利可尽归之公家，而以之偿还此国际发展计划所求之外债本息也。”其中，对于汉口的建设，他建议拓宽沿江土地，将江面收窄；汉江入江处平缓一些，建议修建桥或隧道连接武昌与汉口、汉阳与汉口。（图20）

（2）重建规划

目前所掌握的史料，至1912年6月，当局拿出了三份重建汉口的规划图纸（研究者目前所收集整理），可见振兴汉口之迫切。这三份规划图纸来源不同，但规划方案都以京汉铁路以南、租界以西的区域做重建规划。第一张图纸（图21）为《武汉历史地图集》中收录的“建筑汉口全镇街道图”，时间标注书中仅有“1912年”。第二张图纸（图22）为SOAS 伦敦大学亚非学院图书馆收藏的《Plan for Re-building of Hankow Native City》（汉口华界重建规划平面图），图纸为全英文，在Central China Post 的增刊上印刷，时间为1912年5月3日。第三张图纸（图23）为SOAS伦敦大学亚非学院图书馆收藏的“汉口兵燹后改良市政新旧街道详图”，由刘歆生测绘室绘制，图纸上标明了1911年大火烧毁的房屋，以及新规划设计的方案，时间为1912年6月。

方案实际可分为两种。前两张图纸可以认为是同一方案，但图21中清晰明确地标示了每一块地的编号，而该规划图名中的“建筑”显然带有强烈的城市重建的宏愿。《申报》中有一段描述：“想象汉口之将来，不禁眉飞色舞”传达了在辛亥革命之后，城市重建

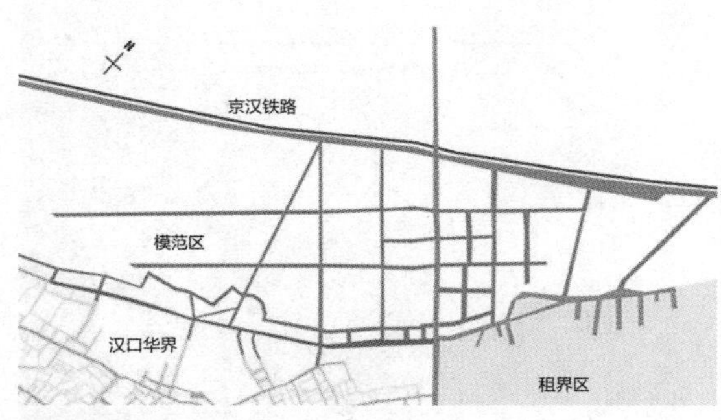

图25 模范区道路格局

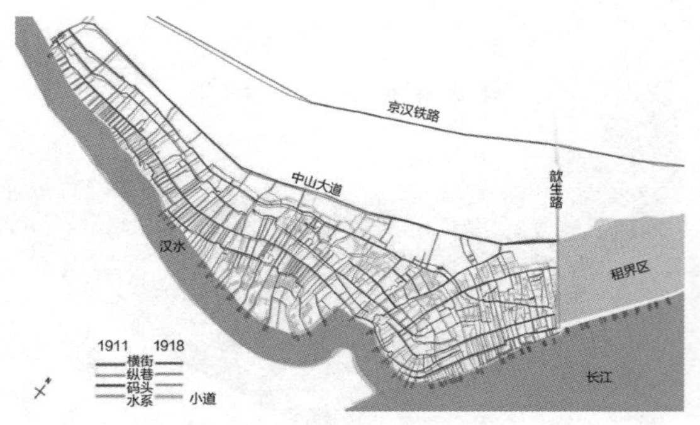

图26 1911年与1918年汉口华界道路格局比较

情绪的亢奋。“旧街市之错乱已不能容忍，开口闭口伦敦纽约，官场商场雄心勃勃，于是匪夷所思之作堂皇出笼。”——1912年汉口建设公司筹备处仿巴黎、伦敦规划绘制了汉口全镇街道图，仅规划城市街道多达306条，道路系统规划追求理想的构图形式——“斜线+格网”[9]（图24）。

（3）重建过程

纵然1912年的汉口重建规划反映出重建“略如纽约、伦敦之大”的雄心，但1912—1920年，汉口工商业的发展与城市复建较为坎坷与艰辛。1912年，晚清两县一厅（江夏县、汉阳县、夏口厅）变为江夏、汉阳、夏口三县。汉口商业迅速发展，北洋政府设汉口商场督办，控制了汉口税收和工商业，治权相当于省。而至关重要的是，1915年的新文化运动带来的是前所未有的思想解放，社会主义思潮更在“五四”时期蓬勃兴起。这段时间的汉口重建基本上没有当局参与，依然算是一个“自组织”的重建过程，重建规划和想象都停留在图纸上。

整个汉口在复建过程中最引人注意的是自称“创建了汉口” 的地皮大王刘歆生的“复建工程”[10]——历经10多年建成“模范区”（1913年开始，图25）。按照甲级砖木结构建成一个个里弄社区，共2000多栋房屋，街道一般为10~20 m宽，铺以碎石[11]。模范区的建设对汉口城市经济和空间格局的恢复起到了重要作用。这些社区并不在火灾的核心区域，但其道路网络“沿袭”了重建规划的理念，居住环境“高档”，起到了“模范”之用。大火过后一系列城市建设拉动了内需，势必带动经济的发展。但政府没有资金，商民根据自己的财力量力重建，普遍建筑规格偏低。巨商刘歆生只能算是重建过程中的个例，商人的力量远不足以改变整个城市的空间体系。汉口复建可谓速度快，项目多，管理薄弱，建造水平参差不齐，致使汉口的面貌还如原貌（图26）。

2）草根集结维护城市市政

1911年汉口大火以前，汉口发生过的火灾已不胜枚举，但每一次火灾之后都没有引起当局任何重视——汉口一直没有正式的防火区划和建筑规章，最正式的也就是地方官府公告，并且全是非制度性的。百姓只有自己采取措施维护自身安全和切身利益。他们组织了各种商业行会，在发生火灾之后团体筹资自行设置“火路”或“火道”。如1752年，盐商邱濬捐12000两银子给巡抚衙门，其中的2000两指定用于汉口购买一块地产，清理出来作为火路[12]。这是汉口民间“自下而上”对城市的规划“干预”，它在城市防火问题上发挥了某些作用。

18世纪末，“水龙”或者手拉消防车出现。随即地方官府要求民间团体承担起增设水龙的责任。1801年，徽州会馆投票决定从江苏购买两台救火车，放置在会馆大门前。汉阳知府随后赞赏徽州会馆所处的位置“适中”，适宜于向广大街区提供消防服务。1910年，在张之洞的“新政”下，汉口消防会成立，终于将所有消防活动置于一个全市范围内的唯一组织（仍然是非官方组织）控制之下。一位富有的药材商人徐荣廷自愿出任消防会的领导人[13]。直至1929年武汉特别市政府成立，汉口一直未曾出现真正意义上的消防设计。

汉口复建时湖北军政府财政支绌，汉口市民别无他法，只能“自救”。汉口几乎每一次火灾都没有引起任何政策上或建设上的进步，都是靠百姓自己出钱、出力，或是民间自组织而成的各商业行会带头，组织修路或者设置消防水桶，甚至成立消防协会，整个过程没有领导者出现。

2.2 比较研究：1966年伦敦大火及其重建

1665年，欧洲爆发了闻名于世的大瘟疫，黑死病横扫欧洲大陆，伦敦因此有十万人丧生，同时，英国又在战争中失利。在此背景下的1666年9月，伦敦布丁巷的一家面包房的小小火星，点燃了整个伦敦城，小灾酿成了大祸（图27、图28）。论破坏程度，1666年伦敦大火与1911年汉口大火不相上下，论城市重建时间，基本上两座城市都用了6~7年才恢复原貌。火灾发生时两座城市均处于动荡时期，从城市层面来看，1911年汉口大火后的武汉处于城市发展的“黄金年代”，1666年伦敦大火后伦敦城开始变革性地发展。

伦敦城的重建是基于政府的指导、专家的实施以及市民的积极配合。国王任命了三名委员会委员，颁布重建法案（Rebuilding Acts），对重建给予了法律授权。通过执行国王的宣言，在十多年里增加对运入伦敦港口的煤征收的税费，用于支付土地购置、拓宽道路以及重建城市里的监狱、教堂等的费用。这使得伦敦城在财政上可以支持重建，并在尽量短的时间内聚集到所有可能允许的劳动力和资源。[14]在法规方面，委员们将街道宽度标准化，且新规定都是对原有尺寸的巨大改进。委员会还坚持标准的住宅类型，将其划分为四个等级，目的是使其更具有规则性、一致性和优美性。建筑的建造是标准化的，墙的厚度、地基的尺寸和房顶木材的尺寸受到严格的控制。房屋立面的材料只允许使用砖块和石头。界墙立法的采用对重建意义重大，这要求在两侧地皮上公平地修建共同的界墙，如第一位房主修建了整段墙，那么另一位房主则支付一半费用和期间内百分之六的利息。[15]

根据英国作家John Evelyn的日记记载，先后有英国国王和他的团队Evelyn自己的设计方案（图29）、职业建筑师Wren的方案（图30）、科学家/

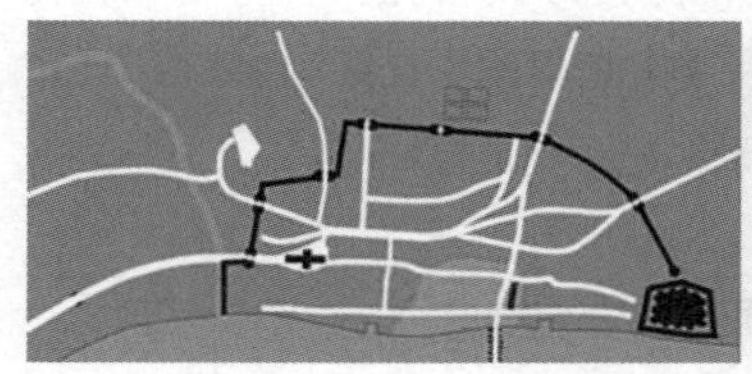
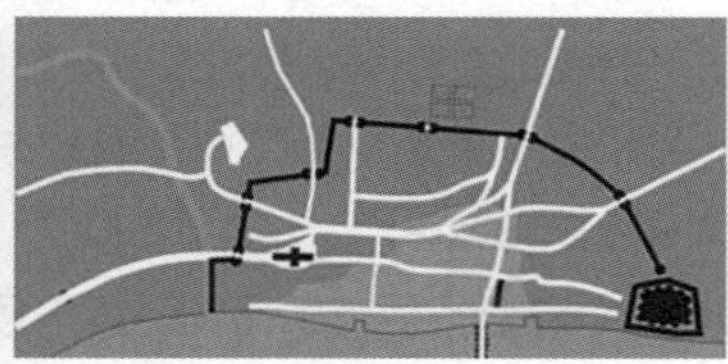
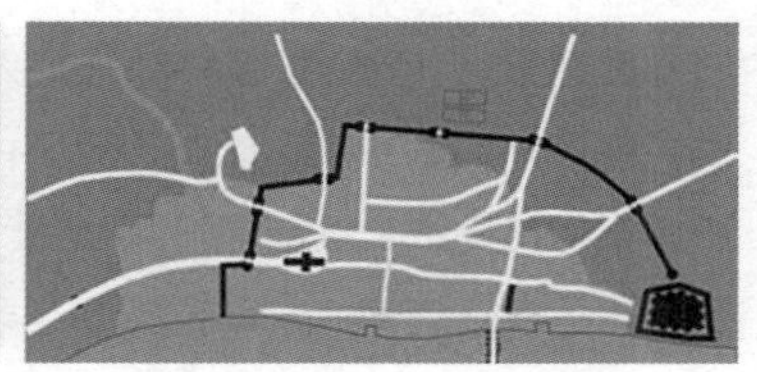

图27 1666年伦敦大火持续过程示意图（从左至右：周日、周一、周二）

图28 1666年伦敦大火后新城市空间形态

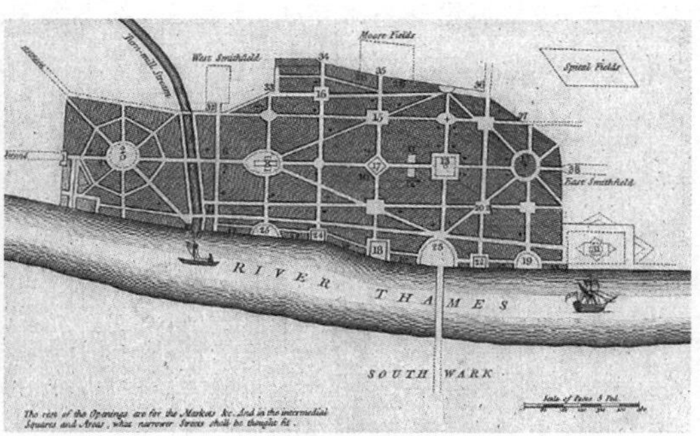

图29 John Evelyn设计的城市重建规划平面图

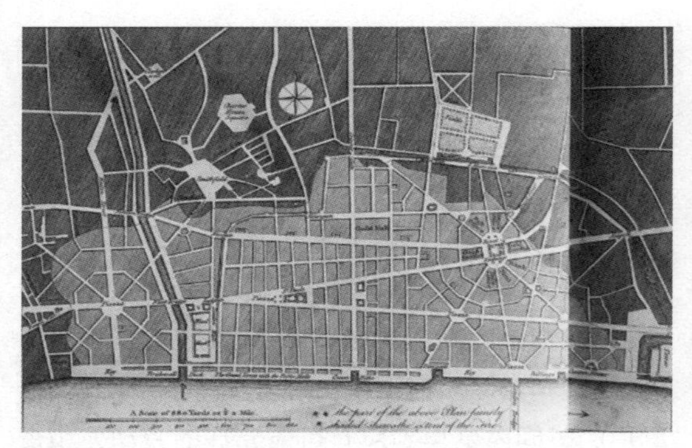

图30 Wren设计的城市重建规划平面图

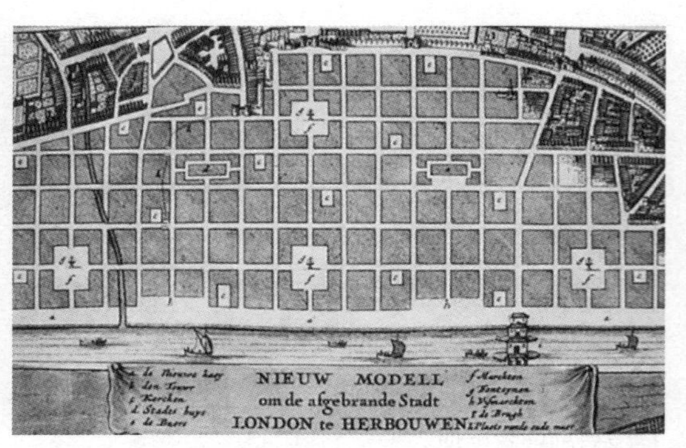

图31 流传由Hooke设计的规划平面图

图32 1680年重建后的新伦敦城市空间形态

工程师Robert Hooke的方案（图31）。另外还有两份设计——Richard Newcourt，一个绘图员的方案和Captain Valentine Knight的一个神奇的设计。

重建要快，但更要有秩序。但商人、市民们的立场难免有分歧。最后决策者选择了折中的办法，在保持原有街道格局不变的前提下，尽可能改善市政设施、保证房屋建造质量和材料的选择。同时，当局把争吵不休的规划转化成一次对城市的全面深入的测绘。1672年，伦敦城重建基本完成。新房子、新下水道、人行道第一次出现在拓宽的马路上。新房子不再是木屋而都启用了砖石。据资料记载，当时一位伦敦市民自豪地说：“这不仅是最好的，还是世界上最健康的城市！”[16]（图32）

在宏观的城市规划上伦敦新城与旧城相比并没有什么大的改变，但许多意义隐藏在街道内部的细节中。新伦敦城建成之后，新型的建筑构造为新城市提供了更好的街道，更坚固、更合适的建筑物。伦敦的经济再次飞速发展，瘟疫中损失的人口迅速被弥补。关键的是，伦敦自此从一个封建社会向开放的资本主义商业社会迈进了一大步。新城的建设同时推动了伦敦城市建设的剧烈变革。1680年，伦敦开始有了火灾保险公司。18世纪这些保险公司自行出资成立了消防队，直至200年后公立消防局成立。相比之下，汉口更多的是市民的“自我修复”。（表1）

3 城市灾害——城市史的背面

将灾难与城市成长经历联系起来，便于看清城市特质和时代特性。“把城市史的‘背面’翻过来瞧瞧，可以发现‘正面’的定义离不开背面。”[17]在城市灾害背后，是一次全民集体的觉醒和奋起，也就有了“正面”的辉煌载入史册。

3.1 公共干预下的全民自知

2013年10月，美杜莎游戏设计公司（Medusa Games）发布了一款桌游：“The Great Fire of London 1666（大火灾：伦敦1666）”。游戏发布者的理念是希望人们重新体验伦敦扣人心弦的历史记忆。大火甚至成为艺术创作、生活用品创意等各种灵感产生的源泉，更是儿童蒙学的宝贵素材。不仅如此，伦敦大火对伦敦市民的心理造成了极大冲击，城市重建后，伦敦当局对这次大火的意义高度重视，伦敦城市组织修建大火纪念碑。纪念碑有311级旋转楼

表1 1666年伦敦大火与1911年汉口大火异同点比较分析 （来源：作者自制）

	1606伦敦大火	1911汉口大火
相同点	大火对城市空间形态几乎是毁灭性的	
	大火发生后，社会时局动荡，政府财政支绌	
	商业社会心理——迅速完成重建	
	重建方案均抛弃规划方案，保持原有城市格局原址复建	
	城市重建过程中出现投机行为，建房热、土地增值	
	重建后道路拓宽，建筑材料改为砖石（汉口只是小部分）	
不同点	人员伤亡较轻，市民基本迁移出城，暂住其他城市	人员伤亡惨重，市民留在汉口重建家园
	多个规划方案分别为多方人士完成并上交进行讨论	单一规划方案为西方设计人员绘制
	当局参与重建管理（派专人负责测绘、重修、制订法规等）	当局很少参与管理
	灾后完成街道、建筑详尽的测绘、统计	灾后完成街道测绘图纸，对建筑未有详细测绘统计记载
	城市重建制订详细、完善的建筑法规	鲜有规范记于史料
	消防市政设施完善	消防设施并未显著改善
	城市成立专门受理火灾案件的法庭（the Fire Court）	无相关机构成立
	灾后修建纪念碑	无任何纪念物记于史料
	成为伦敦城市发展史上的一个篇章	并未在汉口城市发展史上留下重要痕迹

梯直通碑顶，在顶部可远眺伦敦金融城风光。眺望台的铁栏杆则用当年烧熔的铁器重新铸成。城市灾害事件的纪念物成为今日民众对逝去历史的凭吊，甚至在某种游戏和欢愉的氛围中达到了警示的目的，并产生新的城市事件。

伦敦城是敏感的，面对城市灾害她是脆弱的，但又是从容的。尽管市民并没有参与城市重建，而是配合整体外迁，当局领导精英团队高效复建，并有针对性地改造和保护——这是基于高度自我认知下的涅槃重生。

3.2 自组织下的集体迷失

汉口大火后的城市重建，看似是全民参与，自组织完成各项消防救援工作。但从城市角度来说，城市的消防设施并未得到实质性改善，城市空间的格局并未发生变化，对重要的城市空间节点（沿江部分）包括道路宽度，也没有得到相应改善。公共干预的缺乏带来的是市民的集体迷失，没有人能指明方向并汇聚最大力量。可喜的是原来的生活环境复原了；可叹的是并没有显著进步和提高。

四官殿算是火灾中的一个特殊建筑。四官为天、地、水、火；“三官始于黄巾，而道士家因之；不知何时益之于火？”正是由于频频火灾在汉口人民的记忆中留下了深刻影响，因此特别提出火神，而后改为火神庙。1687年，火神庙被烧为灰烬之后，再也没有被原址复建。据《申报》1911年12月25日《汉口大遭兵火之调查》中记录：“四官殿后面及戴家庵均已烧去，仅留三四家”可知，原四官殿处成为1911年汉口华界大火的一个边界点。现如今1911年大火过去了100多年，若是把四官殿改造成一个纪念汉口大火的纪念性场所将是一件非常有意义的事情。

4 结语

武汉的城市形态无论起源、发展，还是现在与将来都与江（水）密切关联。“江”对于江城武汉来说，是理解其近代城市形态演变的一个重要线索。汉口城市形态演化的长时间段考察表明，水是影响其城市形态的重要因素，是城市产业转型与社会转型的必要条件，水对早期汉口的城市形态产生了决定性影响，并长期内嵌于城市肌理之中，也将对新的城市形态产生影响。

大火焚城是城市灾难，更是对城市的考验。焚城之后能否涅槃重生，面对的是不同的机制和决策，不同的技术与条件。1911年汉口大火之后的重建并没有看到在烧毁的所谓随机城市——因地形地貌和自组织发展起来的城市中按照体现一定计划目的和代表着经济或权力在城市空间中运作的规划设计来实施重建。城市的生长与重建中的自然抉择和社会抉择孰轻孰重？1911年汉口大火对比1666年伦敦大火，尽管有太多社会因素的限制，历史也早已定格。如今能带给人们的反思，除了各种重建方略和实践过程的对比分析研究，更重要的是一个城市——包括这个城市中的每一位市民，面对城市灾难时的心态和自我认知。■

注释

2 嘉庆二十五年(1820年)《汉阳府志》所载，汉口仁义、礼智两巡司管辖的人口共12. 92万，比乾隆三十七年(1772年)的9. 94万，约50年人口仅增加不到3万，但汉口堡建成后的60年(1864—1913年)，人口已达120万，人口增加近8倍。

3 修路前后，张之洞正筹集经费赎回比利时欲立租界私购的土地（今刘家庙一带），于是议以此路地皮变价集赀，作为赎界之用。此议遭到汉口绅商的反对，密昌墀等连连上禀力争，张之洞乃另向官钱局筹款赎界，而此路仍为本地所有。此路当时称为后城马路。

4 汉正街至黄陂街一带原为汉江河漫滩自然堤，地势略高，经测量为28. 24米（黄海高程），比武汉最高洪水位29. 73米（1954年）低1. 49米。

5 张定国. 汉口码头的兴建与发展. 武汉文史资料，1996，3。

6 徐明庭. 武汉竹枝词. 湖北人民出版社，1999。此处八码头指：艾家嘴、关圣祠、五圣庙、老官庙、接驾嘴、大码头、四官殿、花楼。而四官殿与花楼位于龙王庙下游的长江沿岸，因此图中未标明。

7 张定国. 汉口码头的兴建与发展. 武汉文史资料，1996，3。

8 湖北省社会科学院历史研究所. 湖北简史. 湖北教育出版社. 1994。

9 李百浩. 图析武汉市近代城市规划. 城市规划汇刊，2002（6）。

10 皮明庥，陈钧，李怀军，等. 简明武汉史. 武汉出版社，2005: 218。

11 涂文学. 城市早期现代化的黄金时代：1930年代汉口的“市政改革”. 中国社会科学出版社，2009. 48。

12 《两淮盐法志》卷十七，转引自佐伯富：《清朝的兴起与山西商人》，收入氏著：《中国史研究》第2卷（京都：1971）. 315。

13 《汉口小志·义举志》，4；1920年《夏口县至》卷五，16；皮明庥：《武昌起义中的武汉商会和商团》，载《历史研究》1982年第1期. 69。

14 （英）莫里斯著，成一农等译. 城市形态史. 商务印书馆出版社. 2011. 10: 643。

15 （英）莫里斯著，成一农等译. 城市形态史. 商务印书馆出版社. 2011. 10: 643。

16 Michael Cooper. ‘A More Beautiful City’ —Robert Hooke and the Rebuilding of London after the Great Fire. Sutton Publishing Limited. Phoenix Mill. 2003.

17 翟跃东，任予箴主编. 水火：汉口焚城100年·水淹三镇80年——城市灾难纪念. 武汉出版社，2011. 12。

参考文献

[1] 谭刚毅. “江”之于江城——近代武汉城市形态演变的一条线索[J]. 城市规划学刊，2009（4）：93-99.

[2] 孙竹青，谭刚毅. 大火焚城与涅槃重生——伦敦1666年与汉口1911年的火灾及其重建比较研究[J]. 西部人居环境学刊，2015（5）：8-15.

[3] 谭刚毅，孙竹青，翟跃东. 汉口兵燹后改良市政新旧街道详图读解[J]. 建筑师，2017，2（185）：73-86.

[4] 郑媛. 水对于汉口城市形态的影响及其作用机制研究[D]. 武汉：华中科技大学，2016.

[5] 孙竹青. 1911年汉口大火与汉口重建计划研究——论城市灾害事件对城市发展的影响[D]. 武汉：华中科技大学，2016.

[6] 哲夫，张家禄，胡宝芳. 武汉旧影[M]. 上海：上海古籍出版社，2007.

[7] 李江. 开埠初期的汉口租界[M]// 张复合. 中国近代建筑研究与保护（一）. 北京：清华大学出版社，1999: 126-134.

[8] 武汉市档案馆. 大武汉旧影[M]. 武汉：湖北人民出版社，1999.

[9] 中国第二历史档案馆. 湖北旧影[M]. 武汉：湖北教育出版社，2001.

[10] 李传义. 中国近代建筑总览·武汉篇[M]. 北京：中国建筑工业出版

社. 1992.
[11] 李军. 近代武汉（1861—1949年）城市空间形态的演变[M]. 武汉: 长江出版社, 2005.
[12] 徐明庭. 武汉竹枝词[M]. 武汉: 湖北出版社,1999.
[13] 《武汉历史地图集》编撰委员会. 武汉历史地图集[M]. 北京: 中国地图出版社,1998.
[14] William T. Rowe. Hankow: Commerce and Society in a Chinese City, 1796-1889[M]. Stanford: Stanford University Press, 1989.

图片来源

图1: 汉口特大水灾受灾过程示意图, 资料来源: 根据Google 地图改绘。
图2: 1748年汉口水域范围示意图, 资料来源: 根据《武汉历史地图集》1748年《汉阳县志图》改绘。
图3: 1877年汉口水域范围示意图, 资料来源: 根据《武汉历史地图集》1877年《湖北汉口镇街道图》改绘。
图4: 1930年汉口水域范围示意图, 资料来源: 根据《武汉历史地图集》1930年《武汉三镇市街实测详图》改绘。
图5: 1930年前武汉的几次堤防建设, 自绘。
图6: 袁公堤与玉带河桥示意图, 资料来源: 根据《武汉历史地图集》清宣统年间《武汉城镇合图》改绘。
图7: 汉口堡与城门楼位置示意图, 资料来源: 根据《武汉历史地图集》清宣统年间《武汉城镇合图》改绘。
图8: 张公堤位置示意图, 资料来源: 根据《武汉历史地图集》20世纪20年代《辛亥首义武昌革命阳夏战争形势图》改绘。
图9: 拆除城堡后修筑的后城马路（今中山大道, 1931年水灾情景）, 资料来源: 《武汉旧影》。
图10: 汉口堤防建设与城市边界扩张示意图, 资料来源: 根据Google 地图改绘。
图11: 太平天国战争时清军布防图, 资料来源: 《武汉历史地图集》。
图12: 1908年武汉地图, 资料来源: 《武汉历史地图集》。
图13: 汉口旧市街主要干道和“鱼刺形”街道空间示意图, 资料来源: 根据《武汉历史地图集》清宣统年间《武汉城镇合图》改绘。
图14: 20世纪初汉口临江的吊脚楼, 资料来源: 《武汉旧影》。
图15: 1924年建成的江汉关（1931年照片）, 资料来源: 《武汉旧影》。
图16: 既济水电公司的汉口水塔, 资料来源: 自摄。
图17: 汉口城市中心区的三次变迁示意图, 资料来源: 根据《武汉历史地图集》1930年《汉口·武昌·汉阳附近图》改绘。
图18: 汉江和长江沿岸码头发展过程示意图, 资料来源: 根据《武汉历史地图集》1868年《续辑汉阳县志图》改绘。
图19: 汉口华界的过火范围, 资料来源: 根据SOAS 伦敦大学亚非学院图书馆藏图纸改绘。
图20: 《建国方略》中对武汉城市扩张的设想, 资料来源: 孙竹青绘。
图21: 1912年建筑汉口全镇街道图, 资料来源: 武汉历史地图集. 北京: 中国地图出版社. 1998. 5。
图22: 1912年汉口华界重建规划平面图, 资料来源: SOAS 伦敦大学亚非学院图书馆藏。
图23: 汉口兵燹后改良市政新旧街道详图, 资料来源: SOAS 伦敦大学亚非学院图书馆藏。
图24: 1912年6月汉口重建规划网格, 资料来源: 作者根据SOAS 伦敦大学亚非学院图书馆藏图纸改绘。
图25: 模范区道路格局, 资料来源: 根据《武汉历史地图集》改绘。
图26: 1911年与1918年汉口华界道路格局比较, 资料来源: 孙竹青绘。
图27: 1666年伦敦大火示意图（从左至右: 周日、周一、周二）, 资料来源: 翟跃东, 任予箴. 水火: 汉口焚城100年·水淹三镇80年——城市灾难纪念. 武汉: 武汉出版社, 2011: 316。
图28: 1666年伦敦大火后的城市空间形态, 资料来源: Jonathan Cape Ltd. The Rebuilding of London after the Great Fire. Oxford: Alden Press. 1940。
图29: John Evelyn设计的城市重建规划平面图, 资料来源: Jonathan Cape Ltd. The Rebuilding of London after the Great Fire. Oxford: Alden Press. 1940。
图30: Wren设计的城市重建规划平面图, 资料来源: Jonathan Cape Ltd. The Rebuilding of London after the Great Fire. Oxford: Alden Press. 1940。
图31: 流传由Hooke设计的规划平面图, 资料来源: Jonathan Cape Ltd. The Rebuilding of London after the Great Fire. Oxford: Alden Press. 1940。
图32: 1680年重建后的新伦敦城市空间形态, 资料来源: Simon Foxell. Mapping London—Making Sense of the City. Black Dog Publishing Limited. 2007。

肖 竞 | Xiao Jing

重庆大学建筑城规学院

School of Architecture and Urban Planning,
Chongqing University

肖竞（1981.9），重庆大学建筑城规学院副教授，博士；主要从事“城乡遗产与历史环境保护发展研究”。

观　点

城乡遗产保护研究强调对建成环境空间、价值“层积性”的梳理。对于学者学术道德与学术水平的观察而言，“层积性”理论同样适用。在信息化时代，学者们的每一篇文章、每一次讲演，甚至简短的学术评论都会被不同介质、不同等级的媒体有意或无意、断章或润色地传播，在现实和虚拟世界中留下印迹。这些有意或无心的观点、语录，可能是思想的种子，也可能是精神的毒药，它们既潜移默化地改变着接收者的思维逻辑，也悄无声息地记录了发布者的思想轨迹。

人们可以通过文章的标题、关键词、作者单位、发表年度等信息去检索获取相应的学术资源，同样也可以运用这些信息去完成关于学者们发家背景或成长轨迹的过程拼图。事实上，除仔细研读文章本身的内容之外，也可以通过对作者不同年度文章刊发的频率、主研轨迹的变化、文章的相关作者、作者的排名顺序以及文章引用与项目资助情况等基础信息的梳理解读出很多有趣的内容，而这些内容或许比文章本身更能反映每位学者的学术态度和学术追求。将来，在学无可术的情况下，这些看似不入流的分析将可能开辟一处专业领域，成为帮助人们理解和再认识过去时代学术圈子游戏规则、学术大腕成功秘诀以及学术神迹生产机制的重要渠道。而这些有趣的联想也会让我叮嘱自己：真诚完成每一项研究，完善自己，不较于人。

拉萨城市历史景观的地域特征与层积过程[1]

The Regional Features and Layering Process of Historic Urban Landscape in Lhasa

肖 竞
Xiao Jing

李和平
Li Heping

曹 珂
Cao Ke

摘 要：文章以城市历史景观“价值关联”与“历史层积”的视角对拉萨地区城市历史景观的构成要素与层积载体进行了系统梳理。在此基础上，文章以高原物候、政教体制、宗教信仰、茶马文化等内因价值为导向，通过格局关系、簇群形态、街巷肌理、地标风貌等载体对象的形态考证对拉萨地区城市历史景观的地域特征与层积过程进行了识别和解译，为藏区历史建成环境和城乡遗产的适应性保护与价值传承提供线索和依据。

关键词：拉萨，城市历史景观，价值关联，地域特征，历史层积

为应对全球化对各地历史建成环境和文脉的冲击，联合国教科文组织于2011年通过了《关于城市历史景观的建议书》（HUL），提出“价值关联（value cohesion）”与“历史层积（historic layering）”的概念，强调从历史环境景观物相表征和价值内涵的关联性及其时空复合性的整体视角重新审视城市遗产资源及其发展变化过程，以识别、评价作为历史景观保护、管理的前提基础。[1]本文以此视角切入，结合拉萨城市发展的地域特征和人文背景，综合运用类型学、形态学分析手段对其历史景观进行特征识别和层积解译，探索景观的层积规律，为西藏地区景观文脉的传承和空间形态的管理提供依据，解决既有标准化、理想化保护方法地域针对性和发展适应性不足的现实问题。

1 城市历史景观的关注焦点与研究方法

20世纪90年代，信息技术的发展和资本的全球流动加剧了各地土地开发、功能调整及设施升级的速度，加剧了历史城镇与其地域文脉背景的割裂。[2]为此，联合国教科文组织（UNESCO）通过《关于城市历史景观的建议书》（后文简称《建议书》），肯定“价

1 中国博士后科学基金特别资助项目（2017T100679），四川省哲学社会科学重点研究基地——羌学研究中心2016年度项目（QXY1610）。原载于《建筑学报》2017年第9期，收入本书时有改动。

值内因”在城市景观形态变化过程中所产生的作用，提出以动态层积的视角看待历史城市景观变化、将城市发展与延续其历史价值相结合的动态保护思路，成为遗产保护领域最新的国际纲领文件，对历史城镇的保护与研究具有重要启示意义。[3]

1.1 城市历史景观的“地域性”与“层积性”

在《建议书》中，城市历史建成环境被视作“广泛历史地理背景中地域自然、经济、人文背景综合作用、层层累积的景观产物”。同时，《建议书》还将“城市历史景观”作为一种处理、对待城市活态遗产的工具手段和实施路径，在可持续发展的大框架内以全面综合的方式对其进行识别、评价、保护和管理。[4]这一认识强调了景观遗产物质空间特征与其价值文化内涵及其历史发展过程之间的“关联性”。两种不同方式的关联方式一方面体现出景观特征的“地域性”；另一方面反映了城市发展演进过程的“层积性”，是一种在更广阔自然、历史与时空背景下认知、识别和分析遗产对象的研究思路，是文化景观遗产（culture landscape）概念在历史城区层面的应用和拓展。[5]

1.2 城市历史景观的“特征识别”与“层积解译”

对于城市历史景观而言，科学合理的保护须建立在对其地域价值特征与历史层积过程充分识别、认知的基础之上。城市景观遗产的“特征识别”与“层积解译”是其保护工作开展的前提。城市历史景观是城市建成环境与城市生活相结合的产物，所有职能定位、土地使用、建筑模式、空间尺度的物质形式均受到城市发展过程中经济、社会、文化等方面内在动因的影响。只有对城市历史景观特征形式的提取与特征内因的挖掘进行同步研究才能真正识别其建成遗产的核心价值。另外，历经千百年所形成的城市历史景观也是由那些基本的空间要素、建造模式与建造观念，有结构、有脉络地发展演变而来，是城市文明发展的基因库。但作为基因谱系的时空历史结构和脉络关系，相对于今天城市为人所见的显性物质景观表象而言却是层叠和隐性的。为此，我们需要对城市发展演变过程中景观形态的演变过程进行层积解译，才能真正解锁文明基因的编码，使之延续并注入现代城市空间环境的营造之中。以上便是城市历史景观研究的核心内容及其意义所在。

2 拉萨历史景观的构成要素与层积载体

城市历史景观是漫长历史过程中地域文化层积的产物，拥有形态—价值合一、时间—空间合一的整体关联属性。而历史景观的特征识别与层积解译需首先对景观构成要素与层积载体进行梳理。为此，本节结合影响拉萨城市发展的高原物候、政教体制以及宗教信仰背景，系统分析其要素构成和载体对象。

2.1 拉萨地域景观的“物相表征”与“价值内因”

城市历史景观是城镇客观物质环境与生活于其中的人群主观行为意愿相互作用的产物，其具有“物相”与“价值”（或文化）合一的属性。[6]其“物相表征”是价值内因的外在表现，“价值内因”则是促成空间、景观物相形态的内在动力。就拉萨城市历史景观而言，其物质系统由典型藏式建构筑物、藏传佛教仪典空间、高原环境感知要素和藏民族人群特征行为四大要素构成，是拉萨城市历史和文化内涵信息的投影。另外，其所处的高原河谷地理环境、历史上的“政教合一”体制及藏传佛教信仰都分别在城市景观演进过程中产生了重要影响，是其景观形态塑造的重要价值内因和文化脉络（图1）。

2.2 拉萨历史景观的层积载体与层积阶段

在现实状态中，“物相表征”与“价值内因”两大系统有机融合于城市发展演进的历史长河，难以分割。对城市历史景观的研究需以整体关联的视角，将各种物相与内因要素投射于相应的空间载体中，如此才能从处于各个特定时间“断面”上历史景观的时空层积中解译出一座城市的历史文化底蕴。在空间层面，宏观的城市格局、中观的簇群地段以及微观的街巷场所与地标节点是城市历史景观的层积载体。[7]就拉萨而言，簇群地段即以布达拉宫建筑群、冲赛康历史街区、罗布林卡、色拉寺、哲蚌寺为代表的宫殿、民居、园林与寺庙簇群；城市格局即上述簇群间的空间结构组织关系，街巷场所与地标即簇群地段中甘丹颇章、八廓街、大小昭寺、大昭寺广场、金色颇章、措钦大殿等重要标志性街巷与建筑。上述载体共同组成了拉萨城市历史文化层积的空间容器（图1、图2）。另外，从时间维度来看，城市初生、发展、成熟、衰退、再生等不同演进阶段中对应景观要素的时空演替会造成相应景观载体空间关系与形态特征的变化，也是城市历史景观研究的关键。[8]就拉萨城市发展变迁的历史过程来看，其历史景观的层积阶段大致可分为吐蕃王朝、分裂割据、甘丹颇章以及20世纪四个周期。本文以此作为对拉萨历史景观“层积解译”的特征阶段。

3.基于“表征—内因”关联的拉萨地域景观特征识别

拉萨城市历史景观受高原地理物候环境与宗教、民族文化背景影响，具有鲜明的地域特征和复杂多样性。为此，本节从其城市格局、地段肌理、建筑形态等层面去探寻、识别拉萨城市历史景观与其地域环境、历史背景之间的内在联系，建立景观表征—内因的关联桥梁（表1）。

3.1 高原河谷里的部落景观

拉萨的城市景观首先与其所处地域的自然环境背景有着深刻的联系。与今日城市连片集聚的现代城市景观不同，直至20世纪30年代，拉萨城市的景观格局始终保持着一种松散的部落式簇群

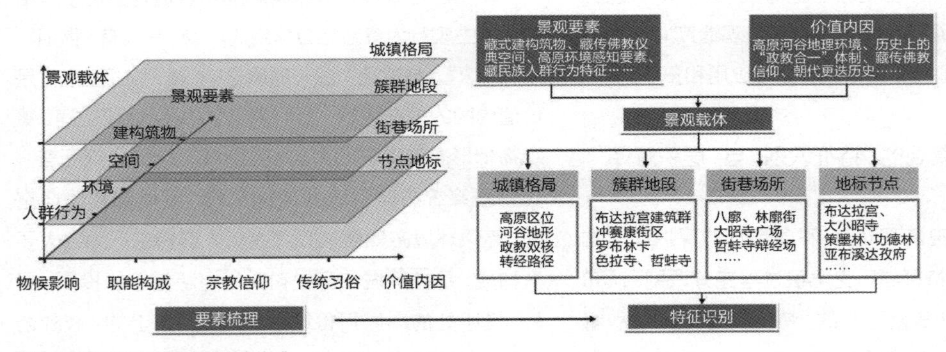

图1 拉萨城市历史景观的要素构成

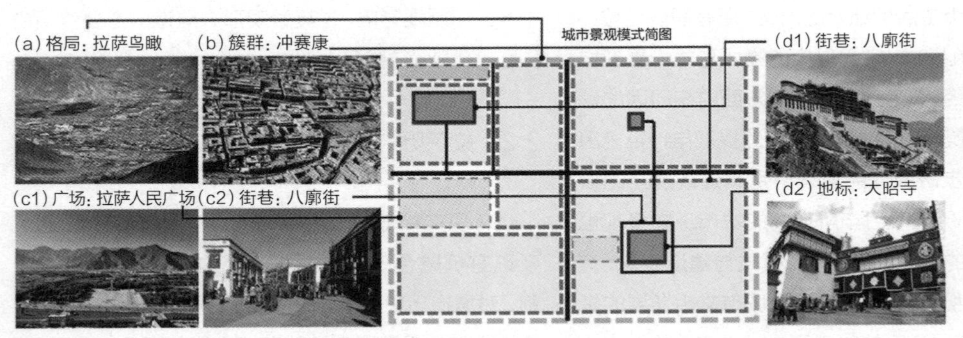

图2 拉萨城市历史景观的层积载体与组织关系

表1 拉萨城市历史景观地域文脉的“表征—内因”关系梳理

载体 内因	城市格局	簇群地段	地标节点
高原游牧生活传统	布达拉宫，大、小昭寺，罗布林卡，色拉寺，哲蚌寺五组团星座，结构松散	民居簇群邻里相距较远，由围墙界定空间领属，与部落聚居模式相仿	地标占据山巅，将山体崇拜与部落首领尊崇关联；帐篷在日常生活公共空间限定中大量使用
“政教合一”体制	布达拉宫与大昭寺成为控制中心城区形态关系的“双核”，地位突出	甘丹颇章与磋钦大殿在哲蚌寺中形成统领簇群结构的“双核”	布达拉宫红、白宫殿的并置再次象征、凸显“政教合一”的“双核”主题
佛教世界观	因转经活动形成的囊廓、八廓、林廓路径；因宗教功能地标为主要连接点奠定的路网格局	寺庙周边成为居民渴望比邻居住的地方，形成圆形向心式簇群肌理	大昭寺效仿佛教曼陀罗原型建造，以“方一圆”母题形制展现佛教世界观

结构[2]。这样的空间组织方式源于藏、羌民族早期游牧部落式的聚居传统。就拉萨而言，虽然其所处的河谷平原用地平坦、土壤肥沃、日照充足，是西藏文明的发源地[3][9]。但与汉地农耕聚落集中、紧凑的形态模式截然不同，西藏和平解放前，拉萨的城市空间结构一直处于一种松散的星座式格局，其重点建成区包括布达拉宫、大小昭寺、罗布林卡以及核心区外围集佛学院与佛教僧侣居住区为一体的色拉寺和哲蚌寺[4]五个簇群组团。簇群与簇群之间保留着大量的湿地、农田等自然景观，并以自然曲折的道路相互连接，呈现出一种非致密的离散状态。簇群层面，各组团形成初期，民居建筑基本未经过统一规划，在广阔的自然环境中自由选址，邻里之间相距较远，建筑与其周边的开放地带由围墙包围，界定出主人的领属，与游牧部落的聚居模式极为相似，20世纪30年代这样的土地利用方式在大昭寺周边仍十分普遍［图3（a）］。[10]地标层面，布达拉宫建造于河谷平原中凸起的玛布日山之上，通过占据自然地形中的高点来凸显其地位及权力的尊崇［图3（b）］。此种建造方式在早期的雍布拉康和江孜、日喀宗堡寨建筑中有先例，是原始部落将对自然山体的崇拜与对首领权力的推举相互关联的一种质朴地域景观营造手段。最具符号性的游牧民族景观要素——帐篷，在藏族百姓对室外公共空间的限定中也极为常见。其反映了部落遗风对拉萨城市景观与居民行为方式的持续影响，说明这座城市的居民仍处于一种半定居、半游牧的生活状态［图3（b）、图3（c）］。

3.2 政教体制下的双核结构

拉萨城市景观的第二大特征在于早期“政教合一”体制下，城市空间中无处不在的双核结构模式。自公元7世纪佛教被正式引入以来，西藏地区的政治统治与宗教传播在大多数时期始终保持着一种相互依赖、密不可分的状态。13世纪后，萨迦王朝与格鲁派甘丹颇章政权进一步将这种政教协同的机制发展成为一种“政教合一”的制度模式。[11]而这种特殊的体制在作为地区统治中心的拉萨城市空间景观体系中也得到了相应的物化和投射，反映为一种以象征政权与教权的景观要素共同控制城市、建筑整体景观结构的双核体系。格局层面，布达拉宫和大昭寺分别作为宗教领袖的理政处所和城市宗教活动的中心，是整个拉萨城市形态控制的关键。布达拉宫之下的雪村与围绕大昭寺而形成的冲赛康历史街区则分别依

2 从20世纪初英美探险家在西藏地区所拍摄的记实影像中不难看出这种松散的城市空间组织关系。

3 西藏历史上第一个政权“吐蕃”的称谓，反映了文明发源地的地理状态：在藏语中，“吐”意为高原，“蕃”意为“林牧地之间的农业地区”。吐蕃即“高原中的河谷平原”，是早期藏文明对其所处发展环境的一种客观与朴素的表达。

4 两座与距老城以东35 km的甘丹寺以及位于日喀则城市中心的班禅活佛驻地扎什伦布寺共同构成格鲁派四大寺。

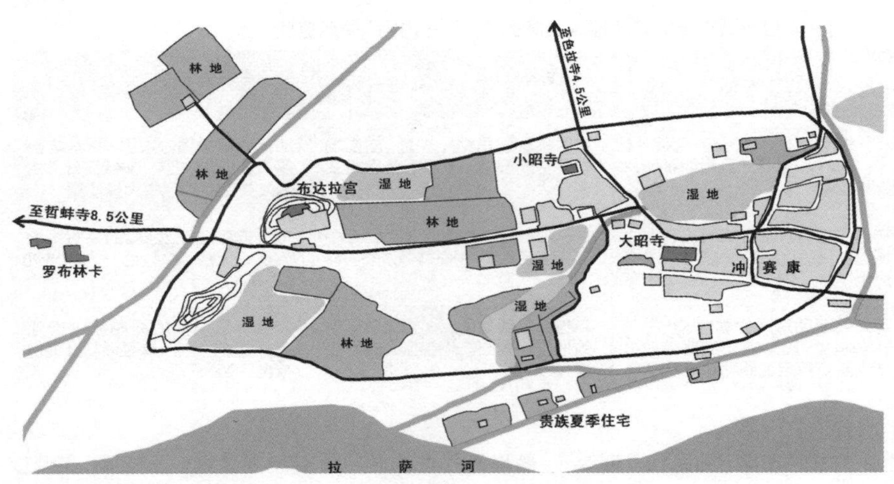

(a) 20世纪初拉萨城市空间组织的有机结构与空间肌理的松散状态

(b) 大山崇拜与部落图腾　(c) “篷居”传统在藏民公共生活中的延续

图3　高原环境影响下拉萨城市景观的游牧部落景观特征

附两大空间核心逐渐发展[5]，烘托出两座主体建筑在城市结构中的主体地位［图4（a）］。簇群层面，哲蚌寺在布达拉宫建成前曾为二至五世达赖居住和处理政务的地点，在功能与空间结构方面呈现出“政教合一”的双核关系：作为达赖寝宫的甘丹颇章[6]与整座寺院的议事空间“磋钦”大殿分别在寺庙中占据了突出的位置，并在建造的等级形制上得到了强化［图4（b）］。布达拉宫红、白宫殿的结合与并置则在地标层面又一次戏剧性地象征、凸显了“政教合一”的主题。红色与白色在西藏建筑艺术的色彩象征体系中有着特殊的意涵：白色纯净、安宁，象征佛教的空灵之境；红色炽烈而富有生命力，象征宗教领袖和英雄的力量与荣耀；两者在全城视线焦点处的并置完美象征了格鲁派的“教权”与“政权”的统一［图4（c）］。

3.3　佛教理念中的向心秩序

作为藏传佛教的圣城，宗教仪式存在于拉萨社会

5　虽然有学者认为雪村建筑群比17世纪建造的布达拉宫年代更为久远，即便如此，其仍为布达拉宫的前身——松赞干布建造的红山宫建成之后所形成，即依附象征王权的宫殿而衍生出的世俗办公与居住建筑群。

6　后格鲁派建立的政权以此命名。

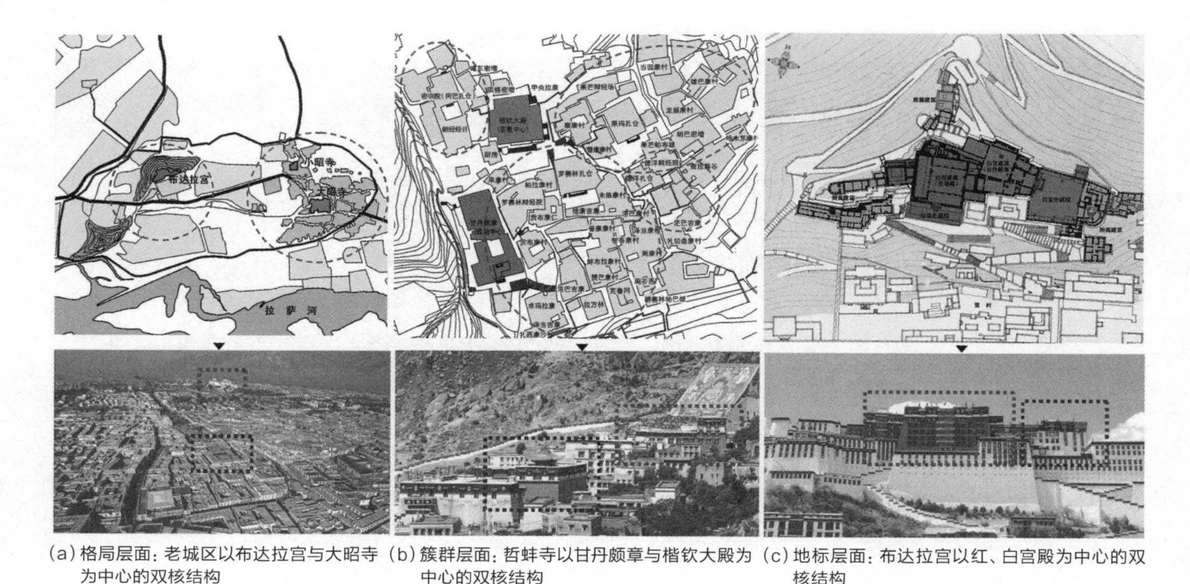

(a) 格局层面：老城区以布达拉宫与大昭寺为中心的双核结构　(b) 簇群层面：哲蚌寺以甘丹颇章与措钦大殿为中心的双核结构　(c) 地标层面：布达拉宫以红、白宫殿为中心的双核结构

图4　政教体制影响下拉萨城市景观的“双核”结构特征

生活的各个方面，佛教世界对这座城市历史景观的影响无处不在。格局层面，以大昭寺为中心的囊廓、八廓、林廓三层转经道路是宗教生活在城市空间中留下的印记。[10]以圈层嵌套关系理解宇宙秩序的印度佛教以曼陀罗图案作为阐释世界本源结构的理想模型。在这一宗教观的影响下，拉萨城市的礼制空间与汉地文明以轴线对景突出控制要素的方式截然不同，发展出一种以围绕神圣场所进行顺时针绕行的独特圆形向心结构［图5(a)］。宗教信徒围绕布达拉宫、大昭寺双核为中心，形成林廓转经道路，其与联系哲蚌寺、色拉寺两大宗教功能组团的道路一起共同奠定了早期城市的路网结构［图5(b)］。簇群层面，大、小昭寺建成后，其周边区域随即被视作受佛祖庇护的吉祥之地，成为人们渴望比邻居住的地方。于是，以大、小昭寺为空间聚核的冲赛康历史城区很快形成，并在日常转经生活中发展出八廓转经道路，其空间肌理反映了佛教寺庙在当地居民日常生活中的核心统治力［图5(c)］。地标层面，以佛教曼陀罗为原型而建造的大昭寺展现了佛教世界观中的“方—圆”母题，其两层套方型“回”字平面与围绕佛寺形成的囊廓环形转经路线在平面格局上以方圆嵌套的组合方式组成了曼陀罗的抽象图案，完成了佛教宇宙模型向藏地佛寺建筑的空间投影［图5(d)］。

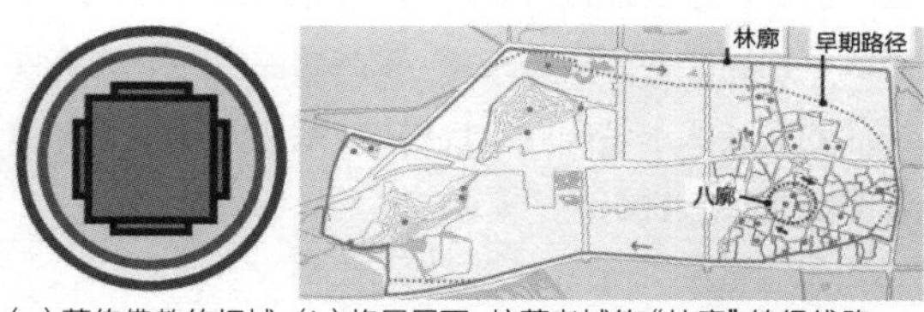

(a) 藏传佛教的坛城母题　(b) 格局层面：拉萨老城的“林廓”转经线路

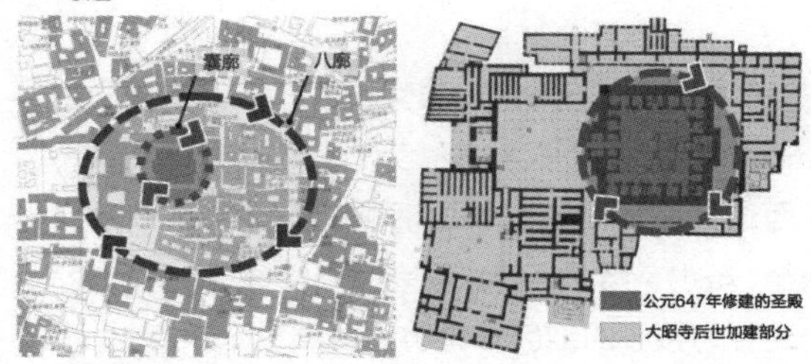

(c) 簇群层面：冲赛康街区的“八廓”转经线路　(d) 地标层面：大昭寺的“囊廓”转经线路

图5　佛教观念影响下拉萨城市景观的“向心”组织方式

4　基于“空间—时间”关联的拉萨历史景观层积解译

通过对城市历史景观“表征—内因”关系的梳

表2 拉萨城市历史景观演变层积过程总结

阶段＼载体	城市格局	簇群地段	地标节点
吐蕃王朝时期	城市政教双核格局奠定	围绕红山宫、大小昭寺分别形成行政中心和宗教中心	红山宫、大小昭寺建成
分裂割据时期	双核结构转向单核体系，转经路径确立路网体系	大昭寺一八廓街规模缓慢拓展，红山宫一雪村逐渐收缩	大昭寺短暂封禁；红山宫被毁
甘丹颇章时期	哲蚌寺、色拉寺、布达拉宫、罗布林卡建筑群次第兴建，五组团结构奠定	大昭寺组团更新升级，新增各教派机构和贵族府邸建筑；僧院寺城簇群功能完备	布达拉宫“重建”，大昭寺扩建，罗布林卡、丹吉林、策墨林、功德林、锡德林等新兴地标出现
20世纪后	城市快速扩张，有机格局遭破坏，路网几何化，河谷湿地被人工建设填充	西部、北部新城快速拓展；人民政府、医院、大学带动现代新区发展	现代地标陆续建成；历史地标在景观层面虽受到保护，但其功能价值和整体控制力均全面下降

理，我们得以识别一座城市独特的魅力所在以及这种魅力得以塑造的内在机制。但作为时间累积的产物，城镇历史景观的物质形态和作用内因还会随城市的发展而不断演变。要彻底理清城市建成环境的景观文脉还须引入时间维度，以纵向关联的方式对城市历史景观进行“层积解译”。本节在特征识别的基础上，进一步结合历史文献、舆图查考，解译拉萨在城市不同发展阶段中相应景观要素的时空演替过程，挖掘其历史景观的层积机制和规律（表2）。

4.1 吐蕃王朝时期的初生与聚核

拉萨早期城市的建设和发展同藏域历史上第一个大统一王朝的命运紧密相连。公元633年，吐蕃藏王松赞干布统一了今西藏中部地区，将其统治中心由部族发源的雅龙河谷迁移至了交通更为便利、用地更加坦阔的拉萨河谷平原，并在吉雪沃塘（今拉萨城址所在地）西北的玛布日山上修建了古城最早的建筑——红山宫，开启了拉萨作为西藏地区统治中心的历史。[12]早期的红山宫为一组以“赤孜玛布”为首的上千间宫室与连廊共同构成的建筑群，服务于吐蕃王室贵族的寝居和办公，是城市的行政中心。公元647年，为震慑罗刹魔女，在红山宫东面，西藏历史上最早的寺庙——大昭寺建成，由此开启了拉萨作为藏传佛教圣域和宗教中心的历史。[13]此外，吐蕃时期大昭寺周边还修建了小昭寺、墨如寺、噶瓦寺、产康寺等佛殿，王室也有意在周边修建了一些住宅；同时，在拉萨河北岸修筑了防洪堤，使沃塘湖地区的沼泽区域逐渐脱离了自然的蛮荒状态，成为一处以宗教建筑为核心的居住聚落。

综上，初生阶段，拉萨因吐蕃藏王政治统治的需求择址定基、从无到有，在景观形态上奠定了以红山宫和大昭寺为核心的“双核”体系，相应的办公和居住建筑分别围绕两大核心聚集，藏族居民也逐渐从游牧生活的迁徙状态转向以农牧耕植、宗教朝拜生活为基础的定居状态［图6（a）］。

4.2 分裂割据时期的衰退与停滞

在吐蕃王朝内部，佛教与地方苯教势力的争斗一直不断，在王权与贵族势力相互制衡的过程中，西藏拉萨地区的宗教生活常在兴佛与禁佛之间徘徊，虽也有桑耶寺等大型寺庙陆续建成，但以大、小昭寺为核心的地区未有明显发展。公元838—842年，“朗达玛灭佛”事件更使拉萨地区的佛教寺庙和修佛活动遭受了严重破坏。在此期间，正在开工修

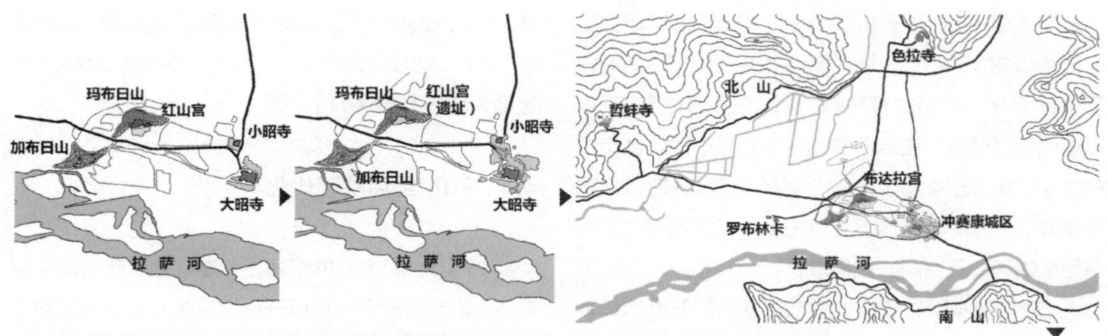

(a) 吐蕃王朝时期拉萨城市的聚核 (b) 分裂割据时期的发展停滞与衰退 (c) 甘丹颇章时期城市复兴与发展

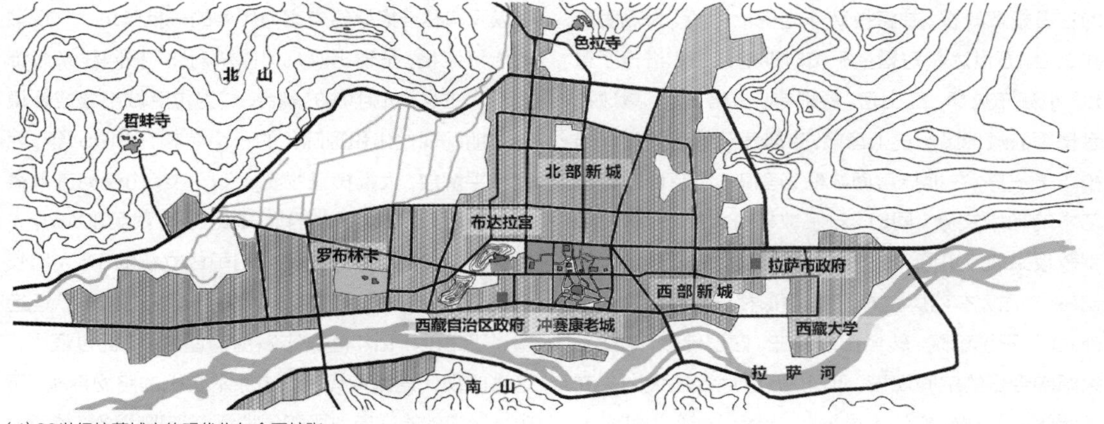

(d) 20世纪拉萨城市的现代化与全面扩张

图6 格局层面拉萨城市历史景观的演进层积

建的佛寺被勒令停工，桑耶寺、大昭寺的佛堂神殿与一切佛教活动场所都遭到查禁，小昭寺则被当作牛棚使用。灭佛事件使吐蕃王室与民间信众的矛盾激化，王朝很快因此覆灭，作为王室宫殿和权力象征的红山宫也逐渐废弃，沦为荒冢。[14]至此，拉萨城市的两大地标都遭到空前的破坏，城市发展进入衰退停滞期。

吐蕃王朝覆灭后，卫藏地区陷入长达400年的分裂割据状态，部族与教派间连年征伐，混战不断。王族的一支后裔，从纷争的四茹之地辗转迁徙至阿里地区，建立了偏安一隅的古格王朝，继承了吐蕃文明的建筑文脉。而在拉萨地区，虽然城市整体发展停滞，但乱世争战使宗教信仰在渴望寻求庇护与精神寄托的普通民众中广为普及。于是，在被视为吉祥之地的大昭寺周边，民众、朝圣者、商人迅速聚集，填充了原本稀疏、松散的空间，聚落规模进一步扩大。与此同时，以大昭寺觉康大殿为中心的囊廓、八廓转经路径也逐渐明晰。

综上，在分裂割据期，拉萨城市的建设发展基本处于停滞状态，早期的政教双核结构因红山宫的损毁而沦为以大昭寺为中心的单核心体系。在此过程中，宗教生活在藏民日常生活中扮演着重要的角色，各种宗教信仰、仪式及习俗逐渐融入地域居民的世俗生活之中，并与城市的建成环境密切关联［图6（b）］。[15]

4.3 甘丹颇章时期的发展与复苏

结束分裂割据状态后，卫藏地区先后经历萨迦、帕竹政权的统治。其间，拉萨地区一直保持平稳、缓慢发展。公元15世纪，藏传佛教格鲁派创立，将拉萨作为教派发展中心，并于1409年、1416年、1419年在距大昭寺以东35 km、以西8.5 km和以北4.5 km的山腰地带修建了著名的甘丹寺、哲蚌寺和色拉寺。三座以僧侣学经修行为主要职能的寺庙相当于现代城市中的大学，平均占地15 hm^2。[16]其建成后，各地僧众络绎聚集，不但使格鲁教派迅速壮大，同时也带动了拉萨地区的人口及空间的规模增长。[7]

17世纪中叶，时任格鲁派宗教领袖的五世达赖基于当时教派在卫藏地区的影响力，建立了“政教合一”的甘丹颇章政权，并将拉萨作为统治中心。为巩固政教统治，五世达赖对松赞干布时期的红山宫进行了重建，集雍布拉康、红山宫、桑耶寺、古格王宫、桑珠孜宗堡等卫藏地区历史上宫堡、寺庙建筑的建造理念与技巧于一身，在地标层面浓缩、层积了拉萨地区建筑艺术的地域文脉。同时，对宗教核心大昭寺，甘丹颇章政权采取了巩固、扩建的方案，17世纪末至18世纪初，在寺庙原有两层套方“回”字形格局基础上加建了外大门、千佛廊院、转经廊以及三、四层佛殿，形成了大昭寺今日的空间规模。此外，五世达赖还大力扩充了新政府管理机构的人员编制，出台了一系列鼓励地方贵族及其家眷从周边农村迁往拉萨的积极政策，对拉萨的中心控制和规模扩张具有重要意义。之后，丹吉林、策墨林、功德林、锡德林等各教派机构以及各种贵族官员的府邸与“拉章”[8]建筑陆续建成。18世纪40年代，在拉萨老城的西郊还启动了服务于历代达赖消夏理政的夏宫园林——罗布林卡的建设工程，奠定了拉萨城市格局中又一处重要的景观节点。

综上，伴随格鲁派宗教势力的日益兴盛、教权与政权的融合，圣城拉萨迎来了一轮发展的复兴期。在历代达赖喇嘛的悉心经营下，城市逐渐恢复了发展的动力，重建和扩建了之前的宫殿、庙宇，并建设了大量贵族官邸。随着权力、声望和财富的积累，甘丹颇章时期拉萨开始出现稳定的居住群体和社会精英阶层，并使城市的寺院、官邸及居民点建设达到前所未有的高峰，一举从割据停滞时期的宗教聚落发展成为占地面积4 km^2、建成区面积 1 km^2、人口规模近3万人的藏区最大城市［图6（c）］。[10]

4.4 20世纪后的现代化与扩张

19世纪末至20世纪初，伴随英美使节和探险家的进藏，封闭的高原地区开启了与西方文明交流对话的窗口。1920—1930年，受西方思潮影响，拉萨城市中以罗布林卡格桑德吉宫为代表的一批建筑——反藏地传统风格，呈现出以几何体块对比、格网线条装饰等现代主义构成手法的融合，成为拉萨城市建成环境在此期间现代化和国际化的一个缩影。[17]1951年，西藏和平解放，大批援藏物资、人员持续由汉地流入藏域，拉萨呈现出跨越式的增长和扩张。截至2016年，拉萨人口规模从中华人民共和国成立初的3万人增长至55万人，用地规模从4 km^2拓展至43.1 km^2，远远超过了之前千百年间城市发展的速度。在此过程中，笔直的现代道路取代了城市原本有机的路网系统，历史城区内外的空白地段和湿地逐渐被现代建筑填充，早期部落式松散结构下田园牧歌式的自然景观不复存在。布达拉宫和大昭寺两大历史建筑群虽得到了完整保护并相继成为世界遗产，但伴随现代化建设以及人民政府、医院、大学等新兴城市聚核的出现，拉萨城市的中心逐渐向西部和北部新城偏移。作为城市灵魂的两大建筑虽在高度上仍能与周边被严格限高的区域保持一定距离，但城市外围中高层商品住房的大规模建设，两者在气势上已完全失去了甘丹颇章政权时期其对整个拉萨河谷平原的绝对统治力，进而沦为城市旅游观光的盆景。这种景观意象转变恰好与两者在城市发展进程中尴尬的功能身份转化相互印证。

综上，20世纪拉萨城市发展进入现代化及城镇化的扩张期。城市的职能性质和空间形态发生了巨变。伴随突如其来的快速发展，城市历史景观和自然

7 巅峰时期哲蚌寺僧众规模7 700人、色拉寺5 500人、甘丹寺3 300人，俨然一座座小型城市。

8 为转世喇嘛（活佛）特别建造的住宅或私庙，如达扎拉章（Takdrak Labrang）和热振拉章（Radreng Labrang）。

景观受到强烈冲击，历史肌理和大量历史建筑遭到破坏、周边生态资源被侵蚀，城市历史环境和当代人居环境的协调与平衡成为发展中亟待解决的核心议题［图6（d）］。

5 结语

如美国建筑文化学家约瑟夫·里克沃特（Joseph Rykwert）所言："文化生长自一种习俗和信仰体系之中，构成了承载文化以及生活方式的完美载体。"[18]通过全文的梳理，我们可以看到：拉萨今日的城市景观形态与西藏高原地区早期游牧部落的生活习俗以及藏传佛教的信仰体系息息相关，其之所以具有地域特征性和历史韵味，是因为自诞生之日起便在不断与所处的自然物候环境相互协调，并层叠累积着藏民族世代的集体记忆。这些自然的禀赋、君王的意志、民众的信仰、高僧的智慧及匠人的巧技是赋予这座城市独特空间品质和环境特征的关键。在未来拉萨城市发展进程中，应基于其历史景观层积演变的规律，探索地域自然人文背景与时代发展变化相协同的历史景观保护与管理方法。一方面，在城市设计中进一步探求地方发展需求与上述文明内在机制间的相互关联，以格局延续、簇群更新、场所复兴以及地标活化作为保持拉萨地域景观特色、提升城市人居环境品质的手段；另一方面，建立对本文所述四大景观载体承载城市历史脉络信息能力的科学评估方法，并以之为工具对城市发展建设过程中相关行动对历史景观可能产生的影响及其合理性与适宜度进行评价，以此指导城市的建设发展和保护管理实践。[19] ■

参考文献

[1] UNESCO. Recommendation on the Historic Urban Landscape[R]. 2011.

[2] 肖竞，曹珂. 从"刨钉解纽"的创痛到"借市还魂"的困局——市场导向下历史街区商业化现象的反思[J]. 建筑学报，2012（S1）：6-13.

[3] 张松. 历史城区的整体性保护——在"历史性城市景观"国际建议下的再思考[J]. 北京规划建设，2012（6）：27-30.

[4] 张兵. 历史城镇整体保护中的"关联性"与"系统方法"——对"历史性城市景观"概念的观察和思考[J]. 城市规划，2014（S2）：42-48，113.

[5] 肖竞，曹珂. 矛盾共轭：历史街区内生平衡的保护思路与方法[J]. 城市发展研究，2017（3）：38-46.

[6] 李和平，肖竞. 我国文化景观的类型及其构成要素分析[J]. 中国园林，2009（2）：90-94.

[7] 肖竞，李和平，曹珂. 历史城镇"景观—文化"构成关系与作用机制研究[J]. 城市规划，2016（12）：81-90.

[8] 肖竞，曹珂. 基于景观"叙事语法"与"层积机制"的历史城镇保护方法研究[J]. 中国园林，2016（6）：48-54.

[9] 恰白·次旦平措，诺章·吴坚，平措次仁. 西藏通史——松石宝串[M]. 陈庆英，等，译. 拉萨：西藏古籍出版社，1996.

[10] Knud Larsen. 拉萨历史城市地图集——传统西藏建筑与城市景观[M]. 李鸽，等，译. 北京：中国建筑工业出版社，2005.

[11] 肖竞. 基于文化景观视角的亚洲遗产分类与保护研究[J]. 建筑学报，2011（S2）：5-11.

[12] 阴海燕. 拉萨古城形成发展历史综述[J]. 西藏大学学报：社会科学版，2009，24（2）：54-62.

[13] 恰白·次旦平措，陈乃曲札，陶长松. 大昭寺史事述略[J]. 西藏研究，1981：36-50.

[14] 巴俄·祖拉陈瓦. 贤者喜宴（藏文）[M]. 北京：民族出版社，2005.

[15] 肖竞，曹珂. 古代西南地区城镇群空间演进历程及动力机制研究[J]. 城市发展研究，2014（10）：18-27.

[16] 次旦扎西，次仁. 略述藏传佛教寺院组织制度[J]. 西藏大学学报，2005，20（4）：55-58.

[17] 巴桑吉巴. 浅议20世纪中叶前的拉萨城市发展变迁[J]. 西藏大学学报：社会科学版，2009，24（3）：40-44.

[18] 约瑟夫·里克沃特. 城之理念——有关罗马、意大利及古代世界的城市形态人类学[M]. 刘东洋，译. 北京：中国建筑工业出版社，2006.

[19] 肖竞，曹珂. 历史街区保护研究评述、技术方法与关键问题[J]. 城市规划学刊，2017（3）：110-118.

图片来源

图1：王崇仁. 古都西安[M]. 西安：陕西人民美术出版社，1981；作者改绘。

图2：傅熹年. 古建腾辉·傅熹年建筑画选[M]. 北京：中国建筑工业出版社，1998.

图1、图2、图4、图5、图6：作者自绘。

图3：作者编绘。其中，图（a）上图自绘，图（a）下图、图（b）、图（c）左图翻拍自西藏博物馆。

表1、表2：作者总结。

冷 婕 | Leng Jie

重庆大学建筑城规学院

School of Architecture and Urban Planning, Chongqing University

冷婕（1979.1），重庆大学建筑城规学院副教授。

观　点

巴蜀地处西南，地形复杂、民族众多、文化古老而神秘。巴蜀地处内陆，唐以后又远离政治中心和经济发达地区，巴蜀地区木作不似官式营造那般严谨，也无经济发达地区建筑之华丽精细，其营造在特殊地形气候条件、不同民族所带来的众多文化基因和多次大移民的复杂影响下呈现出不拘一格、奇绝独特的性格，是中国传统建筑中的一大宝藏，其价值突出。同时，巴蜀地区木作营造在演变发展的过程中较政治、经济文化中心还存在一定的滞后性，巴蜀现存的木构、仿木构建筑遗存中还保留了诸多早期木构营造的特征，有些特征在同期其他地区木构上早已不存。在早期木构遗存稀少的今天，巴蜀地区木构、仿木构为研究早期木构建筑发展提供了诸多线索，这一点显得弥足珍贵。营造学社前辈开启巴蜀传统建筑研究以来，巴蜀地区传统建筑研究成果已颇丰硕，但随着新史料、新视角、新方法的出现，巴蜀地区传统建筑研究的空间还很大。随着弱行政区化的概念在建筑史研究中越来越受重视，巴蜀传统建筑的研究也将逐步打破这一地域壁垒，建立更广阔的时空链接，在找寻自身特点的同时积极寻求其营造的源流、变化及传播。“壹江肆城”恰好为新时期的研究提出了一个可供尝试的基因链，搭建了跨地域、跨专业的交流平台，开拓了学者视角，碰撞出思维火花，积极促进、催生新成果。

巴蜀地区宋、元、明时期斜栱发展、演变研究[1]

A study on the development and evolution of Xiegong in the song, yuan and Ming Dynasties in Bashu district

冷 婕
Leng Jie
陈 科
Chen Ke

摘 要：斜栱营造是中国传统木构建筑特别是民间斗栱技术发展成就的突出代表之一。巴蜀地区是斜栱营造的活跃区，现有遗存丰富，技术、艺术成就高，是斜栱整体营造成就中不可或缺的组成部分，其研究价值突出。文章通过对巴蜀地区宋、元、明时期木构案例研究，较为系统地对巴蜀地区斜栱的使用区域、配置原则、形制及其演变等问题进行分析，以期全面展示巴蜀地区斜栱发展演变的面貌及其原因。

关键词：巴蜀，斜栱，发展演变

斜栱或斜昂，是指自斗栱中心与华栱或泥道栱呈45°或60°夹角斜向出跳的栱或昂[2]。斜栱（昂）在发展过程中早期主要是在单攒斗栱中使用，后来又出现了各攒斗栱中斜向栱构件相互交织成网状者，学界多称其为如意斗栱。斜栱在中国古代建筑的木作技术中虽然未被官方营造法式记载，但其自宋辽初现于殿堂实物后，历经金、元、明、清变迁而不衰，其形式不断演化、分布区域不断扩大，体现出了极强的生命力和非凡的民间智慧。其引人注目绝不仅仅是因其夺目绚丽的形式表现，更引人深思的是其巨大生命力下隐含着“结构与功能、技术手段与艺术表现之间深刻的辩证关系”[3]。斜栱历来是备受建筑学者高度关注的课题之一。

现有研究表明，初期使用斜栱的地区主要在辽和与辽接近的北宋地区，到南宋和金时，斜栱被普遍使用，分布区域逐渐扩大，巴蜀地区就是其中之一。巴蜀地区现存宋、元、明实物中有大量使用斜栱的案例，并在斜栱的运用上创造了非常独特和新颖的做法，江油云岩寺转轮藏及平武报恩寺在斜栱运用上的创新之处就受到了部分学者的关注[4]，但仅就这两例还不

1 国家自然科学基金青年基金项目（51708051）。该文初稿在2016年福州宋代《营造法式》学术研讨会上进行宣讲，此次在初稿基础上进行了修改和深化。
2 朱小南. 斜栱探源[J].文博，1987（3）：67.
3 焦洋. 探寻如意斗栱[J].华中建筑，2010（8）：179.
4 参考文献[6]、[7]。

能说明巴蜀斜栱发展的脉络和整体面貌，本文将从更宽阔的时间和地域纬度对巴蜀斜栱发生、发展演进进行更为系统的剖析。

1 巴蜀斜栱溯源、流行度及使用区域分析

1.1 南宋后期——初现期

现存案例中，斜栱最早见于我国木作中的应为山西大同华严寺薄迦教藏殿（辽重熙七年，1038年），而最早见于大木作的是河北正定隆兴寺摩尼殿（1052年）。巴蜀地区唐宋及以前的大木构遗存仅一座，即南宋的江油云岩寺飞天藏殿（南宋淳熙八年，1181年），这也是四川地区现存最早的木构建筑，该殿各攒斗栱上都未出现斜栱。但从更丰富的巴蜀唐宋摩崖石刻中的建筑图像和仿木构建筑史料中考察发现，从南宋开始，仿木构的古塔和墓葬中已经出现明确和清晰的斜栱形象，如广安白塔（1209—1214年）、广安华蓥安丙墓（至迟1223年）、广安华蓥许家（土扁）宋墓（13世纪早期）、重庆永川宋墓等。通常墓葬中的仿木构做法多以真实木构为原型，由此推测，巴蜀斜栱在大木作中的使用应不晚于南宋末期。（图1）

1.2 元——普遍流行、使用区域广

到元代，斜栱在巴蜀的大部分地区开始流行。现存的十余座元代木构单体中，有一半的建筑都使用了斜栱。从使用区域来看，综合宋元两代的案例分析，除川南地区尚未发现元及早期木作实例外，其他区域都基本发现有使用斜栱的案例。由此推测，元代斜栱在四川的大部分地区已经普遍流行（表1、图2）。现存元代木构遗存中川北地区的案例最多，使用斜栱者也最多，这种趋势到明代有增无减，川北一直是巴蜀地区斜栱的主要流行地之一。

1.3 明代——斜栱使用出现了明显的地域差异

表1　四川宋元时期木构、仿木构遗存及使用斜栱者

四　川	川西道	上川南道			川北道		
宋元	龙安府	雅州	眉州	嘉定州	保宁府	顺庆府	潼川府
木构及仿木构遗存总数	2	2	1	1	6	—	2
用斜栱者	1	2	1	0	3	3（仿木构）	1

（a）广安华蓥安丙墓M1后室后壁斗栱

（b）重庆永川宋墓

（c）广安白塔

图1　巴蜀宋代仿木构中的斜栱

自永乐、宣德年间开始，川西、川中地区的建筑中斜栱使用的比例大幅减少，现有川西地区明代案例14座，用斜栱者仅两座，一座为明早期的新都寂光寺（宣德年间），另一座为绵阳鱼泉寺，鱼泉寺从地理位置看受川北地区影响更大。与之形成对比的是，川北地区似乎未受很大影响，自元起到明末的案例中都不乏使用斜栱者，其做法也随着木作技术的发展而一同发展。川南地区目前缺乏元代及早明案例，但从现存的案例来看，明中后期开始，斜栱在该地区的使用比较普遍（图2、表2），且斜栱营造的技术、艺术成就突出。

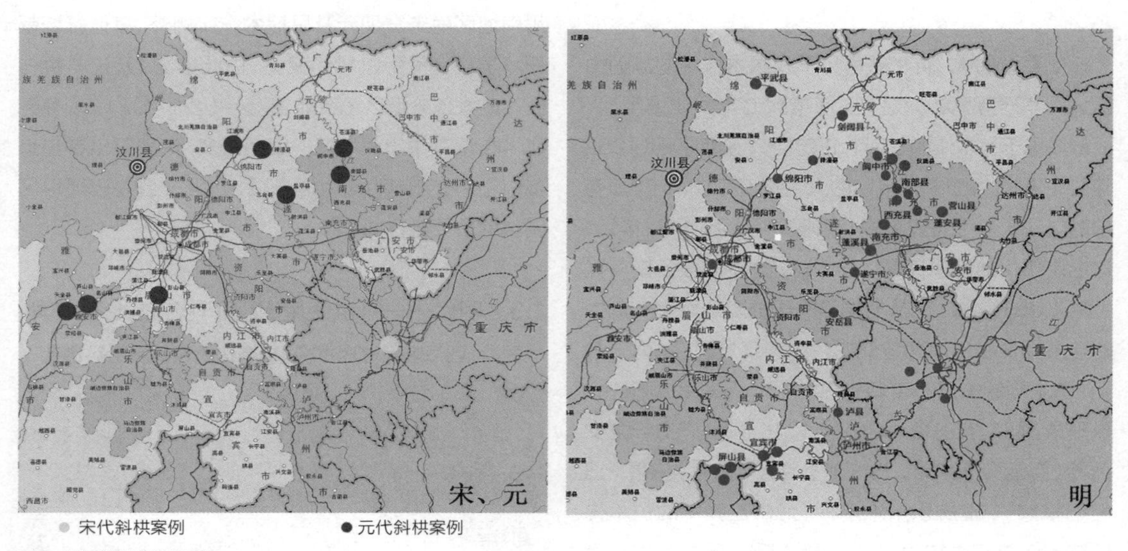

图2　现存斜栱案例分布图

表2　四川明代木构、仿木构遗存及使用斜栱者

四　川	川西道		上川南道		下川南道			川北道		
明代	成都府	龙安府	雅州	邛州	叙州	马湖府	泸州	保宁府	顺庆府	潼川府
木构及仿木构遗存总数	14	2	6	2	2	4	1	14	6	18
用斜栱者	2	2	0	0	2	4	1	9	5	4

2　配置方式与斜栱样式的演变与特点

2.1　宋代

宋代斜栱案例多为仿木构，仿木构中通常仅能显现外跳的做法，其表现的斜栱做法也相对简单。广安白塔下三层檐下斗栱皆施斜栱，均为四铺作华栱两侧伴出斜栱一层直接承替木；华蓥安丙墓M1、M2、M5墓室中都有施斜栱者，有四铺作和五铺作两种，斜栱在配置上有做法都一致也有间隔用斜栱者，斜栱都从第一跳华栱左右两侧出跳，有出单栱，也有出重栱者，两层有双抄做法，也有单抄单下昂做法；广安许家土扁宋墓和重庆永川宋墓上都施用四铺作斜栱，许家土扁各铺作做法一致，永川宋墓则仅在柱头施用斜栱。

2.2 元代

（1）整体配置上斜栱多仅在补间斗栱中施用或柱头、补间斜栱使用方式不同

尽管斜栱初现于木构建筑时更多的是为了解决角部出跳和承力的问题，但其后期的流行最终还是脱离不了其突出的艺术表现力，技术、艺术与经济性的平衡长期以来是传统营造的重点问题，为在功能与艺术表达上突出重点，又较好地实现经济性，巴蜀地区斜栱通常只在最受关注的前檐斗栱中施用，而山背面则不施。

（a）眉山报恩寺大殿

（b）芦山青龙寺大殿

（c）芦山广福寺大殿

仅在补间施用斜栱的案例

（d）阆中五龙庙大殿

（e）梓潼大庙家庆堂

（f）盐亭花林寺大殿

柱补斜栱做法不同的案例

图3　元代斜栱整体配置的两大类型

进一步考察宋、元的木构、仿木构遗存发现，斜栱早期在配置上还具有较为显著的时代特征，现存元构中多仅补间施斜栱或柱头、补间施用斜栱方式不同（图3）。

研究表明，仅在补间施用斜栱是斜栱早期发展的特征，它表现了补间在斗栱表现地位上的变化以及整体关系上的权衡。[5]巴蜀唐宋石刻和仿木构中显现的补间形象往往较简单，但到南宋和元，补间的地位明显上升，并在斗栱处理上承载了表现的重要工作。现有元构中芦山青龙寺大殿、芦山广福寺、眉山报恩寺三例都是仅在补间施用斜栱的案例。其中，芦山广福寺明、次间都用斜栱，而青龙寺大殿和眉山报恩寺则仅在明间补间施用斜栱；芦山广福寺大殿、青龙寺大殿及眉山报恩寺明间补间均为3朵，前两者两侧补间用斜栱，后者只在中间一朵用斜栱［图3中（a）、（b）、（c）］。

另一种常见的配置是前檐各铺作都施斜栱，但柱头与补间斜栱做法不同，如阆中五龙庙文昌阁、盐亭花林寺、南部永安庙。五龙庙文昌阁、永安庙均为三开间小殿，明间补间仅1朵，其明间补间做法复杂，与柱头不同，是表现的重点。盐亭花林寺前檐为大额式，前檐整体施用补间4朵，采用两种不同的做法。元代柱头、补间斜栱的不同配置符合巴蜀元代经济、技术衰退的大背景，更反映了工匠在斗栱功能、艺术表现上自如平衡的高超能力。[图3中（d）、（e）、（f）]

（2）大木作中单攒斗栱中使用斜栱的技术已趋成熟

宋元现存大木实例中都为斜栱案例，未见斜昂者。元代单攒斗栱中使用斜栱的技术也已成熟，做法多样，现存主要有两大类，即华栱两侧伴出斜栱一层和华栱两侧伴出斜栱多层者。

第一种类型为仅首跳华栱左右伴出45°斜栱两重或多重者，这种又可分为斜栱上出正心跳与不出正心跳两类。这种斗栱中斜栱出跳多层形成外展的V形，造型舒展，斜栱上同时出正翘者造型更复杂，宛若繁花，装饰性很强，多在明间补间使用。（图4）

第二种类型为华栱左右伴出45°斜栱单栱者，这

5　该观点出自温静《辽金木构建筑的补间铺作与建筑立面表现》一文（《营造》第五辑——第五届中国建筑史学国际研讨会会议论文集（下）.2010. 广州）。

(a) 第一种类型
（盐亭花林寺补间1南部永安庙明间补间斗栱、阆中五龙庙明间补间斗栱、芦山青龙寺大殿补间斗栱、芦山广福寺大殿补间斗栱、眉山报恩寺大殿明间补间斗栱）

(b) 第二种类型
（盐亭花林寺补间2南部永安庙柱头斗栱、阆中五龙庙柱头斗栱、梓潼大庙家庆堂柱头斗栱、梓潼大庙家庆堂补间斗栱）

图4　元代现存斜栱案例中单攒斗栱的两大基本类型

种类型又可分为各跳左右皆出斜栱者，以及仅最上层出者等。这种斜栱做法节约空间，在后期补间数量增多的案例中多有使用（图4）。

研究表明，斜栱出现早期是内外贯通的整体构件，即里外都出跳，这样的做法具有普通斗栱的悬挑和杠杆作用，还均匀分担了檐口荷重，加强了斗栱与梁架、檐口间的联系，使建筑更加坚固。但在斜栱出现了大约一个世纪后的金代，出现了无后尾或前端的插栱形式的斜栱，尽管这种做法在受力上不太合理，既没起到辅助支撑的作用，还加重了结构负担，但从金、南宋起，这种做法开始流行和广泛使用[6]。在巴蜀元代建筑中，这两种做法都同时存在，阆中五龙庙、盐亭花林寺、南部永安庙都采用了外出插栱形式的斜栱，而川西的眉山报恩寺、芦山青龙寺大殿、芦山广福寺大殿则保持了内外贯通的整体式斜栱构件。到明代，里转不出斜栱的做法成为主流，仅新都寂光寺大殿（明宣德年间）、南充隐珠寺大殿、宜宾玄祖殿、平武豆叩寺大殿等少数案例还延续了这一做法。

（3）如意斗栱已在小木作中出现

从现存大木实例来看，单攒斗栱中使用斜栱的做法在元代已经比较流行和普遍，但各攒斗栱中斜栱相交连接成网状的如意斗栱并未见。考察宋元小木作时发现，在四川江油云岩寺转轮藏上不仅广泛使用斜栱，还出现了后期流行于大木的如意斗栱。这也是目前国内发现的最早的如意斗栱木作实例。江油云岩寺转轮藏及其藏殿始建于南宋淳熙八年（1181年），元至正年间（1341—1370年）奉敕维修，清雍正、乾隆年间更换藏针、维修藏殿，中华人民共和国成立后藏殿及转轮藏又屡有维修。根据研究考证，藏殿主要大木作结构还较多地保存了南宋时期的式样和构造特征，但同期始建的转轮藏上的木作形制却与同时代的藏殿及同期仿木作建筑形制差别巨大，这引起了部分学者对现存转轮藏年代的质疑，借助传统木建筑形制年代学的基本原理，有学者将其与巴蜀宋元历史时段中的木构形制进行对比，发现其形制特征更接近于元，再结合其元代奉敕维修的记载，将现存实物推测为元至正年代修缮的产物[7]。尽管其年代目前还不能就此定论，但保守来看，如意斗栱至迟在元代已经出现在了小木作上（图8）。

2.3　明代

到明代，元代斗栱中出斜栱的做法仍继续沿用，

6　参见朱小南. 斜栱探源[J].文博，1987（3）：67.

7　参见王书林.四川宋元时期的汉式寺庙建筑[D].北京：北京大学，2009：93-94.

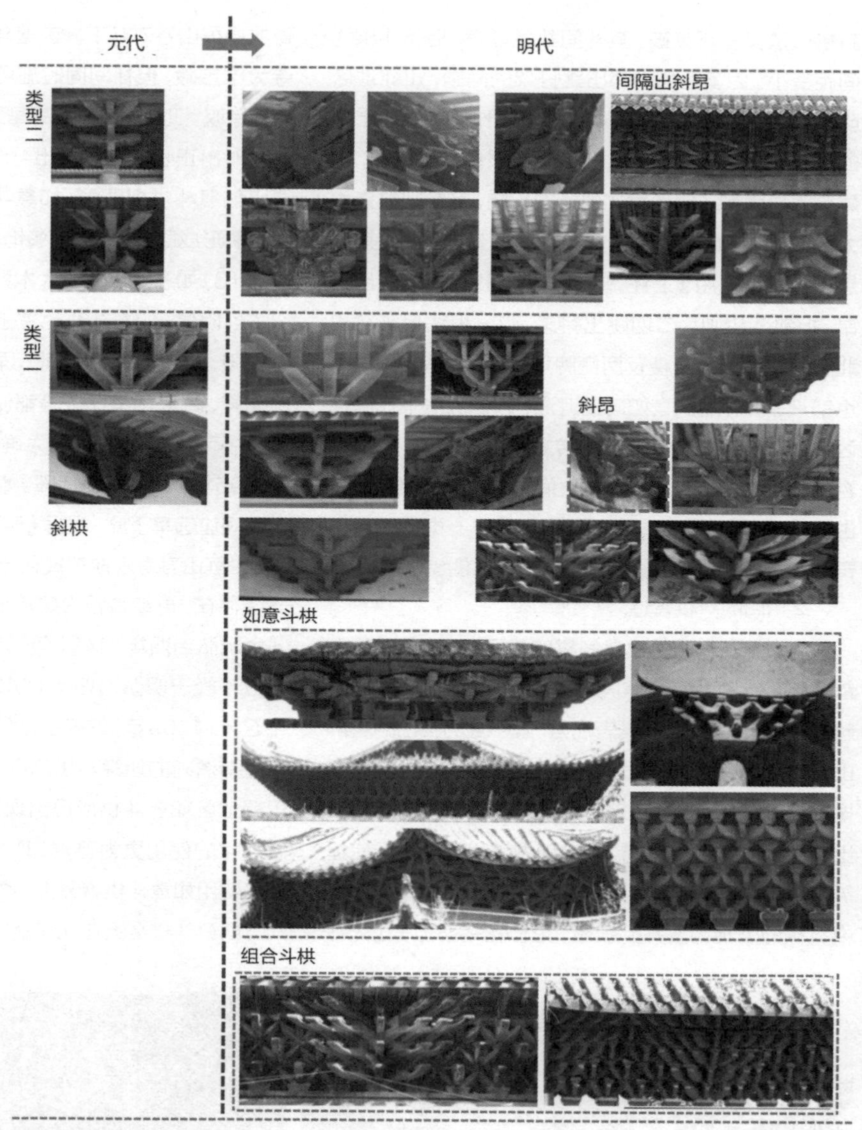

图5　明代斜栱做法的发展、演变

但大木中单攒斗栱使用斜栱的技术发生了一些明显的变化（图5）。

（1）明中后期，随着假昂的流行，斜昂的使用逐渐普及，昂嘴形式渐趋复杂

元及明早期，大木中斗栱多出斜栱。明代建筑斗栱从结构性功能向装饰性功能过渡的趋势是明显的，昂这一斗栱中原本重要的结构构件也渐渐失去其结构功能，到永乐、宣德以后，真昂使用大幅减少，但昂本身突出的造型表现力为其转化和发展提供了有力的支撑，永乐、宣德后假昂使用渐成主流，由此斜昂也逐渐兴起，在建筑中被更多地使用，随着装饰性要求的不断提升，昂头样式也越来越多，卷云昂、象鼻昂等被频繁使用（图5）。

（2）川北、川南地区斜栱营造的创新与发展

①川北的斜栱创新

川北地区历来就是巴蜀斜栱的流行地，到明代，

斜栱做法又有新突破。其补间数量增多，相邻斗栱间间距变小。为了避免相邻出跳打架的问题，川北地区明代出现了斗栱隔跳出斜昂，相邻铺作斜昂间隔出跳的做法。该做法的早期案例是平武报恩寺万佛阁，该建筑明显受到了明代官式建筑的影响，其补间数量大大增加。为了解决斗栱出斜昂而不打架的问题，其底层檐下斗栱采用了上述做法，一攒斗栱为一三跳出斜昂，相邻斗栱则为二四跳出斜昂。这一做法后来在川北阆中张飞庙敌万楼及两侧牌坊、阆中观音寺山门中也都被采用（图5）。如向前追溯，这种做法早在同地区的小木作即江油云岩寺的转轮藏就已出现，只是云岩寺转轮藏的相邻两攒斗栱之间还有一定的攒间距，由此推测这种做法早期出现在小木作上更多的是出于对形式的创新而非攒间距限制所迫（图8）。

②川南的斜栱营造

川南地区在明代也是斜栱的流行地，很多建筑上都使用了斜栱，其大木斗栱中使用斜栱（昂）的技术高超，独具匠心，造型极具表现力，其中最为突出的是屏山万寿观、万寿寺和宜宾旋螺殿。万寿寺大雄宝殿下檐前檐柱头出斜栱，其自栌斗起每一跳正心翘左右皆出斜昂多层直至挑檐枋下，这种做法早在山西元代建筑中就有出现，但在巴蜀地区并不多见，它将单攒斗栱中斜栱的表现力发挥到极致，形似花朵怒放。让人称奇的是屏山万寿观下檐前檐斗栱，其柱头做法同万寿寺大雄宝殿，但补间同时施用如意斗栱，其炫目效果令人惊叹。此外，宜宾旋螺殿下檐斗栱第一跳斜栱上再同时出正心并左右伴出45° 斜栱，造型别致，上檐更以如意斗栱相匹配，如意斗栱内外均出跳，室内层层出跳形成藻井，结构与装饰功能完美结合。（图6）

（3）如意斗栱登上大木舞台

到明代，如意斗栱也登上了大木舞台，重庆宝轮寺正殿、屏山万寿观正殿、屏山万寿寺观音殿、宜宾旋螺殿、真武山望江楼等都使用了如意斗栱。在现存案例中可考年代记载最为确切的为明万历二十四年（1596年）的宜宾旋螺殿，如意斗栱用于巴蜀大木上的时间应远早于此，根据《明嘉靖马湖府志·万寿观》记载，屏山万寿观应在成化年间（1465—1487年）就已经存在，再结合殿内建筑形制、用材以及二金檩上“大明弘治四年（1492年）培修”的题记可推测该建筑应不晚于明弘治四年（1492年）。此外，建于明成化五年（1469年）的安岳木门寺的仿木构石牌坊上也已经有清晰的如意斗栱的做法了，笔者推测在明中期巴蜀地区如意斗栱应已出现在大木作上。到明末，如意斗栱的使用更为普遍，现存明代案例中川南、川东地区使用如意斗栱者最多（图5）。

如意斗栱至迟在元代就已出现在巴蜀地区的小木

（a）宜宾旋螺殿

（b）宜宾旋螺殿

（c）宜宾屏山万寿寺大雄宝殿

（d）宜宾屏山万寿观

图6 川南地区明代斜栱

作中，到明代，现可见于木作中最早的如意斗栱案例仍是小木作，如明正统年间（1440年）建造的平武报恩寺华严藏殿转轮藏，这一时期小木作上对如意斗栱营造进行了更为大胆的尝试，其上四处采用了五种做法不同的如意斗栱，大胆创新的意识和营造技艺的高超可见一斑。

3 巴蜀明代斜栱演变再解析

斜栱营造的发展演变不是一个孤立而特殊的木作营造现象，这一看似具体而微的现象背后隐含着具有普适意义的木作发展规律，影射着纷繁复杂的社会、文化背景以及变迁。通过研究发现，巴蜀地区斜栱的发展演变确有一定的线索可循，其总体发展规律与纷繁的社会、文化背景以及木作发展的整体规律紧密相关。

（1）明初“弃元扬宋、克己复礼”思想对巴蜀地区斜栱营造转变的影响

明朝在建朝之初，社会尚处于经济、生产及秩序的恢复阶段，整个社会有一种弃元扬宋、克己复礼的复古之风。在建筑上表现为元代出现的部分做法逐渐为宋式做法所取代，较之元代做法的灵活，明代官式建筑做法开始逐步制度化、规范化。在这种整体风尚的影响下，官方对木作营造技术进行了诸多规范，对于斜栱而言，这一风尚最为突出的影响体现在上文分析的两个方面。

从使用流行度和使用区域看，流行于元代的斜栱在明代北京地区的官式大木作中基本上不再使用。与此同时，巴蜀地区在斜栱的使用上也受到一定程度的影响，呈现出极大的地域差异，最为明显的变化是以成都为中心的蜀地政治中心紧密跟随官式风尚，斜栱的使用大幅减少。

从斜栱的整体配置方式上看，自明宣德后，除少数地区和案例中仍延续元代柱补做法不同，或仅柱头或仅补间使用斜栱的做法外，巴蜀大部分使用斜栱的木构建筑在柱头、补间皆施斜栱且柱补外跳做法一致。在笔者已调研的巴蜀现存33座明代斜栱案例中，有29处柱补做法一致（图7）。

（2）明代大木斗栱机能演变及官式建筑营造中的新范式对巴蜀斜栱营造的影响

明代中期，在经历了明初一系列改建与重建等官方重要营造活动后，明代官式建筑进入了发展与成熟期，大木斗栱机能发生了较大变化，并产生了一些新的营造范式，这些新的营造范式对巴蜀明代斜栱营造的影响是显而易见的。首先，随着柱梁交接关系的进一步简化与明确，斗栱结构机能进一步退化，用材减少，补间攒数显著增加。其次，斗栱的装饰性功能日

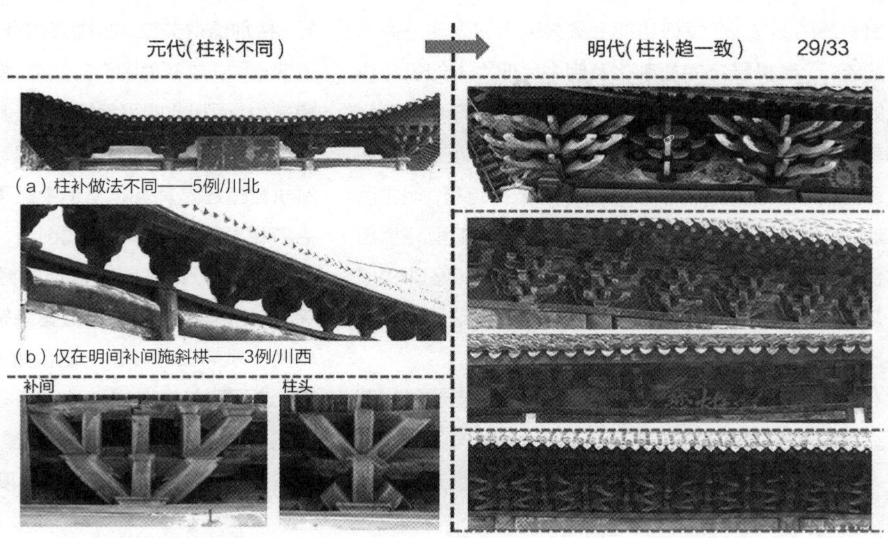

图7　巴蜀地区元明斜栱配置演变

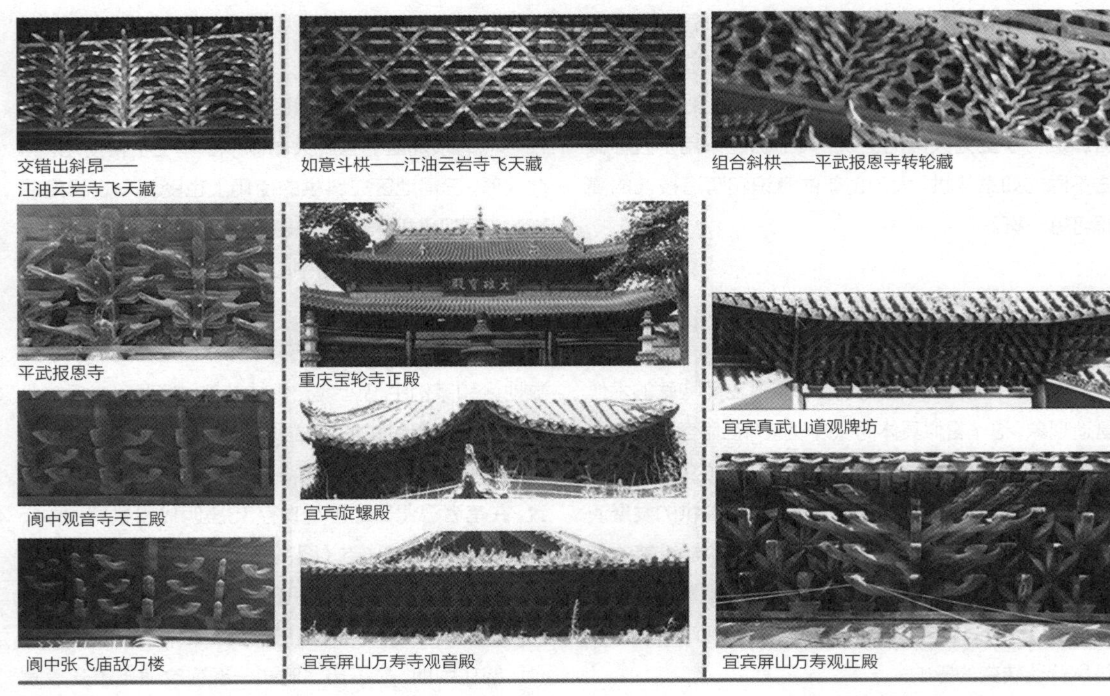

图8 巴蜀地区大小木作营造关联

趋增强，特别是在明嘉靖年以后，经万历至明末并延及清初康熙、雍正的100多年间，木构建筑的发展呈现出崇尚奢华、装饰技巧充分发展，大木结构与装饰分化加剧的情况[8]。在巴蜀地区，这一时期，随着补间数量的增加，部分地区和建筑中出现了相邻铺作交错出斜昂的做法。在装饰功能上最为突出的表现是假昂的流行、昂栱雕饰的复杂化及明中后期大木如意斗栱的兴盛。这一时期，随着假昂的使用，斜昂渐成主流，其装饰性明显优于斜栱。同时，这一时期昂底上曲逐渐饱满，卷鼻昂、龙、凤头昂，卷云昂流行。明中后期，斜栱营造中还出现了许多之前未见的新型斗栱组合方式，如相邻铺作交错出斜栱、斜昂，如意斗栱以及如意斗栱与单撰扇形斗栱组合的方式，这些斗栱的出现使檐下显得异常奢华。

（3）多元文化影响下的川北、川南是巴蜀斜栱营造最高水平的代表

从上文斜栱的流行度及使用区域、配置方式与斜栱样式的演变分析可知，川北和川南地区不仅使用斜栱的时间跨度长、斜栱案例数量多，同时大、小木作斜栱营造均独具匠心，极具开拓性和表现力。其中，川南、川北地区中两个地处偏远的少数民族土司掌管地区——马湖府（现宜宾屏山县）和龙安府（现绵阳平武县）特别值得关注。明代斜栱在北京官式建筑中已不再使用，以成都为中心的川西地区明代斜栱使用也大幅减少。而川北的平武报恩寺、川南屏山万寿寺、万寿观三处敕建的地方重要官式建筑仍然使用斜栱，而且斜栱营造还是其斗栱营造中最重要的特色。平武报恩寺斜栱营造种类多，样式创新，大木、小木斜栱做法均令人称奇，堪称斜栱营造的博物馆。宜宾屏山万寿寺大雄宝殿柱头斜栱形似花朵怒放，万寿观斗栱采用单撰斜栱与如意斗栱的混合搭配，其炫目效果令人惊叹。这两地斜栱发展为什么能取得如此高的成就，笔者认为原因有四：第一，斜栱营造在该区域有较长的历史和传统，是具有较高认同度的民间营造技艺；第

8 郭华瑜.明代官式建筑大木作[M].南京：东南大学出版社，2005.

二，这两个区域均地处偏远，且地方土司享有一定的自治权，营造中自然较川地其他行政中心所受的官方限制少；第三，这两地还均为少数民族地区，其特有的民族文化给工匠提供了很多的创造灵感和很大的发挥空间；第四，此两地均为少数民族聚居的政治、文化中心，能够集中当地财力和最优秀的工匠进行营造。斜栱在这两地均得到了前所未有的发展，成为元明巴蜀斜栱营造最高水平的代表。

4 后续研究展望

本文通过研究对巴蜀地区元明时期斜栱发展的线索已有一些结论，但仍有部分问题待解。

第一，小木作上的斜栱实践是否是大木作斜栱营造的先期实验，或大木作营造的发展是否从小木作中汲取了诸多启发和经验？巴蜀地区现存小木作中的斜栱营造主要集中在转轮藏上。转轮经藏是佛、道教小木作的重要内容，也是古代小木作技艺的精华所在。为了追求精美富丽和令人震撼的视觉效果，转轮藏上斗栱成为处理的重点，因其斗栱不起结构作用，成为纯粹意义上的装饰物，故在出跳形式上可以有更广阔的创作空间，产生了很多大胆的、创新的样式。而后期大木营造实例中的斜栱做法，特别是一些极为特殊的做法恰恰可以在这些小木作的早期实践中找到（图8）。如平武报恩寺中相邻补间间隔出斜昂、中后期大木中如意斗栱的做法都早在江油云严寺转轮藏上就有出现。尽管小木作做法是否就是后期大木作斗栱形式突破的灵感和先期实验还不能简单定论，但该问题值得继续探究。

第二，从区域技术的传播来看，川北与川南是否存在直接的技术传播关系也是研究中始终困扰笔者的问题。这两地同属少数民族土司管辖地区。四川地区现存施用如意斗栱的实例以川南地区为最，而四川地区目前发现最早施用如意斗栱的案例（江油云岩寺飞天藏、平武报恩寺转轮藏）却均出现在川北地区早期的小木作上。与此同时，川南地区宜宾屏山万寿观和宜宾真武山玄天宫清代牌坊中所见的形式最为复杂的组合斜栱，即柱头铺作出斜栱与补间同时施用如意斗栱的类型目前也仅在川北平武报恩寺转轮藏中出现过。从诸多现象来看，两地在文化背景上、斜栱营造上确有不少相似之处；从距离上看，两地一南一北相距甚远，且与川南地区木作相同的斜栱做法均出现在川北小木作中，而这些特点在川北的大木作上却未得见。两地在营造样式上的相似性是存在直接的技术传播和关联或只是巧合尚无法定论，有待进一步研究。■

参考文献

[1] 朱小南. 斜栱探源[J]. 文博，1987（3）：67-80.

[2] 陈薇. 斜栱发微[J]. 古建园林技术，1987（4）：40-45.

[3] 沈聿之. 斜栱演变及普拍枋的作用[J]. 自然科学史研究，1995（2）：176-184.

[4] 何雅丽. 两种使用斜栱的重要且成熟的设计概念：“扇式斗栱”和“如意斗栱”[7]. 俞琳，译. 古建园林技术，2012（6）：11-18.

[5] 焦洋. 探寻如意斗栱[J]. 华中建筑，2010（8）：177-179.

[6] 辜其一. 江油县窦圌山云岩寺飞天藏及藏殿勘查记略[J]. 四川文物，1986（4）：9-13.

[7] 郭华瑜. 明代官式建筑大木作[M]. 南京：东南大学出版社，2005.

[8] 徐怡涛. 文物建筑形制年代学研究原理与单体建筑断代方法[M]//王贵祥. 中国建筑史论会刊：第二辑. 北京：清华大学出版社，2009.

[9] 梁思成，林洙. 梁思成西南建筑图说[M]. 北京：人民文学出版社，2013.

[10] 四川省文物考古研究院，广安市文物管理所，华蓥市文物管理所. 华蓥安丙墓[M]. 北京：文物出版社，2008.

[11] 四川省文物考古研究所，广安市文物管理所，华蓥市文物管理所. 四川华蓥许家土扁宋墓清理简报[J]. 四川文物，2010（6）：3-10.

[12] 郭璇，戴秋思. 平武报恩寺[M]. 重庆：重庆大学出版社，2015.

[13] 张默青. 巴蜀古塔建筑特色研究[D]. 重庆：重庆大学，2009.

[14] 王书林. 四川宋元时期的汉式寺庙建筑[D]. 北京：北京大学，2009.

[15] 赵慧敏. 巴蜀建筑史——唐宋时期[D]. 重庆：重庆大学，2010.

[16] 张新明. 巴蜀建筑史——元明清时期[D]. 重庆：重庆大学，2010.

图片来源

图1：左下图重庆永川宋墓引自新浪图片“永川发现宋代崖墓，百年前就已失盗”专题；左上图广安华蓥安丙墓M1后室后壁斗栱引自参考文献[10]，右图广安白塔引自参考文献[16]。

图5组合斗栱中的左图、图6左下图宜宾屏山万寿寺大雄宝殿、右下图宜宾屏山万寿观均为姚军提供；图5中斜昂一图引自参考文献[9]，其余为作者自绘、自摄。

毛华松 | Mao Huasong

重庆大学建筑城规学院

School of Architecture and Urban Planning, Chongqing University

毛华松（1976.2），重庆大学建筑城规学院教授，重庆大学博士，中国风景园林学会理论与历史专委会委员、秘书处成员，重庆市风景园林学会理事，中国园林杂志特约编辑，风景园林杂志特约编辑。

观　点

中国传统城市公共楼阁是中国古代城市风景体系建设的重要组成要素，其在历史城市建设中的景观意象和对城市格局的影响，对理解中国传统城市风景营造、继承和保护传统文化景观起到基础性的作用。当今的城市楼阁一为传统历史遗产的沿革，一为现代城市标志性景观的创新，与城市整体风景建构密不可分。然而，现代人渐渐丧失了对事物的敬畏感，遗失了在传统建设活动中的优秀之处，而这些常常是某种文化传统或者传统文化得以延续和存在的依靠。

楼阁文化在演进历程中，逐渐从城防、礼制功能延伸到风景建设，强调礼制规划的秩序和人与自然的和谐统一，并由此提高到“礼乐共融”的至高境界，奠定了中国式风景园林设计的思想基础。从中国城市楼阁文化思想发展和内涵，以及大量的楼阁案例遗存中，可以发现中国古人的城市风景营建智慧，包括理论观念和设计手法。探索这种智慧在当代空间语境下的设计语言和手法转化，抓住中国文化定位，是提升现代景观设计理论和方法的重要功课。

介于当下对历史景观包括生成机制、价值取向在内的整体性研究不足，本文希望以城市楼阁为例，加强对具有深刻人文内涵的传统文化价值观的历史景观的认知、研究和传承，为城市历史景观整体性保护提供基础的理论支撑，强化地方意识和符号认同。如果能够唤起人们对传统文化的重新思考，不仅在延续、体现中国传统风景园林方面有重要意义，更是力求建立一种文化自信，希望成为拓展城市楼阁这一风景符号和山水文化的新途径。

宋代城市楼阁类型与空间形态研究[1]

The Study of the Song Dynasty City Pavilion Type and Spatial Form

毛华松
Mao Huasong

张杨珽[2]
Zhang Yangting

摘　要：城市楼阁是中国历史景观的显性符号，是特定历史语境下社会建构的产物。本文首先以宋代城市楼阁为研究对象，基于新文化地理学理论，通过《全宋文》251个城市楼阁文记和《宋元方志丛刊》相关图文印证，指出城市楼阁是儒家城市重要的景观符号；其次分析儒家“天—君—民”公私观思想下楼阁的建设动因，从而导出形胜型、礼制型、乐教型的三类城市楼阁类型；最后，结合宋代城池图及山水画，总结三类城市楼阁的空间形态特征。研究对完善历史城市楼阁相关理论，拓展历史景观研究视角具有重要意义。

关键词：历史景观，宋代城市，城市楼阁，建设动因，空间形态

城市楼阁是中国城市历史景观的组成要素和显性符号，具有官方控制建设、空间位置特殊及与社会生活紧密相关的特点。本文把这类不同于私家和寺观园林楼阁的公共性楼阁统称为“城市楼阁”。而楼阁作为城市历史景观的典型符号，已引起相关研究的广泛关注。吴良镛、王树声等学者认为楼阁是儒家城市规划的重要组成部分，是城市的“关键地段”，具有控制性、标志性的作用，同时更是一个文化载体，是地方整体文化形象的重要支撑[1][2]。金晟均就韩国传统“楼亭苑”文化符号进行解读，突破了亭台楼阁建筑与外在环境剥离的研究局限，探讨“楼亭”的社会性和文化性是使其成为园林空间的本质[3]，反映了东亚文化圈广为传播的风景观和方法论。但楼阁作为“文化载体”具体承载的是何种文化？其“社会性和文化性”包含哪些层面？仍有待深入。全面解读城市楼阁的形式与内涵，对理解城市历史景观营建经验具有积极的研究意义和理论价值。

新文化地理学理论指出事物在特定历史背景下所处的空间位置，是其所处时代、经济政治、社会文化等宏观主旨发展状况之间关系的呈示[4]。由此，基于新文化地理学理论，本文选择城市楼阁兴盛的宋代为研究范围，力求突破纯粹物质空间研究的局限，从价值内涵层面进行楼阁的文化解读，系统理解宋代城市楼阁景观表达的形式与内涵。重点在已有楼阁物质空间研究基础上，探寻城市楼阁营建的动因机制是什么，它又是以何种物质空间形式表现内涵与机制的。并以期通过城市楼阁这一典型历史景观符号形式与内容的关联性解读，拓展历史景观研究的方法和视角。

1　城市楼阁是宋代儒家城市空间秩序的重要景观符号

城市楼阁是基于礼制教化、山水审美、公共游赏和风水形胜等社会集体价值取向而产生的公共性楼

1　中央高校基本科研业务费专项项目，社会空间视野下的宋代城市景观范式研究（106112016CDJXY190001）；中国博士后科学基金面上资助，三峡库区“文化空间”的生成机制及再生利用研究（2016M600723）。

2　张杨珽（1992年12月），重庆大学硕士，助理工程师，研究方向为风景园林规划与设计、风景园林历史与理论、景观规划与生态修复。

阁，是古代城市建设体系内代表性的大型建筑景观。从秦汉因“仙人好楼居”作楼台以“候神人”[3]，至魏晋时与园林游赏相结合，到唐代成为城市建设的显性空间，留下黄鹤楼、叠嶂楼等名楼文记[4]。宋代在“江山之助”“登临远眺”的楼阁物质形态基础上，融合了风水裁成、封建礼制、与民同乐的文化价值取向。城市楼阁也经由敬神向尊君、乐民的过程发展，成为城市儒家礼乐形制的重要空间建构范式[5]。

宋代城市楼阁的文记数量、公私属性及政治文化意向，客观显现了城市楼阁是承载儒家礼乐制度的重要景观符号。“亭台楼阁记”是宋代文学中重要的文化现象，《全宋文》中共辑录了1062篇、998个（亭444、台68、楼231、阁255）亭台楼阁文献。从其投资主体、场所公私属性及建设管理等，可分为公共、寺观、私家三种类型（表1），其中又以由官方主导建设的公共亭台楼阁为主流。从楼、阁、亭建筑形式纵向比较可知，官方主导建设的楼、阁、亭所占同类建筑比例分别为69%、35%、49%[5]，“楼”的公共性最为显著（图1）。需要特别指出的是，因宋代寺观基本处于政府管控之下，寺观类的楼、阁、亭的建设也多由官方出资、主导建设，寺观类118个楼阁中有44.9%与官府息息相关，如何熙志《潼川府牛头寺罗汉阁记》记载：“于是府尹直阁胡公以五千万钱助修阁费，而壇施辐凑，相与推悭破吝，竞舍所有，以供其役。”而“亭”作为园林中的常见构筑物，由于《全宋文》辑录文献的主要依托明清方志里的艺文，大量私家的亭轩因其与方志“类政府年鉴”的政治取向不符而辑录较少。因此，实际上宋代城市私家亭轩的比例应该更高。从这种特殊的文献语境看来，宋代楼、阁与亭的公共属性比差，应该高于本文所统计的数字。

表1 《全宋文》中的楼、阁、亭从属类型统计

记载类别	公共/个	私家/个	寺观/个	不详/个	总计/个
楼	160	49	19	3	231
阁	91	57	98	9	255
亭	218	186	25	15	444

同时，楼阁在功能上更倾向于崇礼明教、祭祀礼仪、节日庆典的公共活动和城市形象的树立，政治性和社会性更为凸显，从而成为官方城市建设文献记载的重点。宋代楼阁多以府门（皋门）、钟鼓楼、铜壶阁、经史阁等礼乐制度性节点存在，广泛反映在宋代方志体例中的专设门类及舆图中的显性图像符号。如《类编长安志》卷三“馆阁楼观”、《琴川志》卷第一“亭楼”、《景定建康志》卷二十一“楼阁”、《嘉定镇江志》卷十二“楼台亭堂”等。通过对《宋元方志丛刊》中41个地方志的统计，专设楼阁门类的比例有31.7%，楼阁成为相关方志记载的重要描述对象。由此可知，楼阁在宋

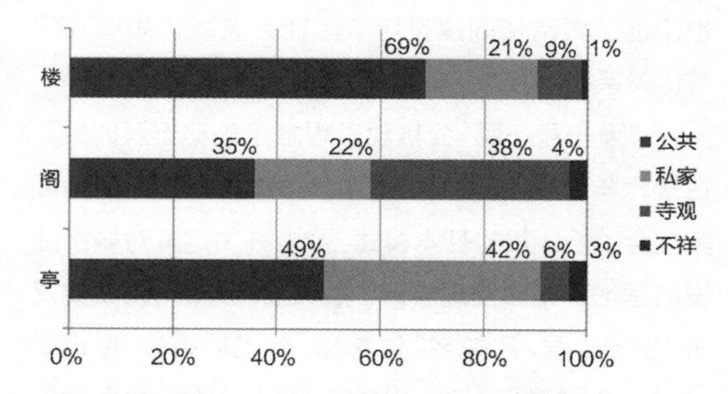

图1 《全宋文》记载亭、楼、阁的从属类型对比分析图

---

3 《史记·封禅书》有文记曰：“公孙卿曰：‘仙人可见，上往常遽，以故不见。今陛下可为馆如缑氏城，置脯枣，神人宜可致。且仙人好楼居。’于是上令长安则作飞廉、桂馆，甘泉则作益寿、延寿馆，使卿持节设具而候神人。”是为秦汉“仙人好楼居”的典型文献。其中的飞廉、桂馆、益寿、延寿皆因由此而建的高楼建筑名称。

4 笔者在《全唐文新编》共检索到22篇以楼、阁为名的文献，其中，诗序4篇、赋5篇、记13篇，除都城宫院的花萼楼、勤政楼、学士院新楼、朝元阁外，皆为城市楼阁。且所记述地点分布广泛，有中原的河中（现蒲州）鹳鹊楼、韩城门楼等，巴蜀荆楚的鄂州（现武汉）黄鹤楼、洪州（现南昌）的滕王阁、襄阳北楼、郢州（今秭归）白雪楼，江南的宣州叠嶂楼、衢州东武楼等，岭南的泉州北楼、韶州的朝阳楼等，可见楼阁在唐代城市开始显性建设。其建设思想，除泉州北楼“树于雉堞，则以警寇盗不虞。……夫完城壮邑，有邦之本也；恋阙爱君，为臣之节也”（欧阳詹，《泉州北楼记》）、凤翔鼓角楼记“上可以陈列鼙鼓，下可以禁限中外，近可以张皇斯众，远可以戒励大军”（韦庆复，《凤翔鼓角楼记》）2篇外，大多以“耸构巍峨，高标巃嵸，……荆吴形胜之最也”（阎伯瑾，《黄鹤楼记》）、“冠八郡风俗之最，包四时物候之异。……斯阁之盛，纵游之美”（韦悫，《重修滕王阁记》）、“方目相瞪，则壮邦丽廨之勋，慊在第一”（独孤霖，《书宣州叠嶂楼》）等“江山之助”“登临远眺”的游赏、观览功能为主。

5 “台”，“四方而高曰台”（《尔雅》）。在上古多为观天祭神所建，北宋王禹偁《王气台铭》曰：“观古之王者，筑灵台，视云物，察气候之吉凶，知政教之善否。”及至宋代，与“台”相关的文献以历史古台褒贬或建设维护为主，《全宋文》辑录的68个“台”中，记述古迹的占32.4%，“易其旧而新之”的占16.2%，新建的仅占30.1%，且不乏私人修建，而官方新建的比重微小，故“台”未纳入统计。

代城市建设中的重要性与普遍性。

2 儒家公私观思想下的宋代城市楼阁建设动因和类型

城市楼阁普遍性建设与宋代社会结构、社会关系之间存在着互构的辩证关系，特别是儒家“天—君—民”公私观思想导向下的社会关系认知模式影响。从《全宋文》的阅读整理中，可以看到城市楼阁的建设受三个主导动因推动：①以“天人合一”“阴阳平衡”的天道自然为导向，其文章中常显的关键字有“山川秀景”“览胜”“胜赏”“形胜”等；②以周礼中代政治制度空间再现为导向，其文章中常显的关键字为“明制”“礼仪”“子男之邦”“皋门之制”等词汇，属于“君臣国家”的封建城邦空间制度的延伸；③以大众游赏和社会教化需求为导向的，其文章中常显的关键字为“教化”“遗迹”“文明”“与民同乐”等词语，关注于社会大众的层面（表2）。这三个内涵“天地自然”“君臣国家”“社会人人”的主导动因，与中国传统的“天—君—民”公私观思想层次相契合，客观上也印证了城市楼阁建设与宋代社会关系认知模式的互构关系。

“天—君—民”公私观思想始于先秦秦汉时期，在宋代与天理、人欲等概念结合而得到深化，成为儒家社会关系认知的基本模式，影响并决定其对城市建设的理论建构和空间实践。张仁玺在分析“先秦秦汉时期的天、君、民关系”时指出：朝代的更替，促进了“服天命”的纯粹敬天思想向“敬天保民”社会调控措施转向，使统治者把政治中心转向改善君民关系方面上来，成为中国“天—君—民”思想上的一个重大变化[6]。沟口雄三在分析中国公私观思想时指出，秦汉的“天—君—民”思想一直延续到唐，并在宋代与天理、人欲等概念结合而迎来新的阶段，原来君主一己的政治性道德性概念，“一跃成为更为普遍的、与普通人相关的（实质是以士大夫阶层为中心的），内关个人内心世界、外关外界社会生活的伦理规范[7]。”“天—君—民”公私观思想也由此成为儒家社会关系认知模式，影响了儒家官员对城市建设的空间实践。其中的“公”由自然之公、朝廷国家之公和人人之公组成（图2）。而“天—君—民”思想价值取向，则分别强调了人与自然、人与国家、人与人之间的紧密联系。“天”即顺应自然之天理，强化了“天”的客观法则性、条理性，以宇宙万物之法则来定义“理”，将自然、道德、政治整合为一体，强调天下之公[8]。“君”代表朝廷国家之公，是官方政治体系中最高的存在，巩固了宗法社会的基本结构，贯彻“礼乐刑政”的制度保证。“古之所谓国家者，非徒政治之枢机，亦道德之枢机也。使天子、诸侯、大夫、士各奉其制度典礼，以亲亲尊尊贤贤，明男女之别于上，而民风化于下，此之谓治，反是则谓之乱。是故天子、诸侯、卿、大夫、士者，民之表也；制度典礼者，道德之器也。周人为政之精髓，实存于此[9]。”君国之公的表现以礼制为其外在形式，公门、公堂的实现恰恰是体现于其政权结构本身的稳定性、秩序性之中。“民”即代表社会生民，是“一姓一家”之私，也是“天下万民”之公，以维持社会大众和谐稳定的共同利益或为此而产生的道德意识又反作用于天理之公，亦为顺应天命，由下而上，生生不息。“天—君—民”的思想基础是宋代城

表2 《全宋文》城市楼阁的主导动因及关键词词频分析

主导动因	关键词及词频	典型楼阁
天道自然	山川秀景（18）、览胜（14）、胜赏（12）、游观之胜（7）、形势（7）、形胜（6）、与民同乐（5）、风月之意（4）	岳阳楼、黄鹤楼、滕王阁
朝廷国家	明制（14）、伟观（10）、礼仪（7）、子男之邦（6）、官府制度（6）、皋门之制（5）、礼乐（5）、以奉敕书（4）、重威（4）、鼓角之制（2）	谯楼、钟楼、门楼、鼓角楼、衙楼
社会人人	立祠（8）、教化（7）、儒学（6）、文明（5）、与民同乐（5）、遗迹（5）、纪功（4）、崇德（4）、魁星（4）、扬君之美（2）	碑楼、状元楼、魁星楼

市公共建设的深层动力机制，也是城市楼阁营建的动因，是后期城市楼阁承载事件和空间形态差异化的出发点。

基于词频统计得出的“天地自然”“君臣国家”“社会人人”三个主导动因，对应统计《全宋文》中相应楼阁文记，显现出“天一君一民”公私观价值取向对相应动因楼阁的空间机制、活动组织的影响，并由此可以分为形胜型、礼制型、乐教型三种楼阁类型（表3）。

2.1　以“天之公”为导向的形胜型

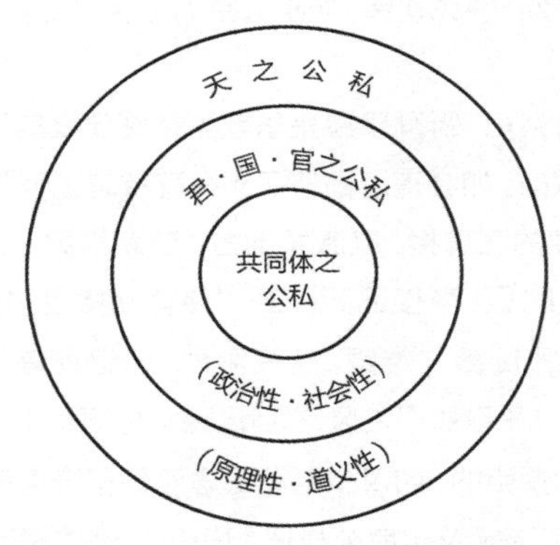

图2　中国“天一君一民”公私观层次示意图

形胜型楼阁以“天之公”为导向，旨在传递或象征天道自然之和谐。中国式的“天之公”强调“自然之公”，具有原理性、道义性的内容，是在“君·国·官”即朝廷国家的公的外侧，强调天是万物自然的内在条理[7]。以“自然之公”为导向的楼阁突出作为整体的一部分与山水、城、人的关系，空间上更注重点与自然相融的表现方式，多以传统风水形胜之理选址建设，居览胜之地，或倚高附势、或依山临水。如李彦弼《湘南楼记》：“平开七星之秀峰，旁褰八桂之远巘，前横漓江之风漪，后涌官府之云屋。环以君山，叠众皱而昂孤骞，若神腾而鬼趭，若波骇而龙惊，兹亦胜概之绝伦者矣！”此类楼阁不仅是城市宏观风景的观览点，也是城市天际轮廓线的重要构筑物，正是风水学说中“形、势”层面的具体实现，反映中国传统的天人观。

形胜型楼阁常用于登临观景、文人集会、体察明情等活动，助长了文人士大夫吟诗作赋、附庸风雅之气，楼阁在伴随优美风景的同时具有深厚的文化底蕴。滕宗谅《求书记》云：“窃以为天下郡国，非有山水环异者不为胜，山水非有楼观登览者不为显，楼观非有文字称记者不为久，文字非出于雄才钜卿者不成著。今东南郡邑，当山水间者比比，而名与天壤同者则有豫章之滕阁，九江之庾楼，吴兴之消暑，宣城之叠嶂，此外无过二三所而已”，其中滕王阁、庾楼、消暑楼、叠嶂楼皆为风景名胜，广为人记。也因形胜型楼阁在彰显地方胜概上的显著作用，成为《全宋文》中楼阁文记最为凸显的楼阁类型，占比近50%。

2.2　以“君·国·官之公”为导向的礼制型

礼制型楼阁是基于“朝廷国家之公”的导向，进而衍生为“君·国·官之公”，以“礼”为外在文化价值表现的楼阁。“礼”涵盖了政治制度上的等级性和规范性，从楼阁命名、建筑选址、社会价值取向上遵循城市等级的礼制框架。在命名上常辅以定式名称，如《全宋文》中有谯楼12篇、钟楼14篇、鼓楼5篇、鼓角楼7

表3　城市楼阁类型、思想基础与空间机制、活动

类　型	思想基础	空间机制		典型活动
		空间组织原则	典型选址点	
形胜型	天——天道自然之公	依自然山水环境，择风水形胜点所建楼阁	登高点、形胜要塞、湖山风景、城墙等	登临观景、游赏宴息、文人集会、访古怀思
礼制型	君——朝廷国家之公	受礼制规则作用，承载权利制度意识的楼阁	城市轴线、官府衙门、城门等	宣诏接旨、地方仪式、行政执法、节庆典礼
乐教型	民——社会人人之公	以社会教化和公共游赏为主要目的，打造集体记忆的楼阁	名贤纪念园圃、名贤遗迹点、市街等	节庆出游、名贤祭祀、祈拜求愿、风俗聚会

篇、敕书楼6篇。在建筑选址上，上述谯楼、鼓角楼、节楼、敕书楼、鼓楼等皆为门楼，大多选址于子城城门[6]。在社会价值取向上，礼制型楼阁皆以周礼城市等级建设制度为基础，如汪藻《谯楼记》记曰：“先王之时，自子男而上皆得为台门观阙之制”；赵彦章《奉新县谯楼记》曰：“崇门击柝，肇自古初。外建皐门，实重侯国，夫门之制尚矣。”

礼制型楼阁主要承载宣诏接旨、地方仪式、行政执法等官方活动，对城市结构控制和权利彰显有重要作用。礼制活动具有明确的典礼仪式的规章制度，所强调的是对民情民心的正面节制与引导，从而形成良好的社会秩序。《景定建康志》所记载的古都城门，“陈大建十一年幸大壮观，大阅武，步骑十万阵于真武湖，上登真武门观宴群臣，因幸乐游苑，再幸此门观振旅而还[10]”的记载，充分验证了城门楼阅兵、宴臣的重要礼制功能。

2.3 以“人人之公”为导向的乐教型

乐教型楼阁从“人人之公”出发，以大众游赏和社会教化为导向，兼有节庆时令公共游赏活动场所与名贤祭祀、祈拜求愿等社会教化的功能。《左传》中记载：“民之所欲，天必从之”，百姓安居乐业成为宋代官员政绩的重要考核标准[7]。乐教型楼阁成为官员宣扬“与民同乐”社会文化取向的主要物质载体，如史之才《凉飔阁记》云：“夫构是阁者，岂特独乐其乐，以助众人嬉游之乐”；桂如篪《华丰楼记》曰：“是楼之设，非以纵民之饮，将以快民之欲也；非以罔民之利，将以迪民之和也。”由此，乐教型楼阁与居民的日常生活联系更为紧密，更加反映了“天一君一民”中最底层“民”的共同体之公。

乐教型楼阁主要以促进大众游赏为社会文化价值取向。在宋代平民化、世俗化的文明演变背景下，以“人人之公”为目的的公共开放空间已很普遍，百姓游赏亦较多[5]。加之宋代城市街市管理带来的居民活动时空自由，城墙、官署园林都成为大众游赏的地点。如欧阳修《与韩忠献王书》记载的滁州居民城墙上的春游，曰：“山民虽陋，亦喜遨游。今春寒食，见州人靓装盛服，但於城上巡行，便为春游。”在城市湖山风景区、园圃内，作为景观标志、登览之处的城市楼阁建设也随之普遍化。如吕陶《重修成都西楼记》记云：“吾民来游，醉于楼下，实一方之伟观，四时之绝赏也。”孙德之《绍兴府镇山楼记》记曰：“民雄和会，相与策老扶幼，争先快睹，如蹑太空而上也，如游化城之乐也。”

名贤祭祀、祈拜求愿是乐教型楼阁建设的另一文化价值取向。如会稽府郡守汪纲在春秋越国范蠡所建遗址重建的飞翼楼，以激发地方“卧薪尝胆”的集体记忆。汪纲《飞翼楼记》记云：“使登此楼者，抚霸业之余基，思卧薪之雄槩，感愤激烈，以毋望昔人复仇之义，庶几乎鸱夷子之风，尚有嗣余响於千百世者。”也有纪念贤臣的，如汉州西湖纪念唐代郡守房琯的房公楼，魏了翁《汉州房公楼记》记曰：“乃作楼于郡之西湖，名以‘房公’，将以申怀贤尚德之意。”又有祈拜求愿的，如苏辙在徐州城东门作黄楼以避洪水，记曰：“于是即城之东门为大楼焉，垩以黄土，曰‘土实胜水。’徐人相劝成之。”

3 宋代城市楼阁的空间形态

形胜型、礼制型、乐教型三种楼阁因不同的动因导向，呈现出不同的空间特征，分别表现为以山水形

---

6 谯楼、鼓角楼、节楼、敕书楼、鼓楼皆为门楼，在宋代诸多记载中相通用，间或有因城市等级不同，适当区分的。如游操《南丰县谯楼记》道：“郡有谯楼，县有敕书楼，奉藏敕书，以谨三尺，置建鼓角，以警晨昏，其来尚矣。”其中鼓角楼、节楼来源于唐朝迎节度使入境的礼节，州县立节楼迎以鼓角，行礼乐之职。敕书楼即用于奉藏敕书的门楼，“艺祖皇帝（宋太祖）制诏郡邑建楼以藏敕书”（洪清臣，《敕书楼记》）。明代随着城市的发展，谯楼、鼓楼等逐渐脱离城墙的依托，成为独立的楼阁，并且有时形成“钟鼓对峙”的布局模式。

7 如《宋史·司马池传》载司马光之父司马池，因在郫县县尉任上“纵民游观，民心遂安”，提拔为光山知县；《全宋文》卷1755《记蜀守》中有“成都人称近时镇蜀之善者，莫如田元钧、文潞公，语不善者，必曰蒋堂、程戡……至今人言及蒋公时事，必有不乐之言。问其所不乐者，众口所同，惟三事而已：减损遨乐，毁后土廟及诸淫祠，伐江渎庙木修府舍也。其尤失人心者，节遨乐也。”

势为依托的点景式、遵循礼制规则的轴线择中式、顺应大众可达的自由式三种主要的空间选址与布局模式。

3.1 以山水形势为依托的点景式

以山水形势为依托的点景式布局，是形胜型楼阁的主要空间形态。形胜型楼阁以“天道自然之公”为基础，在空间上强调与自然山川相融，往往具有迎山接水、地势奇异、高屋建瓴等环境特征。在选址及空间经营上，更重视风水形势概念相关的远与近、整体与局部的关系，并通过这样的经营，将楼阁作为城市重要风水裁成要素。常表现为居山林之高四面环景、背城三面观江湖及据城墙一隅、登高观景的三类布局模式。

居山林之高四面环景的点景式楼阁空间布局，常依托于城中山林的自然优势。如宣城陵阳峰上的叠嶂楼，蒋之奇《叠嶂楼记》记曰：“北望昭岑，南瞻瞿硎，后前左右，如抱如拥，粲然如积金，莹然如叠玉，屹然如长城之环缭，截然如巨防之壁立，皆天造地设，为此邦之险固”；鄂州（今武汉）之黄鹄山上的黄鹤楼，游仪《黄鹤楼》诗中云“长江巨浪拍天浮，城郭相望万景收”（图3）。这种依山而为的点式空间模式，强化了楼阁的形与势，突出其在城市整体风景建构和天际轮廓线中的标识点地位。

一面临城、三面观景的城市楼阁，常依托于一侧有宏大风景的城市，如杭州丰乐楼、湖南岳阳楼、桂林湘南楼等。丰乐楼是在涌金门外临西湖而设的酒楼，是典型的背城面水布局，以便一览湖山胜景。从元代《丰乐楼图》以及《咸淳临安志》中的“西湖图”可以看到丰乐楼及其后的湖山胜景，不仅将西湖风景区的苏堤、断桥、雷峰塔和湖光山色尽收眼底，也是这一系列风景的组成要素之一（图4）。另一典型案例是岳阳楼，以洞庭湖胜观为景，依城傍水，“衔远山，吞长江，浩浩汤汤，横无际涯；朝晖夕阴，气象万千。”在宋代，岳阳楼是附属于城墙的城门型礼制楼阁，在明清的发展演变过程中，才逐渐从城墙独立出来，成为典型的形胜型景观楼阁（图5）。

据城墙一隅、登高观景的楼阁是中国传统城市的又一常见空间经营方式。城墙作为古代城市的边界和高点，常借城墙之势，以城墙为基建观景型建筑，亭台楼阁形式不定。如宋建康城墙东南角独立的伏龟楼（图6），范成大《吴船录》云“凡游金陵者，若不至伏龟，则如未始游焉”，以及宋静江府城门城墙上的一整排楼亭建筑，逍遥楼、雪观楼、水云亭等串联布于城墙之上，以城墙为联系排列组合（图7）。这些点式楼阁空间布局模式，皆以依托高地布置楼阁，形成与城市山水格局的关系为基础，以“天之公”为主导因素，充分迎合自然的原理性和道义性的空间形态。

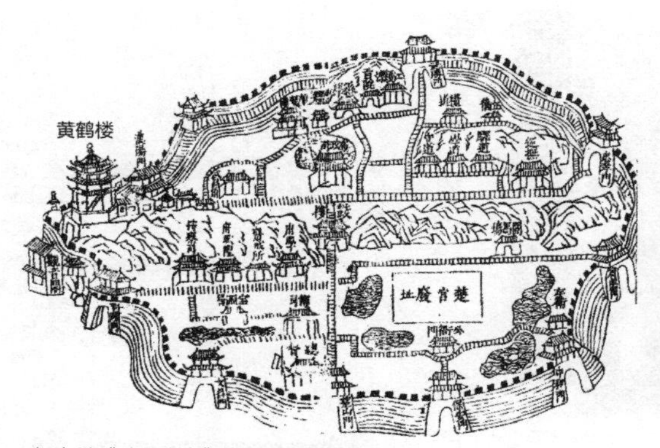

（a）清《武昌府志》府图中的黄鹤楼

（b）宋代界画《黄鹤楼图》

图3 黄鹤楼选址布局及景观意象

（a）元 夏永《丰乐楼图》　（b）宋《咸淳临安志》西湖图中的丰乐楼

图4 丰乐楼景观意象及周边景点

（a）宋 佚名《岳阳楼图》局部　（b）元 夏永《岳阳楼图》

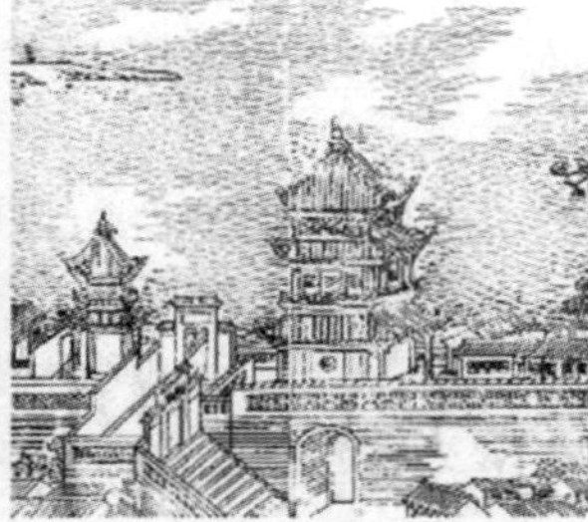

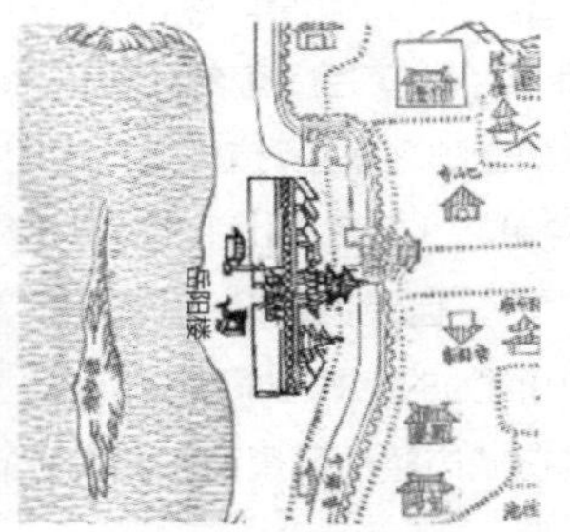

（c）明 谢时臣《岳阳楼图》局部　（d）清《巴陵县志》中《岳阳楼图》　（e）清《巴陵县志》城垣图中的岳阳楼

图5 宋元明清历代岳阳楼图的变迁

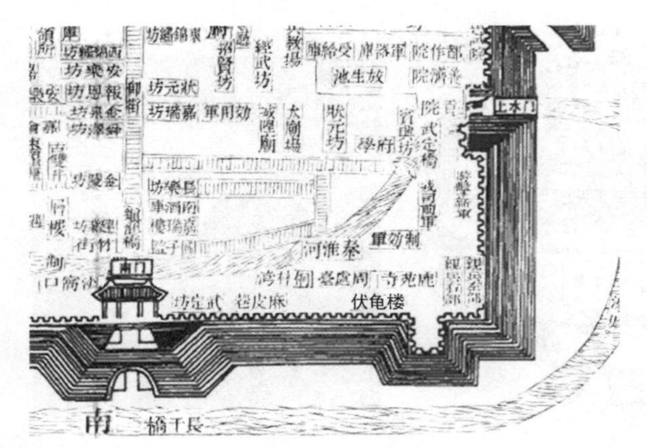

图6 宋《景定建康志》府城之图中伏龟楼的位置

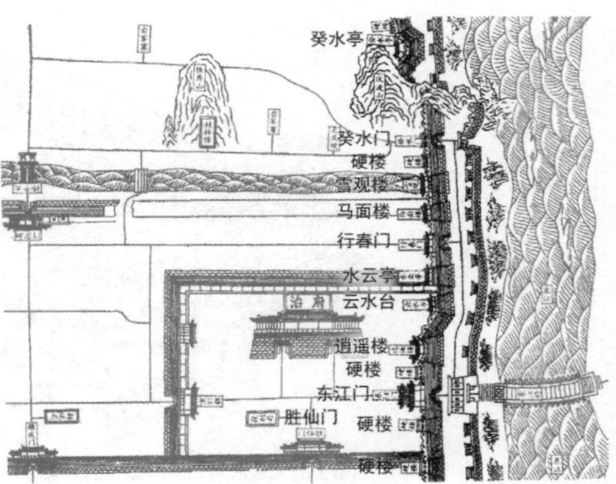

图7 宋《静江府城池图》城门城墙上的楼亭建筑

3.2 遵循礼制规则的轴线择中式

礼制型楼阁是“君·国·官之公”的国家权利体系表现，遵循儒家礼制规划的典型布局模式，常位于城市中轴线或者区域次轴线上，由轴线进行空间定位，并通过轴线关系将空间有效地组织起来。儒家城市礼制格局强调在大尺度空间上建立礼乐秩序，突出居中为尊、尊卑有序、和谐对称的轴线展开式空间布局特质，至今仍有深厚的影响[1]。典型者如《考工记》记述的主轴线，从王城正南门，经皋门、应门、路门，过宫城，抵王城正北门，突出宫城核心地位的空间布局模式（图8）。

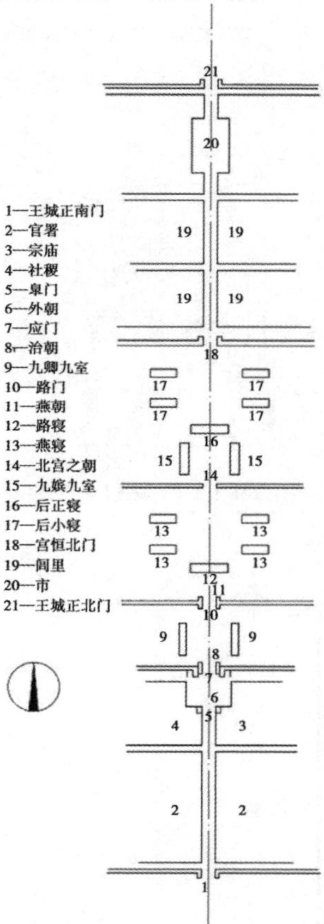

1—王城正南门
2—官署
3—宗庙
4—社稷
5—皋门
6—外朝
7—应门
8—治朝
9—九卿九室
10—路门
11—燕朝
12—路寝
13—燕寝
14—北宫之朝
15—九嫔九室
16—后正寝
17—后小寝
18—宫恒北门
19—闾里
20—市
21—王城正北门

图8　王城规划主轴线布置示意图

在儒家城市礼制格局中，门的划分是十分明确的，也成为城市礼制型楼阁的文化价值与空间特征基础。在《考工记》宫门的次第依次为皋、应、路[11]。而下级城市，能与王城的形制相当，其规划层次也相对简化，常见于子城和大城分界处作皋门，为宣礼扬教之所[8]。如许自《重修谯楼记》道：“笺者曰：‘诸侯之宫外门曰皋门，伉者高也。’今仪门之外谯楼巍然以高为贵者，其皋门之遗制欤。”由此，位于子城南向的门楼成为宋代城市最为显著的礼制建筑之一，凡建城门必有楼，具体建筑形制如宋《清明上河图》中的城门门楼、平江府子城正门门楼及《景定建康志》中府城城门楼（图9）。

在未形成子城的中小县城中，官府衙署则相当于子城的中心政治地位，而衙楼、县楼等官府正楼的选址即居中为尊的位置。从《嘉定赤城志》中的各县衙楼的选址布局来看，官署建筑严格按照礼制择中的布局建构，入口的衙楼在整个礼制空间中占有重要地位（图10）。

3.3 顺应大众可达的自由式

乐教型楼阁顺应着宋代平民化、世俗化的社会教化下移[9]，选址上优先考虑居民游赏的可达性，通常位于城内或近郊的风景点，空间选址与布局上自由多变，有“楼阁—园圃”与“楼阁—街市”的典型空间组合模式。

宋代城市楼阁作为公共园林中的重要构筑物，常附属于州治、居所等中心区域，成为郡圃、纪念性园林、公共园林等园林空间的组成部分，如宋代苏州

8　《全唐文新编》辑录得韦庆复《凤翔鼓角楼记》也说明了子城、罗城（外城）分界处大门门楼的重要性，记云：“自圣人观象立制，则重门击柝，以待暴客。故天下都邑，大崇建之。凡千乘之君，其外者郛，其内者城。郛之门所以苞纳州聚，城之门所以严护师长。故诸侯国多以内城门，於中军为最近。率皆楼於斯，饰於斯，建鼓角於斯。”

9　王美华在其《地方官社会教化实践与唐宋时期的礼制下移》指出：“（宋代）官方礼制逐渐由文本付诸于实践，由朝廷下移至民间，逐步扩大对社会的影响，朝廷所认可的文明秩序、道德规范也开始渐趋引导着普通民众遵循的风俗习惯。”并通过各类教化型活动，使得“官社会教化举措日趋细致具体、贴近百姓生活实际、着眼于实处，其针对性和可操作性也越来越明显。”城市楼阁在这样礼制教化下移的背景下，与居民的日常生活紧密结合起来。

（a）宋《清明上河图》中的门楼　（b）宋《平江图》中平江府子城正门门楼　（c）宋《景定建康志》中府城南门门楼

图9　宋代城门楼建筑形象

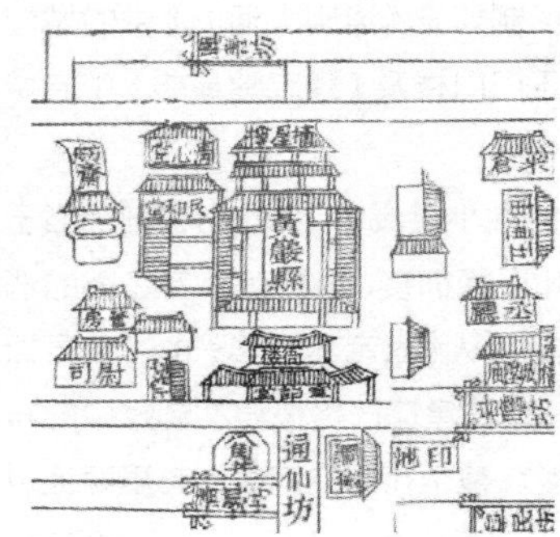
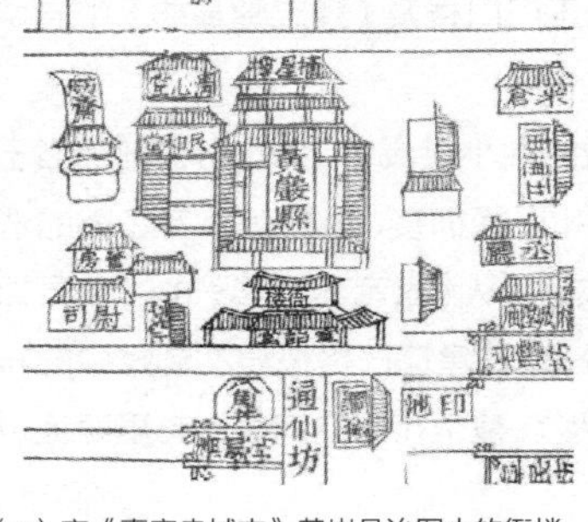

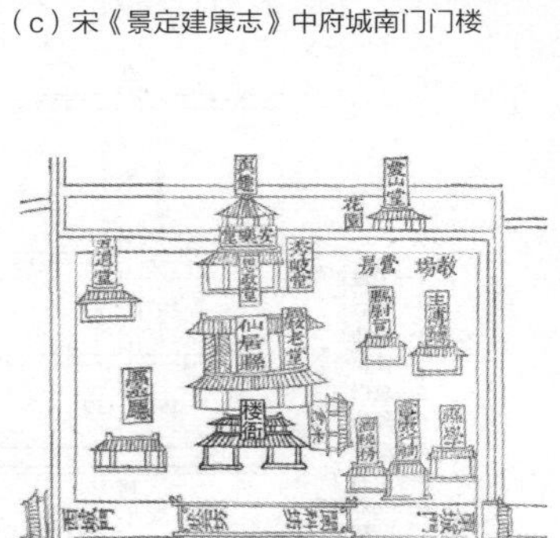

（a）宋《嘉定赤城志》黄岩县治图中的衙楼　（b）宋《嘉定赤城志》宁海县治图中的衙楼　（c）宋《嘉定赤城志》仙居县治图中的衙楼

图10　宋《嘉定赤城志》中呈礼制择中格局的各县衙楼

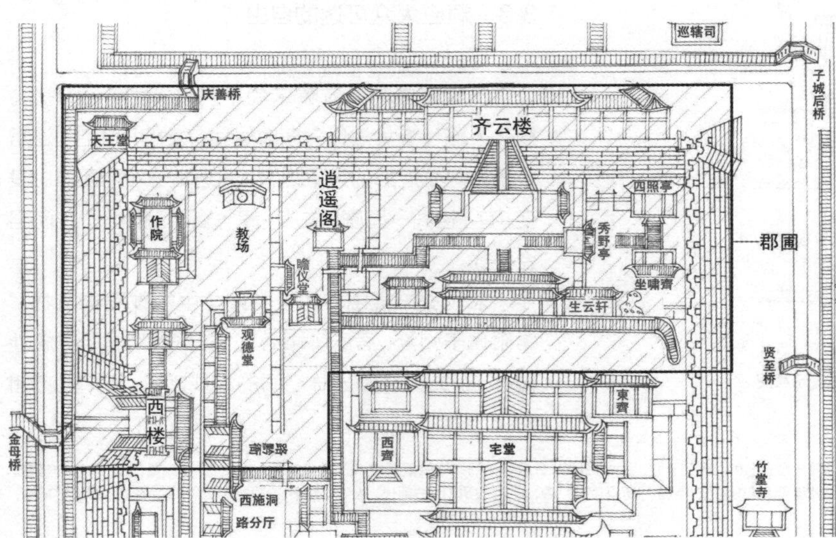
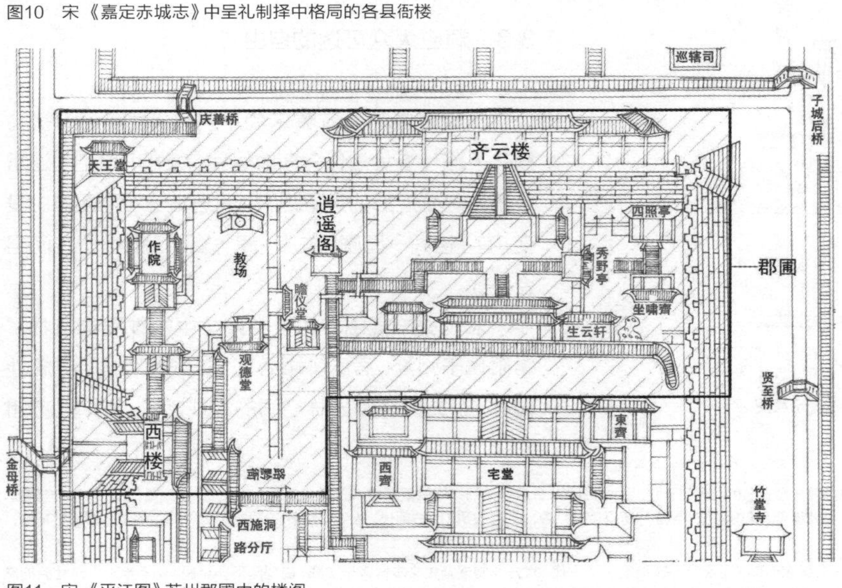
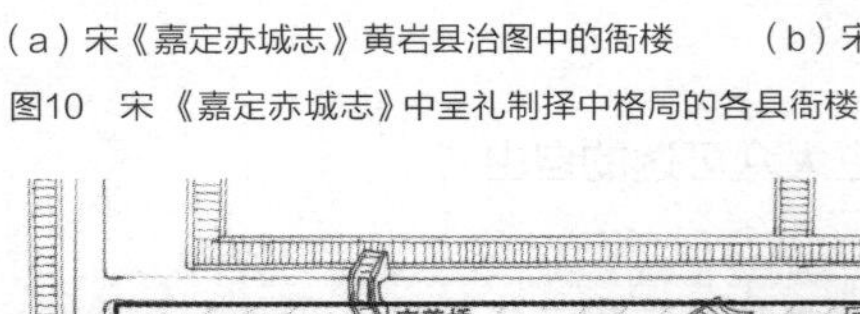

图11　宋《平江图》苏州郡圃中的楼阁

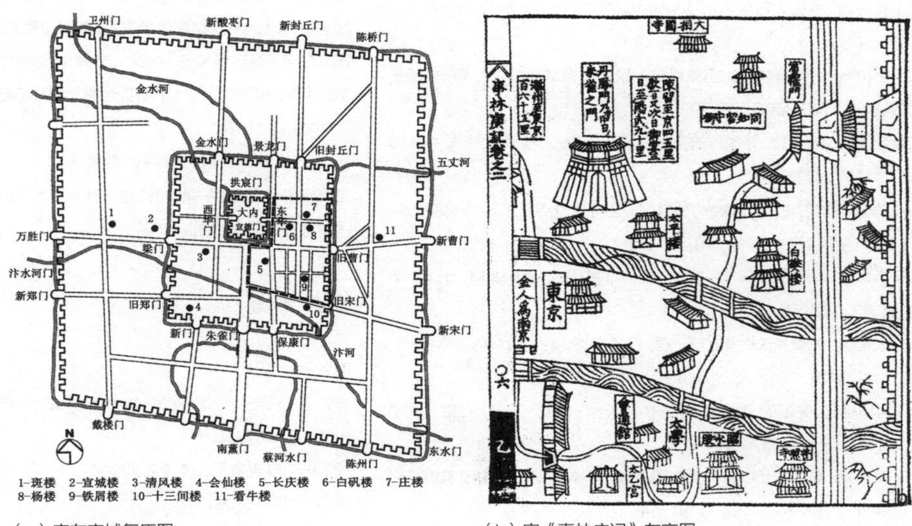

（a）宋东京城复原图

（b）宋《事林广记》东京图

图12 宋代东京城内散布的城市楼阁

郡圃中的齐云楼、逍遥阁（图11）。宋代官员将郡圃作为偃休、雅集和游赏的主要区域，并定期向民众开放，纵民游观，呈现亦公亦私的复合功能[12]。孙德之《绍兴府镇山楼记》道："作为斯楼，使邦人得以同其乐"，周邦彦《汴都赋》中："上方欲与百姓同乐，大开苑囿，凡黄屋之所息，銮辂之所驻，皆得穷观而极赏，命有司无得弹劾也。"与民同乐的社会价值观在宋代得到了极力推崇，于是要求了公共园林的社会性、便民性，成为乐教型楼阁选址布局的决定因素之一。

除了纯粹以游赏教化为目的的城市楼阁，乐楼、酒楼等功能型楼阁也是社会日常生活的重要场所，往往散布于市井街区，形成"楼阁—街市"的空间组合模式。如新吴县（今奉新）"县治之右"的华丰楼即为酒楼与游赏相结合，桂如篪《华丰楼记》记曰："是楼之设，非以纵民之饮，将以快民之欲也；非以罔民之利，将以迪民之和也。"而北宋东京城此类名楼有十三间楼、斑楼、杨楼、白矾楼、宣城楼、长庆楼等十余座，尤以斑楼、白矾楼最为出名（图12）；南宋临安城内外名楼有泰和楼、赏心楼、和乐楼、花月楼、中和楼等，大街上酒楼也是甚多[13]。

4 结语

本文立足于社会空间与社会结构、社会关系之间互构关系的新文化地理基础理论，通过《全宋文》楼阁文记的系统整理，提出宋代城市楼阁的营建是受政治性和社会性文化影响，并契合于儒家官员"天一君一民"的公私观思想。由此归纳了宋代楼阁"天地自然""君臣国家""社会人人"三个主导建设动因及形胜型、礼制型、乐教型三种楼阁类型，并结合宋代方志、山水画的资料，提取了"以山水形势为依托的点景式、遵循礼制规则的轴线择中式、顺应大众可达的自由式"的三种空间类型特征。在历史楼阁类文化遗产保护理论持续深入，新城市楼阁建设再次勃兴的时代语境下，宋代城市楼阁类型与空间特征的研究，也有利于为相关研究提供基础性理论支撑。■

参考文献

[1] 吴良镛. 中国人居史[M]. 北京：中国建筑工业出版社，2014. 9：198-508.
[2] 王树声. 黄河晋陕沿岸历史城市人居环境营造研究[D]. 西安：西安建筑科技大学，2006：78-79.
[3] 金晟均，迪丽娜. 韩国传统风景园林设计观：“楼亭苑”[J]. 中国园林，2013（11）：9-13.
[4] 肖竞，曹珂. 古代西南地区城镇群空间演进历程及动力机制研究[J]. 城市发展研究，2014，10：18-27.
[5] 毛华松. 礼乐的风景——城市演变下的宋代公共园林[M]. 北京：中国建筑工业出版社，2016，3：56-60.
[6] 张仁玺. 先秦秦汉时期的天、君、民关系述论[J]. 山东师大学报：人文社会科学版，2001，5：46-49.
[7] 沟口雄三. 中国的公与私·公私 [M]. 北京：生活·读书·新知三联书店，2011，7：44-73.
[8] 李长莉. 揭示多元世界中的中国原理——沟口雄三的中国思想研究[J]. 国外社会科学，1998，1：50-54.
[9] 王国维. 殷周制度论[M]. 北京：中华书局，1999：475-477.
[10] 马光祖修. 周应合纂. 景定建康志[M]. 南京：南京出版社，2009.
[11] 贺业钜. 考工记营国制度研究[M]. 北京：中国建筑工业出版社，1985. 3：78-82.
[12] 毛华松，廖聪全. 宋代郡圃园林特点分析[J]. 中国园林，2012，4：77-80.
[13] 张驭寰. 中国城池史[M]. 北京：中国友谊出版社，2009. 8：104，282.
[14] 曾枣庄，刘琳，四川大学古籍研究所. 全宋文[M]. 上海：上海辞书出版社，2006.
[15] 中华书局编辑部. 宋元方志丛刊[M]. 北京：中华书局，1990.

图片说明

图1：《全宋文》记载亭、楼阁的从属类型比例分析图。
图2：中国“天—君—民”公私观层次示意图。
图3：黄鹤楼选址布局及景观意象[（a）清《武昌府治》府图中的黄鹤楼；（b）宋代界画《黄鹤楼图》]。
图4：丰乐楼景观意象及周边景点[（a）元代夏永《丰乐楼图》；（b）宋《咸淳临安志》西湖图局部]。
图5：宋元明清历代岳阳楼图的变迁[（a）宋代佚名《岳阳楼图》局部；（b）元代夏永《岳阳楼图》；（c）明代谢时臣《岳阳楼图》局部；（d）清代《巴陵县志》中的《岳阳楼图》；（e）清代《巴陵县志》城垣图中的岳阳楼）]。
图6：宋《景定建康志》府城之图中伏龟楼的位置。
图7：宋《静江府城池图》城门城墙上的楼亭建筑。
图8：王城规划主轴线布置示意图。
图9：宋代城门楼建筑形象[（a）宋《清明上河图》局部；（b）宋《平江图》局部；（c）宋《景定建康志》中府城之图局部]。
图10：宋《嘉定赤城志》中呈礼制择中格局的各县衙楼[（a）《黄岩县治图》中的衙楼；（b）《宁海县治图》中的衙楼；（c）《仙居县治图》中的衙楼]。
图11：宋《平江图》苏州郡圃中的楼阁。
图12：宋代东京城内散布的城市楼阁[（a）宋东京城复原图；（b）宋《事林广记》东京图]。

图片来源

图1：作者自绘。
图2：沟口雄三. 中国的公与私·公私 [M]. 北京：生活·读书·新知三联书店，2011：49.
图3a：引自清康熙26年《武昌府志》。
图3b：引自凯风网。
图4a：傅伯星. 宋画中的南宋建筑[M]. 杭州：西泠印社出版社，2011.
图4b：整理自宋《咸淳临安志》，中华书局编辑部. 宋元方志丛刊[M]. 北京：中华书局，1990.
图5a：引自中国美术馆《岳阳楼图》。
图5b：引自故宫博物院元代夏永《岳阳楼图》。
图5c：引自故宫博物院明朝谢时臣《岳阳楼图轴》。
图5d：引自清嘉庆9年《巴陵县志》。
图5e：引自清嘉庆9年《巴陵县志》。
图6：引自宋《景定建康志》府城之图，马光祖修. 周应合纂. 景定建康志[G]. 南京：南京出版社，2009：72.
图7：整理自宋《静江府城池图》。
图8：贺业钜. 考工记营国制度研究[M]. 北京：中国建筑工业出版社，1985. 3：52.
图9a：傅伯星. 宋画中的南宋建筑[M]. 杭州：西泠印社出版社，2011.
图9b：整理自宋《平江图》碑摹本，傅熹年. 中国科学技术史（建筑卷）[M]. 北京：科技出版社，2008.
图9c：引自宋《景定建康志》府城之图，马光祖修. 周应合纂. 景定建康志[G]. 南京：南京出版社，2009：72.
图10：引自宋《嘉定赤城志》，中华书局编辑部. 宋元方志丛刊[M]. 北京：中华书局，1990.
图11：整理自宋《平江图》碑摹本，傅熹年. 中国科学技术史：建筑卷[M]. 北京：科技出版社，2008.
图12a：田银生. 走向开放的城市：宋代东京街市研究[M]. 北京：生活·读书·新知三联书店，2011：92.
图12b：伊永文. 行走在宋代的城市：宋代城市风情图记[M]. 北京：中华书局出版社，2005：182.

上海　摄影/王伟强

徐　瑾 | Xu Jin

东南大学建筑学院

School of Architecture，Southeast University

徐瑾（1988.11），东南大学建筑学院讲师，清华大学博士。

观　点

静下心来教研，放开心去营造。城乡人居环境犹如一个巨型的实验室，每一处的营造实践可能都是发现问题或印证假设的机会。同时，城乡人居环境又如同一个多元的课堂，每一次的空间更新都阐释了一个鲜活的教学案例。一个将城乡人居环境作为其主要研究对象的特殊学科，无论研究或是教学都离不开切身参与营造实践。一直以来，我们虽然没有忽略对实践的重视，但往往将其作为结果或目的。但事实上，营造实践的更大价值在于其对教学和研究的贡献。

由“村外人”到“新乡贤”的乡村治理新模式[1]——以H省G村为例

Research on a New Governance Model With Rural Elites in Conservation and Development of a Traditional Village：A Case Study of G Village，H Province

徐 瑾
Xu Jin
万 涛
Wan Tao

摘 要：城乡二元背景下传统村落人口外流，导致在乡村保护和发展中内生动力不足。同时，随着城乡壁垒的弱化，一批走出去的“村外人”带着新资源，抱着乡土情怀重返故里，成为传统村落复兴的契机。本文基于乡村精英和乡村治理的“公”“共”“私”领域等理论基础，以传统村落H省G村为案例，深入剖析了乡村治理中“村内人”和“村外人”的互动关系，指出回流的村外精英拓展了新的社区关系资本，具有积极作用，但同时也面临着现实困境。研究依据传统村落保护和发展的具体行动，有针对性地提出解决困境的建议，包括塑造“新乡贤”文化、建立“新乡贤”议事平台、分工协作等，对创新乡村治理模式、复兴传统村落的发展建设，以及拓展乡村规划的理论视角等具有积极的意义。

关键词：乡村治理，乡村精英/乡贤，村外人与村内人，传统村落，保护与发展

1 引言

自2012年我国开始抢救性推进传统村落保护工作以来，已有2555个村落进入传统村落名录，传统村落快速消失的局面得到遏制[2]。随着各项支持政策的出台[3]，传统村落获得保护扶持资金，为基本的基础设施建设和环境整治注入了“外部支持”。但即便有好的方案和政策支持，传统村落保护和发展规划的实施、乡村建设的推进依然滞缓，“内生动力”不足日益凸显，培养村庄“造血机能”、引导村民主动参与等成为面向实际的热议话题。长期的人口外流导致村落空心化，使得传统村落内部传承主体严重缺位，村落文化建设“乏人组织、乏人创造、乏人保护、乏人传承、乏人享用”[4]。由此，社会中出现了呼吁“新乡贤”返乡，参与传统村落保护和发展的声音[1]-[4]。虽然社会尚对“新乡贤”的定义并不一致，但“具有奉献精神”“从乡村走出去”“饱学、贤达、富有”“教化乡民、反哺桑梓、泽被乡里、温暖故土”等描述大致勾勒了这一群体的特征。然而，“新乡贤”在助力传统村落保护和发展的过程中，也存在诸多制度掣肘和思想局限。本文运用精英治理的理论，以H省G村“村内人”与“村外人”的互动关系为研究实例，挖掘“新乡

---

1 本文原载于《城市规划》2017年第12期。收入本书时有改动。国家自然科学青年基金项目（51808106）。

2 引自住房和城乡建设部总经济师赵晖在贵州省黔东南苗族侗族自治州召开的2015首届“中国传统村落·黔东南峰会”上的发言。住房和城乡建设部.中国传统村落快速消失局面得到遏制[J]. 城市规划通讯，2015（22）：5.

3 如《住房和城乡建设部 文化部 财政部关于加强传统村落保护发展工作的指导意见》（建村〔2012〕184号）、《关于切实加强中国传统村落保护的指导意见》（建村〔2014〕61号）、《住房和城乡建设部 文化部 财政部关于做好2013年中国传统村落保护发展工作的通知》（建村〔2013〕102号）、《住房和城乡建设部 文化部 国家文物局关于做好中国传统村落保护项目实施工作的意见》（建村〔2014〕135号）、《住房和城乡建设部等部门关于做好2015年中国传统村落保护工作的通知》（建村〔2015〕91号）等。

4 我国传统村落文化保护须用好“互联网+”，新华社发，2016年1月5日，新华网。

贤”返乡的意义，并为“内外协作”的乡村治理模式提供建议。

本文选取的案例G村位于我国华南地区H省。2010年，G村被评为中国历史文化名村；2012年，G村被列入传统村落名录（第一批）。G村对研究作为传统村落的乡村治理具有代表性和重要价值。该村始建于清代，建村之初即有“三横七纵”的规划格局，五十多间石砌民居错落有致，与山水融为一体。村庄共有约48户，280人，其中，90%章姓，其余为伍姓，两姓关系融洽，可视为同一宗族[5]。

G村以历史文化为荣，崇尚读书求学，几乎家家户户有大学生，加上近年来青壮年外出打工，实际在村生活的仅有50人左右，且大多数为老年人和儿童。本研究中将G村具有农村户口在家务农的村民称为“村内人”，而将幼时在村内生活，现在城市工作的“村民”称为“外出人口”，以“村外人”[6]代指。近年来，随着传统村落日渐受到政府和社会重视，“多以教书、行医、从艺和从政为业”的“村外人”积极参与G村的保护和发展工作中，他们成立教育基金会、帮助村庄争取资源、带动村民发展产业。但由于没有成熟的“合作”机制，随着村庄建设的深入，“村内人”和“村外人”在一些关键议题中的分歧和摩擦也逐渐暴露。

笔者在该村有长期驻地观察和参与乡村建设的经历，在此期间，笔者和村民保持密切的往来，彼此间相互熟悉，并全面理解村民的生活处境和乡村的基本价值规范。这有利于在研究中较为准确地把握“村内人”和“村外人”群体间微妙但重要的人际关系，使研究更贴近真实乡村生活的本质。同时，结合专业训练和理论的积累，运用乡村精英的理论解释“村外人”现象，并对“村外人”转变为“新乡贤”提出相关的建议。

2 乡村精英视角下的“村外人”

2.1 乡村精英的演变与分类

“精英”一词最早出现在17世纪，是指精美上乘的物品，而后用于指具有优势地位的某类人[5]。19世纪末20世纪初，“精英”一词开始在社会科学等领域出现。1916年，帕累托的社会精英理论认为，精英是指在自己的活动圈中具有凸显的最高才能指数的人[6]。在中国，最早由费孝通提出的“双轨制政治”认为，在传统社会治理中有自上而下和自下而上两条轨道，而两条轨道的接轨点就在以士绅等地方精英为首的自治团体，地方精英发挥了缓冲的作用，避免了社会关系僵化等问题[7]。“乡村精英”特指在乡村治理中发挥作用的精英，可理解为“在农村较有影响力、威信较高，可超乎私人利益，为公共利益、共同目标发挥带动能力的个人，或是在必要时能发挥这种潜在能力的个人”[8]。

我国乡村精英角色的演变主要分为五个阶段，分别是传统阶段、20世纪上半叶、中华人民共和国成立后改革开放前、改革开放后和市场经济时代。在传统社会中，在地缘、血缘等先赋性因素的作用下，乡村精英由乡绅或家族长老等角色承担，拥有决策的权力和维护乡村整体利益的责任。到了20世纪上半叶，美国学者通过研究1900—1942年的华北农村，提出乡村精英的角色出现了从“保护型经纪人”向“赢利型经纪人”的变化[9]。中华人民共和国成立后改革开放前，在新的土地制度和国家控制力影响下，形成了以阶级身份为基础的社会分层，具有政治身份和政治资源的党员、干部、贫下中农等成为乡村精英[10]。改革开放以来，乡村的经济发展和社会进步打破了政治运动的禁锢，伴随着人民公社制度的解体和家庭联产承包责任制的实行，村民行动更自主积极，涌现了一批乡村能人，成为引导乡村发展的新精英群体。[5]

5　据村中人描述，章氏祖先在建村之时为“大户人家”，伍姓为其随从，一直以来两姓关系融洽，辈分排列也是统一的。

6　“外出人口”来自本村人编写的村庄简介，“村内人”“村外人”来自本地人描述“村里的”“里面的”和“外面的”“在外的”。

随着市场经济和城市化的推进，乡村权力结构在继续快速变化，根据不同乡村的发展程度和发展条件，呈现出多元分化的特点，学者对其分类方式也不一而足。陆学艺、王汉生等将其具体分为政治精英、经济精英和社会精英，分别以村干部、乡村私营企业家和宗族领袖代表[11][12]。此外，王汉生等认为，在有着特色文化特征的乡村社区，还存在一类文化精英[13]。贺雪峰认为，根据乡村的不同性质会形成不同的村庄权力结构，从而影响村庄精英的类型，提出了另一种“体制精英—非体制精英（体制外精英）—普通村民”的三层分类方式[14]。在自主性较大的东部沿海经济发达地区，村民自治和体制外精英更易发挥作用[15]。

2.2 精英的回流

在快速城市化进程中，农村剩余劳动力离开农村进入城市，导致农村经济缺乏活力，生产组织和经济组织能力弱化，仅留下儿童、妇女和老人，给乡村发展带来困难，城乡差异日益扩大[16]。近些年，随着城市人口受限、乡村保护发展被重视，出现了一些原住村民回流返乡的现象。一些走出乡村到城市中发展并取得一定经济成就的原村民重新返村，迅速走上村庄政治前台，或成为乡村经济发展的带头人[17]。这股新鲜强势的“外来”力量，将可能引发乡村治理结构的重新整合。

精英回流的驱动力主要有三个方面：一是城乡壁垒的打破，带给城乡流动更大的自由选择权；二是精英回流能实现一定的实际利益诉求，如实现政治抱负或谋求经济利益[17]；三是精英自身出于乡土血缘的情感羁绊，出于理想主义的价值观，出于家族荣誉和舆论的考虑，通过回流贡献乡村实现社会交换[18]。

精英回流带给乡村新的发展活力，同时也受到原乡村的欢迎和支持。一方面，精英的回流缓解了人才流失所造成乡村治理不力和发展滞缓的压力；另一方面，回流精英作为一股新鲜的强势力量，带来新的观念、思路和管理经验，客观上有利于加快传统乡村治理结构向法制化、契约化的方向转型[17]，从而影响本土文化和习俗的传承变迁。项辉的问卷调查表明，大多数村民把“能带领全村人致富的人”放在了村干部的前面，列居第一位[19]，说明村民对精英回流参政持支持态度。

已有研究对村外精英回流带来的益处和驱动力作了初步的解释，但并未对村外精英和村内群体的利益博弈关系、村外精英可能遇到的困境和问题等缺乏深入的案例剖析，本文将就此深入研究。

2.3 G村的“村内人”和“村外人”

覃国慈、田敏按照空间所在地，将乡村精英分为外出精英、回归精英和留守精英三类[20]。其中，外出精英是指通过升学、参军、招工等形式离开农村、脱离农业的农民或农民后代。回归精英包括在外积累了丰厚资本的返乡投资者、因失去年龄优势不适合继续在外打工的回乡择业者、因税费改革的返乡者。本文以G村“保护与发展小组”构成人员为例（表1）解释“村内人”和“村外人”在乡村精英语境下的定位。

G村的“村内人”可理解为村庄的留守精英，其特征为具有农业户口，长期在村庄内或周边生活和工作，代表是以村支两委为代表的“政治精英”或“体制内精英”。虽然G村仅为一个自然村，但由于其所在的村委会主任（村支书）也是G村人，因此，“村内人”的主要代表为村支书、村民小组长、村民小组成员。其中，村支书由镇政府任命，村长和村民小组成员由户籍村民选举而产生，主要负责完成政府交办的任务，维持村内基本生活生产秩序等。此外，G村留守村民中有若干“热心人”，或辈分较高，或积极热情，他们经常参与村庄议事的过程，其意见又不与“体制内精英”完全一致。G村留守村民中并没有突出的“经济能人”，在某种程度上也是村庄发展缓慢的原因。

G村的“村外人”可视为“回归精英”和“外出精英”的合体。“状元子孙关注家乡建设”，且大多为“文化人”，在城市工作的干部、教师、高管等“外出精英”几乎参与了G村的申请、宣传、规划等各项工作，并

表1 G村“保护与发展小组”主要成员名单[7]

分类	精英	说明
“村内人”	章正甲	村主任（支书）
	章佩厚	村长
	章孝云	村会计
	王佩禾	村出纳，G村媳妇
	章孝文	村民，热心人
	章宗耀	村民，状元嫡系传人
	章孝心	村民，热心人
“村外人”	章宗贝	省会城市教师，热衷村庄文化保护
	章宗中	省会城市公务员，村教育基金会发起者
	章宗军	省会城市公务员，村庄事务热心人
	章宗韦	省会城市某企业部门主管，村庄事务热心人
	伍宗明	县政府公务员，伍氏代表
	言孝凤	县退休干部，G村媳妇，村庄事务热心人
	章孝晨	县退休干部，返乡在附近集镇生活
	章宗前	在外打工多年，村庄事务热心人
	章宗电	在外打工创业，年轻人代表

在社区公益事业中表现出了突出的号召力。近年来，又有退休干部返乡居住或二次创业，加上一些年轻人试图返乡寻找发展机会，出现了规模和特征都不稳定的“回归精英”群体。在目前G村的事务中，“回归精英”一般跟随“外出精英”行动，在村民描述中也归为“村外人”。2014年，中央下拨了G村两座文物建筑（章氏宗祠和状元故居）的修缮以及村庄环境整治的资金，“村外人”积极参与村庄议题的讨论，大有“返乡”之势，这在一定程度上带动了乡村精英的重新整合，这股新鲜强势的力量为传统村落保护和发展带来了新鲜血液，但也引发了诸多矛盾。

3 “村外人”与G村的保护和发展

3.1 “村外人”提升或扩展了社区关系资本

田原史起将乡村治理的领域分为“公”“共”“私”三个领域，而乡村精英所承担的“共”（基于社区互惠原则）领域，在我国乡村治理中承担着重要的职能，是基层治理的“最大资源”[8]。“共”表现为社区的社会关系资本[8]，在G村乡村精英的活动中，又可将“共”的资本具体细分为“关系资本”和“团结资本”，其中，“关系资本”是指人脉带来的社会关系资源，如村外的政治、经济、传媒、文化资源等，“团结资本”是指以本村社区为单位，协调各个不同的亲友圈，建立密切的联系，达成统一的共识（图1）。G村的“村外人”群体对社区“关系资本”和“团结资本”的增强均有正面作用，两者在传统村落保护与发展中的具体作用又有相应的侧重。

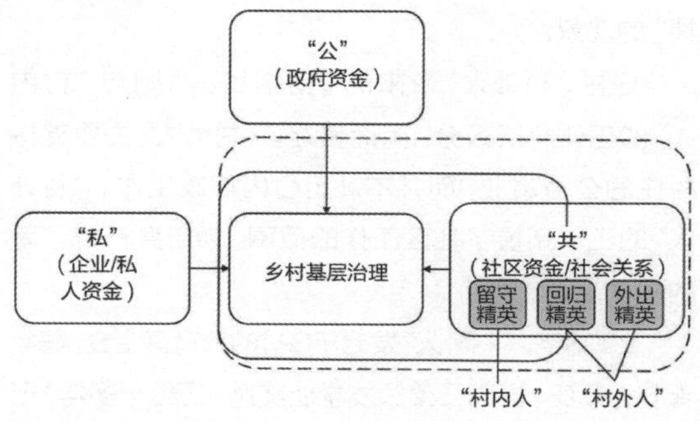

图1 G村“村内人”和“村外人”作为乡村精英在乡村治理中的位置

G村“村外人”带来的“关系资本”更多地通过其与政府（“公”）和市场（“私”）的私人联系而表现出来，且相较于一般村庄或“村内人”所获取的有限政府支持和企业投资，G村“村外人”利用关系所获得的资源更“有文化特色”，而这又契合了传统村落保护和发展的要求。

G村虽为传统村落，但其区位偏远，同样面临人才流失、村庄空心化，经济结构单一滞后，缺乏发展动力，面临衰败危机。虽然“村内人”努力在县、镇政府中争取支持，但基本为建设类投资，对村庄内生动力的提升有限。而“村外人”作为一股新鲜力量，引入新的关系网络和特色资源，有助于传统村落本土文化的复兴和传统习俗的延续。

G村在2010年被评为历史文化名村，为H省首批三个村庄之一，早在2003年，G村便参加过一次评选。

7 在本文写作时该小组仍在推举过程中，所列名单为目前已确认入选的人员。考虑村庄和村民的隐私和利益，本文对相关信息作了适当的替换处理，其中“正、孝、宗、佩”为村内从大到小的辈分。

8 我国习惯将“social capital”翻译为“社会资本”，本文为表达清晰，引用田原史起的翻译方式，译为“社会关系资本”。

在参评过程中，几乎所有的文字资料都出自一位“村外人”章宗贝之手，村民称县政府并未给予太大支持，甚至差点因此而使第二次申请夭折。而有关G村的所有“荣誉”，都有“村外人”以私人关系与政府、媒体“沟通”，达到“每年省里的媒体都有专版报道”的程度。“村外人”也以自己为状元后代而自豪，一有机会便邀请自己的同事和朋友来村参观。这种文化上的互动宣传了G村，吸引了政府投资，提高了“村外人”的声誉，而为了维持这种文化自豪感，“村外人”更积极地参与村庄议事过程中，甚至经常出现“请假忙村里事情”的现象。

G村“村外人”带来的“团结资本”则与“村内人”的工作有所区分。简而言之，“村外人”主要支持村庄的公益事业，而并不涉足村内行政工作。“村外人”的工作拓展了社区工作的范围，为自身开辟了新的领域。

2003年，“村外人”发起了G村的教育基金会，每年春节为章氏、伍氏子弟颁发学业奖励，历经十多年，已经形成G村为人称道的特色活动，甚至每年都能够吸引社会各界人士前来捐款。2011年起，“村外人”章宗韦又设立了助学基金，每年向村中贫困家庭的大学生无息贷款1万元。G村具有鲜明的“重学轻商”的思想，两个基金有力支持了这一传统，而“村外人”的主体，也是基金会的理事。但“村外人”基本不涉足村内土地纠纷、邻里关系等“村民”事务，也保持了其工作的公益性。G村曾与邻村有一场旷日持久的土地纠纷，在打官司期间，“村外人”纷纷出钱出力，但在土地回归本村之后，“村外人”基本不干涉“村内人”对土地的处置。

3.2 “村外人”面对的现实困境

虽然“村外人”增强了G村社区关系资本，对传统村落的保护和发展起到了重要的作用，但始终不能迈上村庄治理的核心舞台。结合G村的调研，笔者认为主要存在文化和制度等方面的原因，导致村外精英带来的“共”资本在与村内“公”“私”两方资本博弈中未达成一个健康均衡的状态（图2）。

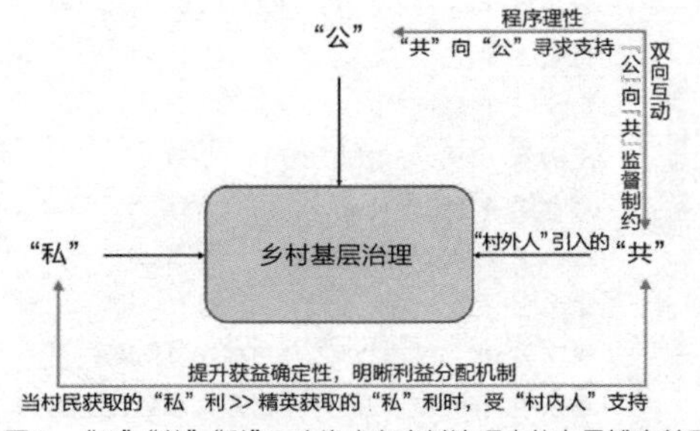

图2 “公”“共”“私”三方资本在乡村治理中的力量博弈关系

在我国的传统文化中，“面子”问题往往会影响个人的行事和选择。在乡村人情社会中，金钱利益往往不是第一位的，而“面子”是万万丢不得的。G村的“村外人”虽然有文化、有能力，在退休或返乡之后，完全有能力参与村庄的建设工作，但事实上除了公益教育基金和外围的宣传工作，鲜有人直接在村里做事情。笔者曾对若干村民公认的“村外人”进行深入访谈，得到的答案基本为“有人带头我就做（精英呈现“原子化”[9]、离散化的状态）”“不想让村内人觉得是回去挣大家钱的”“村里关系太复杂”“处理不好与村委会的关系”等答案。基本可以理解为“捐钱可以，不要涉及具体事务”的思想，如章宗中和章宗贝兄弟是教育基金会的发起者，长期义务为G村做贡献，但两人常表示怕自己的家族“树大招风”，要“低调行事”。综上，引入社区关系资本的精英存在原子化、离散化的现象，缺少彼此联系和较强的共同利益诉求。目前，多数回流精英的驱动力是家族血缘和贡献家乡的理想主义，在行动中可做可不做的弹性较大，一旦遇到限制就容易受挫，从而退让妥协。

村中留守的村民虽然也“嫌弃”村小组成员能力有限，甚至有些“官僚”，但也不寄希望于“村外人”能改变这一现状，并对“村外人”抱有“说得多做得少”“太理想主义，没法落实”“住在外面不回来，说了也是白说”等看法，对“村外人”在具体事务上的操作能力也抱有极大的不信任感。引入新的资源，必然

9 原子化的概念，引自田原史起的《日本视野中的中国农村精英》，指村落相关的人与人之间缺少有机联系，因而一些集体公益事业很难办成。

带来潜在的获利机会，但获利的不确定性较强（可能“吃力不讨好”），受益者和利益分配不明确（当村内人获得私利远大于精英可能换取的利益时，村内人才会支持和欢迎新的“共”资本的引入，这与回流精英“不想让村里人觉得是回去挣大家钱的”“怕树大招风”的心理是一致的）。

在我国的相关制度设计中，尚没有“村外人”返乡的相关安排，更享受不到政策优惠。即使“村外人”试图返乡，加入“正规精英”行列，根据《中华人民共和国村民委员会组织法》的规定，他们属于“户籍不在本村，在本村居住一年以上，本人申请参加选举，并且经村民会议或者村民代表会议同意参加选举的公民”；而参与村庄选举往往会触动“村内人”的既有利益，这对爱“面子”的“村外人”来说，除非矛盾激化到不可调和的程度，否则是万万不会参与的。我国《农民专业合作社法》规定，“农民专业合作社的成员中，农民至少应当占成员总数的百分之八十”，G村有资金、有人脉、懂经营的“村外人”已经大都不属于农民，不能享受成立合作社所带来的政策优惠。

G村的“村外人”往往以非正规组织的方式参与村庄事务，但为这些组织“正名”却有相当的困难。教育基金会成立已有12年，但一直没有官方认证，至今还采用私人账户保管基金。2010年获评历史文化名村后，由“村外人”主导成立了“中国历史文化名村G村工作领导小组”，除顾问和名誉组长是村内较有威望的老人外，组长和副组长几乎都是“村外人”，该小组举办了揭牌仪式，但没有政府的“红头文件”，加上揭牌仪式“并不太成功”[10]，小组成员甚至都不想提起旧事。2015年，在文物建筑修缮过程中，热心村民对施工队不够信任而向县领导“上访”，成立了11人的“监督小组”，又因为没有“红头文件”承认，施工队并不采纳“监督小组”的意见，村民情绪再次受到打击。而在政府正规的“历史文化名村、传统村落建设工作领导小组”中，组长为主管副县长，成员基本为县政府局委领导，只有章正雪因其是行政村的村委会书记而被列入其中，否则小组中甚至可能根本没有G村人参与，更别说有“村外人”的位置了。综上，“村外人”和村内“公”领域的互动关系欠佳，村外精英动用关系和资源带来的基金会、领导小组等“共”资源，没有受到政府的“红头文件”的制度保障而在当地村民中缺乏权威性，不被信任。

4 从“村外人”到“新乡贤”

4.1 塑造“新乡贤”文化

乡贤文化除了在传统村落物质空间的保护和复兴中发挥积极引导作用之外，其本身也正是非物质要素的重要组成部分。传统村落的保护和发展不仅包含物质空间等显性要素，还需要把握非物质的隐形要素，包括经济结构、社会组织、生态环境等关系[21]。过节、庙会、祭祀等一系列民俗文化也需要借助乡贤文化承载的“血缘关系”和“熟人社会”来传承和传播。另外，“新乡贤”从局外人相对客观的视角，对本村落传统文化的价值认定持更客观、更中肯的态度，也是本土村民最需要外部提供补充、开阔思路的方面。

在国家和社会层面，也在积极引导“新乡贤”文化的传承。2015年9月30日，《人民日报》刊发《重视现代乡贤》和《用新乡贤文化推动乡村治理现代化》，倡导“颂传‘古贤’，引进‘今贤’，培育‘新贤’”，“搭建新乡贤投身乡村建设的平台、新乡贤引领乡风良俗的平台、新乡贤参与乡村治理的平台，从而推动中国特色乡村治理现代化”。

从G村的案例可以看出，G村组建“状元文化研究会”，挖掘和倡导“新乡贤”文化，是对“村外人”回归所面临的道德困境的一种有效的应对方式。只有获得社会的广泛认同，摒弃“面子文化”的糟粕，才能更好地发挥“村外人”带来的社区关系资本和“共”领域的资源，服务于村落的可持续发展。

10　由于第一次组织大型活动，加上政府突然表示不予资金支持，活动出现了坏账，费劲心思才补上。

4.2 让“新乡贤”有“位”才有“为”

创新制度、理顺机制，为“新乡贤”回归创造平台，是促进传统村落保护和发展的必备条件。乡村建设中需要外力的介入并与本土力量融洽结合，有助于差异互补[22]。政府引导，动员民间机构、社会群体、企业等的广泛参与，制订有利于城乡社会、经济、文化教育共同体的政策[23]。政府引导“新乡贤”返乡，以合理的方式在各类平台中与既有乡村精英协作共治，有利于打破城乡壁垒，创新乡村治理模式。在全国各地已有创新乡村治理平台的案例，如贵州印江试点的“村两委+乡贤”治理乡村的“归雁工程”[24]、浙江德清的“乡贤参事会”[25]等，都是在村民自治的基础上为“新乡贤”的赋权。而现有的返乡创业、挂职第一书记等政策也有利于支持“新乡贤”返乡。

G村的“村外人”也在组织的“合法化”上作出了努力：一方面，借村庄规划征集意见的机会，“村外人”提出以红头文件的方式明确“G村传统村落保护和发展小组”地位，并获得县领导小组的同意，“村外人”通过群众推举的方式选拔，小组也获得了参与规划决策的权力；另一方面，为应对可能出现的村庄发展利益分配不均衡问题，G村“村外人”筹划成立包含所有G村人[11]利益的股份有限公司，而公司董事会成员将由全员推举产生，相信具有知识和经验的“村外人”将获得发挥能力的岗位。

4.3 分工协作，寻求利益共同点

传统村落的保护与发展，要处理好与村民的关系，倾听村民的声音，尊重村民的想法，赢得村民的信任，没有村民的参与和支持，脱离村民民俗，“乡村不会美丽”[26]，而“新乡贤”的返乡必须确保与“村内人”村支两委的融洽关系。“村外人”有关系、有资金、有文化，在传统村落的发展中能够提出创新思路，主要扮演“带头人”和“引路者”的角色，偏重经济发展和文化传承领域。“村内人”则长期在村庄内部，了解社会关系，善于调节矛盾，推进工作，适宜担当协调落实工作。

具体来说，一方面，“新乡贤”群体要理解和尊重留守村民的意愿，将脱贫致富奔小康作为工作的起始点，关注村庄基本民生和基础设施改善，切实提高村民生活水平和收入水平；另一方面，“新乡贤”要借助各种途径塑造和影响“村内人”的思想观念，消除村民心中“老房子=落后”“现代住宅要最大化建筑面积和经济收益”的观念[27-29]，在审美上予以引导，对村落文脉加以挖掘和保护，找寻传统村落中历史遗产与现代生活、实际利益的结合点。

G村“村内人”和“村外人”在传统村落保护中的分工协作也在磨合之中，但在具体行动中有所侧重。按照保护与发展的维度，可将传统村落中的行动分为政治型、文化型、经济型三种类型，其中：政治型行动包括制订村规民约、村庄社会管理、向政府及相关机构申请政策及资金等；文化型行动包括挖掘传统文化、组织公益事业、改良社会风气等；经济型行动包括村庄策划规划、产业经营管理、形象宣传推广等。总体而言，“村外人”更擅长经济型活动，“村内人”更擅长政治型活动，文化型活动则介于两者中间。而“村内人”与“村外人”协作的契机，往往是三种活动类型中的政治、经济、文化利益平衡点。（图3）

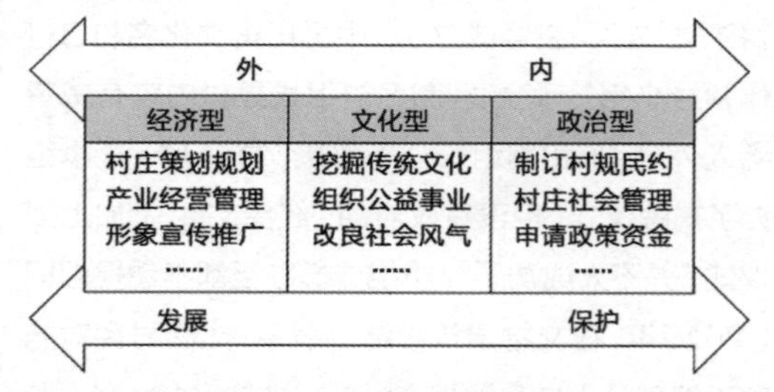

图3 不同乡村精英在村落保护发展具体事务中的分工协作关系

5 结论

综上所述，本文运用乡村精英的理论，以G村这一传统村落为例，解释了乡村治理中“村内人”和“村外

11 户籍在村的、户籍迁出的三代以内男丁及媳妇、外嫁女儿。

人”群体间的关系。传统村落更替发展的进程包含着乡村精英的流动、循环和更替的过程；时代背景的更替、政策制度的改革和经济社会的发展等都在不断选择并塑造着合适的“乡贤”；以“新乡贤”为核心角色的乡村治理新模式，也将因此推动着乡村建设的传承和进步。

为实现培育“新乡贤”以推动乡村治理现代化的目标，发挥“新乡贤”在传统村落保护发展中更突出的作用，研究针对传统村落保护发展中开展的具体行动，对应性地提出解决目前“村外人”现实困境的建议。第一，塑造“新乡贤”文化，形成对传统村落文化价值的共识，搭建新乡贤参与乡村治理的平台，推动中国特色的乡村治理现代化；第二，创新制度，理顺机制，为“新乡贤”提供制度保障和信任保障；第三，在乡村建设的不同类型行动中，协调“新乡贤”与村民、村内精英的关系，寻求利益的共同点，以求协同施力。

乡村治理作为乡村建设和乡村规划领域理论研究的重要方向之一，本文以“新乡贤”作为重点研究和讨论的对象，通过实地的社会实验，探索了新时代背景下创新性的乡村治理模式，对传统村落的建设实践，以及拓展乡村规划的理论研究都具有积极的意义。■

参考文献

[1] 郭超. 用乡贤文化滋养主流价值观——访北京大学教授张颐武[N]. 光明日报，2014-08-15.

[2] 陈赫. 乡贤文化不能一概继承[J]. 村委主任，2015（19）：12.

[3] 李建兴. 乡村变革与乡贤治理的回归[J]. 浙江社会科学，2015（7）：82-87.

[4] 胡彬彬. 村落文化重建，乡贤不能缺席——访中南大学教授、中国古村落研究中心主任胡彬彬[N]. 光明日报，2014-07-21.

[5] 李婵. 农村社区精英研究综述[J]. 中共济南市委党校学报，2004（3）：60-63.

[6] V.帕累托. 普通社会学纲要[M]. 北京：社会科学文献出版社，2016.

[7] 费孝通. 乡土中国[M]. 北京：生活·读书·新知三联书店，1985.

[8] 田原史起. 日本视野中的中国农村精英[M]. 济南：山东人民出版社，2012.

[9] 杜赞奇. 文化、权力与国家——1900—1942年的华北农村[M]. 南京：江苏人民出版，2003.

[10] 贺雪峰. 村庄精英与社区记忆：理解村庄性质的二维框架[J]. 社会科学辑刊，2000（4）：34-40.

[11] 陆学艺. 培育形成合理的社会阶层结构是构建和谐社会的基础[J]. 中国党政干部论坛，2005（9）：9-11.

[12] 王汉生. 改革以来中国农村的工业化与农村精英构成的变化[J]. 中国社会科学季刊：秋季卷，1994：18-24.

[13] 王汉生. 工业化与社会分化：改革以来中国农村的社会结构变迁[J]. 农村经济与社会，1990（4）：1-11.

[14] 贺雪峰. 缺乏分层与缺失记忆型村庄的权力结构——关于村庄性质的一项内部考察[J]. 社会学研究，2001（2）：68-73.

[15] 陈肖生. 20世纪90年代以来关于乡村精英与村民自治研究的文献综述[J]. 理论与改革，2008（2）：158-160.

[16] 张尚武. 城镇化与规划体系转型——基于乡村视角的认识[J]. 城市规划学刊，2013（6）：19-25.

[17] 林修果，谢秋运. “城归”精英与村庄政治[J]. 福建师范大学学报：哲学社会科学版，2004（3）：23-28.

[18] 陶琳. 社会交换理论视野下传统村落精英结构变迁简析[J]. 思想战线，2011（4）：141-142.

[19] 项辉. 农村经济精英与村民自治[J]. 社会，2001（12）：8-11.

[20] 覃国慈，田敏. 民族地区新农村建设的推动力量：乡村精英——以湖北省巴东县为个案[J]. 中南民族大学学报：人文社会科学版，2006（6）：81-85.

[21] 王竹. 乡村规划、建筑与大地景观[J]. 西部人居环境学刊，2015（2）：4.

[22] 王竹，钱振澜. 乡村人居环境有机更新理念与策略[J]. 西部人居环境学刊，2015（2）：15-19.

[23] 张尚武，李京生. 保护乡村地区活力是新型城镇化的战略任务[J]. 城市规划，2014（11）：28-29.

[24] 何雨婷，邹林. 印江自治县试点“村两委+乡贤治理乡村”[N]. 贵州日报，2015-10-29.

[25] 袁艳. 乡贤，村务好帮手[N]. 浙江日报，2014-12-11.

[26] 孙君. 重寻乡村文化之根从郝堂村案例反思传统村落的保护与活化[J]. 世界遗产，2015（11）：49-52.

[27] 贺勇，孙炜玮，马灵燕. 乡村建造，作为一种观念与方法[J]. 建筑学报，2011（4）：19-22.

[28] 罗德胤. 村落保护：关键在于激活人心[J]. 新建筑，2015（1）：23-27.

[29] 罗德胤，王璐娟，周丽雅. 传统村落的出路[J]. 城市环境设计，2015（Z2）：160-161.

图片来源

表1：作者收集整理。

图1：作者改绘自：田原史起. 日本视野中的中国农村精英[M]. 济南：山东人民出版社，2012.

图2、图3：作者自绘。

曾　引 | Zeng Yin

重庆大学建筑城规学院

School of Architecture and Urban Planning, Chongqing University

曾引（1985.5），重庆大学建筑城规学院副教授，天津大学博士，《西部人居环境学刊》兼职编辑。

观 点

柯林·罗曾经创造了一个时刻，在这一刻，历史、理论与设计紧密整合在一起，为人们勾勒出一个坚实的建筑学科的愿景。然而，几十年后的今天，这个愿景并未更加接近，而是似乎离我们越来越远。当学者成为一种职业，当学术变成一种产业，当论文成为表格中的指标，当设计课被当作与“科研”无关，甚至不用备课的最简单的教学科目，我们还有多少人在相信和思考建筑学“内在的本质和重要性”？今天的建筑学看似越来越庞大，事实上却成为发散了大量孤立、零碎甚至是无足轻重的旁枝，而缺失一个强壮主干的大树。各种狭小领域的专家越来越多，而愿意为了获取教授“大学里最复杂精深的解决问题的学科”所需的整体性知识做长时间积累和思考的人却越来越少。在这样的时代，重新审视柯林·罗的遗产对我们来说或许有警示，也有启发。虽然今天对建筑的认知方法与视角已大大丰富和拓展，早已不是柯林·罗所发展出来的有限的分析模型可以涵盖的了，但是他对建筑和教育的思考如今看来依然是深刻而智慧的，而他所示范的基于先例的形式研究方法，仍然是强大有效的。认识到某些信念的相对有效性，但同时又毫不妥协地坚持它们，这不正是在一个失魅的现实主义的世界中，让天真的理想和实际的行动能整合起来的唯一出路吗？

解读柯林·罗的《理想别墅的数学》[1]

Reading Colin Rowe's “The Mathematics of the Ideal Villa”

曾 引
Zeng Yin

摘 要：本文详细解读了柯林·罗的名文《理想别墅的数学》，讨论了柯林·罗的建筑观、历史观和形式主义方法同他的老师艺术史学家鲁道夫·威特科沃之间的关联，以及投射于此文中的对现代建筑形式法则的洞察与思考。

关键词：柯林·罗，鲁道夫·威特科沃，法则，现代建筑

1 原文解读

《理想别墅的数学》是柯林·罗第一篇重要论文。这篇文章的主要内容是关于帕拉迪奥建在马康坦塔的佛斯卡里别墅（Villa Foscari, Malcontenta）与柯布西耶在加歇的斯坦因别墅（Villa Stein at Garches）之对比。柯林·罗有一个基本设定，即后者是通过对前者的转化而生成的。本文通过对两个别墅多方面的详细比较，试图揭示出柯布西耶面对怎样的新条件，基于怎样的新原则，通过怎样的途径来完成对先例的转化，从而创造出新的建筑。

这是两个乍看上去“截然不同”的建筑，以致“将二者放到一起似乎都像开玩笑”[2]，但是通过细读，柯林·罗指出了它们诸多相似之处。首先，这两个别墅都是单一的体块，并且在体量上，其长、宽、高都分别是8、5.5、5个基本模数单元（图1、图2）。进一步观察其平面会发现，两者在开间的几何结构上都呈现出2、1、2、1、2的间隔模式（图3）。在进深方向上，两个建筑都呈现出大致的三段式划分，但一些线的数量和位置出现了变化，造成间隔比例关系从马康坦塔别墅的2、2、1.5，变成了0.5、1.5、1.5、1.5、0.5。为什么会出现这个变化？柯林·罗认为，这主要源于柯布西耶在

1 本文摘录于《建筑师》2015年第5期文章“现代建筑的形式法则——柯林·罗的遗产（二）”，收入本书时有改动。中央高校基本科研业务费专项项目（106112017CDJXY190001）。

图1 马康坦塔别墅照片

图2 加歇别墅轴测图

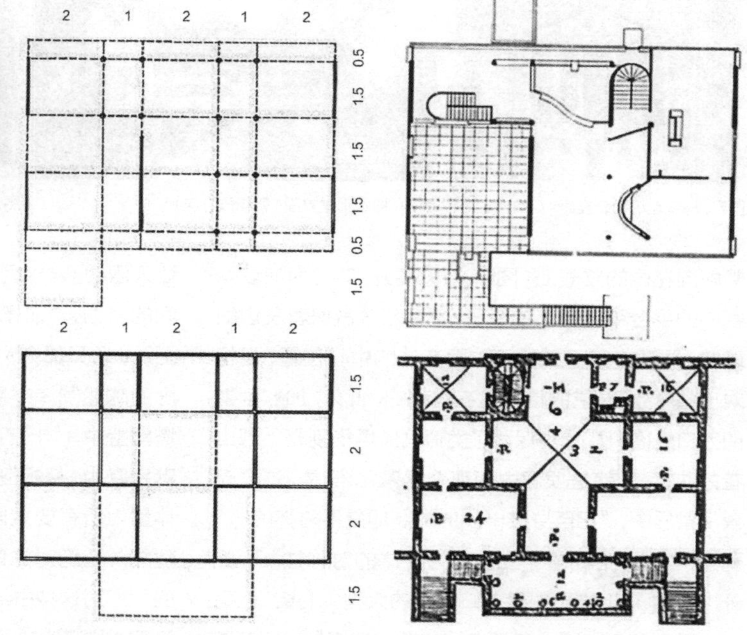

图3 加歇别墅（上）与马康坦塔别墅（下）平面图解

图4 加歇别墅平面（上）与马康坦塔别墅（下）平面

构图上采取了同帕拉迪奥不同的原则。在马康坦塔别墅，帕拉迪奥将中央部分同门廊连接，使其成为整个区域中绝对的视觉焦点。而柯布西耶通过把加歇别墅前后悬挑了0.5单元，实现了对中间一跨的压缩，将人们的关注点从中间一跨转移到了别处。这样一来，柯布西耶就将帕拉迪奥集中式的、等级化明显的构图转化为分散和平均式的了。

柯林·罗详细分析了两个建筑在平面布置上的区别（图4）。在马康坦塔别墅中，中间是一个十字厅，两边对称布置了三间房和两部楼梯。而在加歇别墅中，布局关系就没那么容易识别了，它也有一个中厅和两部楼梯，“其中一部同在马康坦塔别墅中所处位置相似，另一部则翻转了90°”[3]。此外，“入口大厅在这层上通过楼板的非对称切口显露出来”，而“平台（对应马康坦塔别墅的门廊）通过取消一排柱子变成一个部分凹陷的体量”[4]，此时它和主空间的关系相较于马康坦塔别墅的门廊与主厅的明确关系来说，已经不太容易察觉了。柯林·罗分析说，通过这一系列的转化，马康坦塔别墅中的十字厅在加歇别墅中只留下一点痕迹，“或许只是通过餐厅处的半圆形墙进行了表达”。“与帕拉迪奥主空间的中心性相反，加歇形成的是一种Z字形平衡”[5]，柯布西耶将一间书房置于住宅主体中，就是为了支撑这个Z字结构。在马康坦塔别墅中有一个明显的十字轴线，十字厅四个方向最边上的墙面都在中心设置了一个孔隙，以暗示这种轴线。而在加歇别墅中，这些空隙只是隐隐约约地呈片段式发展了一下。

在立面设计上，柯林·罗认为，加歇别墅呈现出与马康坦塔别墅（图5）不同的原则。对于柯布西耶而言，“墙体即一系列水平条带”，这种策略使得柯布西耶“对立面的中心和边缘一视同仁”[6]。柯布西耶需要“深刻地修改用墙体转折形成的中心竖向强调的系统”[7]。他首先用“对双跨较大开间的压制”支持了这一策略。马康坦塔别墅的门廊和其上的山花在加歇别

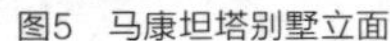

图5 马康坦塔别墅立面

图6 加歇别墅立面（朝花园方向）

图7 加歇别墅立面（入口方向）

墅朝向花园的立面上（图6）被分离开，转化为加歇别墅中的平台和屋顶上的亭子，平台部分占据着左边的两跨，屋顶上亭子则处于立面实体的中心位置，但相对于整个立面，它的位置是不对称的。此外，加歇别墅的入口立面（图7）也保留了类似马康坦塔别墅上部山花的东西，“就是顶层中间那个元素”，但是，这个元素尽管居中，“它自身进一步的发展却是不对称的”，同时，“也不推动整个立面作为整体的对称性”[8]。此外，“虽然它下方正对着入口大厅的大型中心窗，但窗的水平向切割却阻止了两者间的明确联系”[9]。所有这些变化都使得加歇别墅的立面呈现出同平面极为相似的表达：“中心性得到承认的同时被否定”[10]，帕拉迪奥常规的突出中心的方式被打破。

柯林·罗还指出两个建筑因为结构体系不同所导致的在细部处理上的原则差异。马康坦塔别墅是墙承重体系，起支配作用的是垂直面，平面（屋顶）表达则拥有较大自由，它在垂直延伸时出现了拱、拱券、斜脊线和山花，对粗糙的几何立方体起到了修饰作用。而在加歇别墅中，起支配作用的变成了水平向楼板和屋面板，它不再具备引入拱形和坡屋顶的自由。但是柯布西耶注意到，“实墙结构中平面拥有的松动性可以在某种程度上转化到框架结构的剖面中”[11]，它可以在楼板上挖洞，使空间垂直向流动成为可能。这样一来，“建筑的雕塑感就消失了，帕拉迪奥严格的剖面变形和体量塑造也不复存在”[12]。取而代之的是，“受到平板的支配，框架建筑中的延伸和细化需要朝水平向进行”，由此，“原来复杂的剖面和精细的立面被转移到了平面中”[13]。

柯林·罗评论说，加歇别墅平面的“空间创造性”让人激动，它永远维持了一种在精心组织和偶然性之间的张力，“在概念上，一切都是清楚的，但在感知上，一切又都令人深深迷惑”[14]。其中，有“等级化理念的陈述”；有“平等理念的反向陈述”[15]。在马康坦塔别墅中，“十字厅给了整栋建筑以指引”[16]，而在加歇别墅中，楼板到顶棚的距离是均等的，它赋予空间体量内所有要素同等的重要性。在这种情况下，“要建立一个绝对的焦点，即使可能，也几乎是没有道理的”[17]。对这种由结构体系的特征所造成的困境，柯布西耶作出了他的回应，那就是“他认可了水平延伸的原则”[18]。在加歇别墅中，“中心聚集被不断打破，任何一点集中的方式都被瓦解，中心被肢解成的片段变成了周边分散的小插曲，一系列沿平面尽端放置的兴趣点”[19]。然而，“水平向延伸”虽然在“概念上”具有逻辑性，但它却同“体块的严格边界”产生了冲突，而边界是对体块产生“感知”的必要条件。这种对水平延伸的抑制使得柯布西耶“不得不动用相反的资源”，那就是，“通过从体块中挖出大块体积作为平台和屋顶花园，他引入了一种相反的能量推动力，用内爆的方式同外爆的力量相对抗，在外延的姿态中引入了反向的动作”[20]。

2 建筑观、历史观和形式主义方法

除了以上所谈及的平、立面布局，空间，结构及形体操作之外，柯林·罗还分析了柯布西耶同帕拉迪奥在对待比例、风格隐喻、象征意义等多个方面的态度和策略区别。纵览全文，柯林·罗所描述出的柯布西耶可远比以宣言和“金句”著称的柯布西耶自己著作中所呈现的那个建筑师要复杂和深奥得多。这不禁让人好奇，柯林·罗所揭示出来的这些形式奥秘真的是柯布西耶自己的想法吗？同加歇别墅设计情况和过程相关的研究至今已有很多，其内容远超过本文所能涵盖的范围。值得指出的是，柯布西耶在1948年所写的一封信中专门提到了柯林·罗这篇文章，他称其“非常重要”[21]，但并未就其结论与细节进行评论。而另一个柯布西耶研究者蒂姆·本顿（Tim Benton）的成果却明显反驳了柯林·罗的很多阐释，他指出加歇别墅平面中的很多变动都是因为任务书从两套住宅变成单套所致，如被柯林·罗反复解读的那个醒目的大露台其实一度是被设置在中间的[22]。实际上，这类关于真实性的争论也多有出现在对柯林·罗其他文章的讨论中。这其实正体现了柯林·罗从沃尔夫林和威特科沃那里继承的形式主义批评方法（formalist critique）同考据派研究的区别所在。或许可以这样说，以对研究对象本身的经验性观察为基础的形式主义批评在本质上无异于一种二次创作。另外，柯林·罗对柯布西耶建筑的诠释也明显带有塔夫里（Manfredo Tafuri）所指责的“操作性批评（operative critique）”[23]的特征。与其说《理想别墅的数学》是柯林·罗对柯布西耶设计思想和方法的解密，不如说柯林·罗用柯布西耶建筑充分阐释和示范了他对现代建筑的认识和态度，其中，我们至少可以读出两个关键点，它们都直接对应了柯林·罗的老师艺术史学家威特科沃在文艺复兴建筑研究中所呈现的观点。

柯林·罗曾将自己的形式研究方法总结为：“从相近的形构出发，进而找出差异，探究相同的基本母题如何根据特定分析（或风格）策略的逻辑（或要求）进行转化”[24]。他表示这种方法起源于沃尔夫林（Heinrich Wolfflin）。作为艺术史中形式分析方法的奠基者，沃尔夫林确实是最早运用图片比较法进行教学和理论分析的史学家，也是不借助于外部知识考据而对艺术形式本身进行“细读”的先行者。尽管如此，如果研读沃尔夫林的著作会发现，他的形式“细读”能力最佳体现是在对绘画和雕塑的分析中。他拥有专业的知识和卓越的形式洞察力能就整体构图、场景设置、人物和道具之间的关系安排、视觉效果等多个方面对一件作品进行精细的形式分析和质量判断[25]，并通过对单个作品的解读提炼和归纳出一系列具有普遍性的形式概念和原则[26]。然而，沃尔夫林对建筑的分析，如果以建筑师的眼光来看，就不免显得有些空泛了。如他对文艺复兴和巴洛克建筑的阅读，主要是以移情理论为基础，分析建筑立面或空间给人造成的视觉和心理反应[27]，而对建筑师自身设计意图则少有更为具体和细致的阐释。实际上，真正能够深入地“在空间和造型层面而不是在起源和年份方面描述和分析建筑的史学家”[28]并不是沃尔夫林，而是他的学生威特科沃。威特科沃沿用了沃尔夫林的图片比较法，对此进行了大步推进与发展。沃尔夫林建筑分析所使用的图片大多是建筑外部照片，而在威特科沃的著作中，不仅有更全面了解建筑所必须的平、立、剖面，还有为了表达构件交接关系、比例关系和几何关系等问题所绘制的抽象图解。通过这些图示信息，威特科沃真正让图片比较法在建筑分析上发挥出了强大的效力。比如，威特科沃曾将帕拉迪奥十年之间设计的别墅全部抽象为几何模式相似的图解，并列放在一起，以此揭示出帕拉迪奥是如何通过对一些相似的几何元素进行组合和修正，最后达到一个完美的平面形式——圆厅别墅[29]（图8）。很明显，柯林·罗所用的“从相近的形构出发”寻找差异和探究转化过程的建筑形式“细读”方法，与其说来源于沃尔夫林，不如说更为直接的是来自于他的导师威特科沃。

威特科沃除了在研究的方法和套路上成为柯林·罗的参照之外，他本身的一些学术关注点和研究主题也极大地影响了柯林·罗的建筑思考。威特科沃在瓦尔堡研究院的教学有三个明确的主题：一是通过维特鲁威和古典范例探索建筑中的某些永恒不变的法则；二是找出独立于法则和标准的创造性方面；三是揭示米开朗基罗如何将古典遗产转化为自己的建筑语言[30]。威特科沃的这些教学和研究内容对柯林·罗建筑观和理论主题的形成产生了支配性的影响，对此我们可以从两个方面来理解。

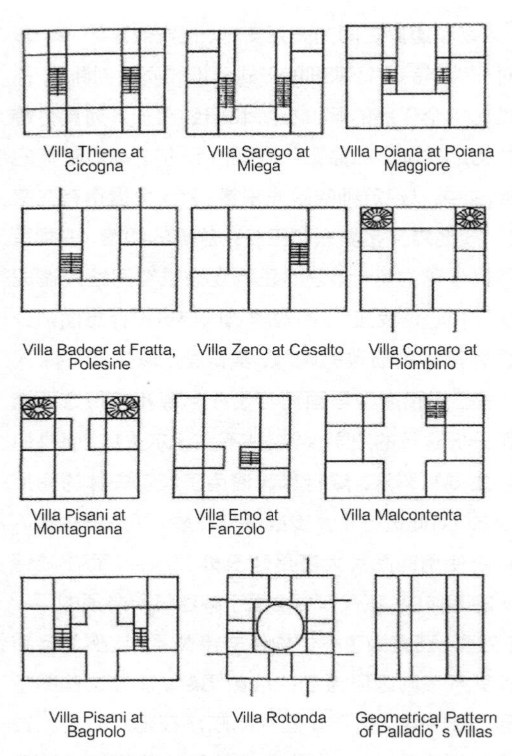

图8 威特科沃书中的帕拉迪奥住宅平面图

2.1 建筑形式的“法则”

在威特科沃之前，人们对文艺复兴建筑的普遍性认识是，它是一种折中风格。但在出版于1950年的经典著作《人文主义时期的建筑法则》(*Architectural Principles in the Age of Humanism*)中，威特科沃提出一个问题：如果承认文艺复兴建筑是一种折中主义，那么文艺复兴的折中与19世纪建筑的折中又有什么区别呢？这是一个无法通过粗浅的风格美学描述回答的问题，因为折中主义表面看来都是借用了古典建筑语言。在这本书中，威特科沃运用其严格的形式“细读”方法，清楚而具体地对建筑平立面各组成部分之间的布局关系以及控制这种关系的原则进行了探究，从而令人信服地揭示出文艺复兴建筑不同于其他时期折中风格建筑的特殊品质和特征。实际上，这本书的重要内容——关于帕拉迪奥建筑原则的研究已分成两部分分别在1944年和1945年发表于《瓦尔堡和考陶尔德学报》(*Journal of the Warburg and Courtauld Institutes*)[31]。当柯林·罗于20世纪40年代末在瓦尔堡研究院学习时，正值威特科沃编撰《人文主义时期的建筑法则》一书之际。虽然威特科沃研究的是文艺复兴建筑，但柯林·罗却意识到，这种精细、严格和理性的形式句法分析同样可以被应用到现代建筑中。他以此为基本方法写出了第一篇重要论文《理想别墅的数学》(*The Mathematics of the Ideal Villa*)，其中，他将柯布西耶和帕拉迪奥的建筑进行了对比，揭示出不同的设计决定背后潜藏着的不同形式“原则”。而之后的很多年中，以威特科沃对文艺复兴建筑所做的工作为范例，柯林·罗也不断尝试着剥开人们习以为常的现代建筑的风格表象，挖掘和揭示出普遍潜存于现代建筑中的深层次与结构性的“形式法则”。在柯林·罗和威特科沃身上，可以明显看到老师与学生之间的互惠。威特科沃发表的两篇帕拉迪奥文章，其影响仅局限于艺术史圈子，然而在柯林·罗的《理想别墅的数学》发表之后出版的《人文主义时期的建筑法则》一书却引起了建筑学界的巨大反响[32]，它甚至还一度被指定为建筑学教育的必读文本[33]。正如维德勒所指出的，威特科沃本未想到自己的文艺复兴研究可能同现代建筑有任何关联，在帕拉迪奥文章的结尾，他写道：“当和谐数学的建筑概念在‘自然和感觉’的时代已经从哲学上被推翻，并且消失于对比例的实际处理中时，学者却开始对已成历史的课题进行探索。”[34]在四年之后出版的《人文主义时期的建筑法则》一书中，威特克沃却以“现在”作为结束：“这个课题再一次活跃于今天年轻建筑师的思想中，他们或许会为这个古老问题发展出新的预想不到的解决方法。”[35]

2.2 “转化(transformative)”式建筑观

作为一个受过严格德国艺术史传统训练的艺术史学家，威特科沃建筑研究的目标并不限于对单个、分散的建筑作品进行描述和总结，以使其成为建筑师可参考的设计指南，更为重要的是，他意图建立某些分类和线索将分散的艺术作品和现象联系起来，进而构建出一种可推演的历史性叙事。因此，“转化”自然成为他形式分析中最重要的工具，通过“转化”，他得以将阿尔伯蒂、帕拉迪奥和文艺复兴前的建筑联系起来，也得以清楚地呈现米开朗基罗如何以古典先例为基础构建出新的形式系统。这种艺术史的思考方式深刻影响了柯林·罗的建筑观，他曾提出，“建筑应该是历史的索引（index），没有什么可以具备艺术价值除非它本身也包含了历史意义”[36]。换句话说，突发奇想的创新在柯林·罗看来是没有意义的，只有以历史先例为基础，根据新的条件和形式概念将其进行某种转化才是他所认可的建筑创造方法。柯林·罗一生理论观点时有变化，但这种“转化”式建筑观是他始终不变的核心思想之一。

然而，这种来源于艺术史思维的“转化”式建筑观对于建筑创作而言却存在着一种明显的局限性，正如斯坦艾伦（Stan Allen）所批评的，它可能导致“发明和形式革新的作用被最小化”，不利于“打开新的可能性”[37]。事实上，对于这个问题，柯林·罗自己比谁都更加清楚。毕业于当时英国最专业的建筑学校，又在全球最顶尖的艺术和文化史研究机构接受了艺术史教育，柯林·罗被麦斯威尔（Robert Maxwell）称为“受建筑师训练的批评家（the architect-trained critic）”，而维德勒则说他既不是专业的建筑师也不是艺术史学家[38]。可以说，柯林·罗一生都在两种语言中纠缠不清，那就是同绘图板相关的“工作室语言（studio language）”和史学家所探索的“历史语言（historical language）”。他评论说，工作室语言“直觉而热情”，但无学识和批判性，相反，“历史语言”则是谨慎而博学的[39]。柯林·罗的双重身份使得他无法在两者间作出干脆抉择，艺术史的教育和见识让他无法舍弃“历史语言”的智性、精确和思辨性，而受到的建筑师训练及设计课教师的身份又驱使他务实地探索可操作的“工作室语言”为创造提供可能性。对于柯林·罗而言，这既是困境也是机会，在它的推动下，柯林·罗对艺术史的“转化”方法进行了重新诠释。他不再将“转化”的对象严格限定在某些特定的建筑系统之间（如文艺复兴对古典建筑，手法主义对盛期文艺复兴等），而是出其不意地驰骋于不同时代甚至不同门类的艺术中，并发展出五花八门的“转化”方法，由此，他得以超越史学家的严格和局限，而创造性地将很多貌似毫不相干的内容和图像联系在一起，为建筑创作呈现出了更多的方法和可能，也为想象力留出了空间。除此之外，柯林·罗还运用了很多个人化的、经验性的批评话语与论述方式，如才华和思想，狐狸和刺猬（援引自哲学家Isaiah Berlin）等，道出了很多无法被严格历史化与理论化、本质上更接近于“工作室语言”的设计门道[40]。通过这些方式，柯林·罗寻觅到了一条平衡历史、批评和实践的中间之道，并使自己最终得以从威特科沃的“知识阴影”中脱离出来。

在《理想别墅的数学》一文中，通过柯布西耶的建筑，柯林·罗充分阐释了他相承于威特科沃的“转化式”建筑观。在柯林·罗的解读中，我们可以清楚地看到，柯布西耶处理新与旧的方式，并不是人们通常所说的，既保留传统又有创新这样简单，而是他的“新”正是建立在对“旧”的转化之上。正如建筑史学家柯洪（Allan Colquhoun）后来所评论的，它不是那种“从文化真空中诞生的创造”，而是一种“重新阐释的过程”，其创新的结果以一种“索引”的方式将旧有做法的痕迹保留了下来[41]。可以说，如果不了解柯布西耶所援引的传统就无法了解他的创新，他的“新”之所以产生意义正是因为有“旧”的存在作为前提，这完全是柯林·罗倡导的“转化式”建筑创作方法的完美示范，也正是柯林·罗将柯布西耶视为现代建筑师的典范，评价他为继米开朗基罗以来最伟大的系统创造者[42]的原因。

另外，通过柯布西耶与帕拉迪奥建筑的对比，柯林·罗重申了建筑形式“法则”的价值，它构建了与社会学和技术功能解释不同的对现代建筑的重新定义。帕拉迪奥和柯布西耶在柯林·罗看来都是坚持“形式法则”的典范，他们的建筑都不是功能和技术条件所推导出的被动结果，而是对各种相互牵制甚至相冲突的形式约束系统（比例、几何、结构逻辑、空间和构图原则等）主动的、严格而精密的安排，最终所有系统都在某种张力中达到平衡，形成协调一致的秩序化表达。不管是帕拉迪奥还是柯布西耶，他们建筑所具备的独特魅力和质量都绝非肤浅和表面化的形式模仿可以企及的。在文章结尾，柯林·罗总结道：“新帕拉迪奥式别墅如今充其量成为英国公园中如画风格的景观要素，柯布西耶则变成无数模仿作品及可笑炫技泛滥的来源；然而，二人原版作品中卓越实现的品质已无存于这些新帕拉迪奥式和‘柯布风’追随者们的作品之中。其中的差别无需争辩，只需简单提一点：在跟风作品中，一种对‘法则’的坚持或已丧失”。[43]■

注释

2-20 Colin Rowe. The Mathematics of the Ideal Villa [M]// Colin Rowe. The Mathematics of the Ideal Villa and Other Essays. Cambridge: The MIT Press, 1976: 1-27.

21 Cynthia C. Davidson. Dear Reader[J]. ANY: Architecture New York, No. 7/8, Form Work: Colin Rowe（1995）, 5.

22 Tim Benton, Les Villas de Le Corbusier 1920-1930（Paris: Philippe Sers, 1984）, 165-189.转引自Alan Colquhoun. Transparency, Collage, Montage [C]// Emmanuel Petit. Reckoning With Colin Rowe: Ten Architects Take Position. New York: Routledge, 2015: 101-111.

23 Manfredo Tafuri. Theories and History of Architecture [M]（Icon Edition）. New York: Harper&Row, 1980: 141-163.

24 见柯林·罗1973年为文章写的补遗，The Mathematics of the Ideal Villa [M]// Colin Rowe. The Mathematics of the Ideal Villa and Other Essays. Cambridge: The MIT Press, 1976: 1-16.

25 关于沃尔夫林对绘画作品详细的形式分析可参见：海因里希·沃尔夫林. 古典艺术——意大利文艺复兴艺术导论[M]. 潘耀昌，陈平，译. 北京：中国人民大学出版社，2004.

26 沃尔夫林曾提出了5个对立的概念用以解释艺术从欧洲文艺复兴盛期到巴洛克时期的演化：①从线描到涂绘；②从平面到纵深；③从封闭形式到开放形式；④从多样性到统一性；⑤从主题的绝对清晰到相对清晰。H.沃尔夫林. 艺术风格学[M]. 潘耀昌，译. 沈阳：辽宁人民大学出版社，1987.

27 同上。

28 Peter Smithson, Letter, RIRA JOURNAL 59（1952）: 140-141, 转引自Anthony Vidler. Histories of the immediate present: inventing architectural modernism[M]. Cambridge: MIT press, 2007: 72.

29 Rudolf Wittkower. Architectural Principles in the Age of Humanism [M]. New York: W.W.Norton&Company, 1971: 72-76.

30 Christoph Schnoor. Colin Rowe: Space as Well-Composed Illusion [J]. Journal of Art Historiography. Vol. No. 5,（December 2011）: 1-22.

31 Anthony Vidler, Histories of The Immediate Present: Inventing Architectural Modernism [M]. Cambridge: The MIT Press, 2008, 72.

32 关于《人文主义时期的建筑法则》所引起建筑界的反响：威特克沃一度因为这本书，频繁应邀出席各大建筑会议并成为毫无争议的核心人物。James Ackerman曾回忆说，当时的会议就像一场热烈的电影首映式，而威特克沃和柯布西耶二人扮演的则是明星的角色。Alina A. Payne. Rudolf Wittkower and Architectural Principles in the Age of Modernism [J]. The Journal of the Society of Architectural Historians, 1994, 53: 3（9）: 322-342.

33 此书曾连续两年被BBC评选为建筑历史成人教育课程的必读书，来源同上。

34 Anthony Vidler, Histories of the immediate present: inventing architectural modernism [M]. Cambridge: MIT press, 2007, 76.

35 同上。

36 Colin Rowe, The Architecture of Good Intention: Towards A Possible Retrospect [M].London: Academy Edition, 1994, 28.

37 Stan Allen. Addenda and Errata [J]. ANY: Architecture New York, No. 7/8, Form Work: Colin Rowe （1995）, 28-33.

38 Anthony Vidler. Reckoning With Art History—Rowe’s Critical Vision [C]// Emmanuel Petit. Reckoning With Colin Rowe: Ten Architects Take Position. New York: Routledge, 2015: 41-55.

39 Colin Rowe. Two Italian Encounter [M]// Colin Rowe. As I Was Saying（Volume 1）. Cambridge: The MIT Press, 1996: 3-10.

40 这种个人化的经验性论述方式最明显体现在柯林·罗写作于1987年的一篇长文，Colin Rowe. Ideas, Talent, Poetics: A Problem of Manifesto [M]// Colin Rowe. As I Was Saying（Volume 2）. Cambridge: The MIT Press, 1996: 278-354.

41 Allan Colquhoun. Displacement of Concepts in Le Corbusier [J]. Architectural Design 43 （1972）: 220-243.

42 Colin Rowe. Le Corbusier: Utopian Architect [M]// Colin Rowe. As I Was Saying（Volume 1） [M]. Cambridge: The MIT Press, 1996: 135-142.

43 Colin Rowe. The Mathematics of the Ideal Villa [M]// Colin Rowe. The Mathematics of the Ideal Villa and Other Essays. Cambridge: The MIT Press, 1976: 1-27.

参考文献

[1] Colin Rowe. The Mathematics of the Ideal Villa[M]// Colin Rowe. The Mathematics of the Ideal Villa and Other Essays. Cambridge: The MIT Press, 1976: 1-27.

[2] Cynthia C. Davidson. Dear Reader[J]. ANY: Architecture New York, No. 7/8, Form Work: Colin Rowe（1995）, 5.

[3] Tim Benton, Les Villas de Le Corbusier 1920-1930 (Paris: Philippe Sers, 1984), 165-189.转引自Alan Colquhoun. Transparency, Collage, Montage[C]// Emmanuel Petit. Reckoning With Colin Rowe: Ten Architects Take Position. New York: Routledge, 2015: 101-111.

[4] Manfredo Tafuri. Theories and History of Architecture[M]. Icon Edition. New York: Harper&Row, 1980: 141-163.

[5] 海因里希·沃尔夫林. 古典艺术——意大利文艺复兴艺术导论[M]. 潘耀昌，陈平，译. 北京：中国人民大学出版社，2004.

[6] H.沃尔夫林. 艺术风格学[M]. 潘耀昌，译. 沈阳：辽宁人民大学出版社，1987.

[7] Anthony Vidler. Histories of the immediate present: inventing architectural modernism[M]. Cambridge: MIT press, 2007: 72.

[8] Rudolf Wittkower. Architectural Principles in the Age of Humanism[M]. New York: W.W.Norton&Company, 1971: 72-76.

[9] Christoph Schnoor. Colin Rowe: Space as Well-Composed Illusion[J]. Journal of Art Historiography. Vol. No. 5,（December 2011）: 1-22.

[10] Alina A. Payne. Rudolf Wittkower and Architectural Principles in the Age of Modernism[J]. The Journal of the Society of Architectural Historians, 1994, 53: 3 (9) : 322-342.

[11] Colin Rowe. The Architecture of Good Intention: Towards A Possible Retrospect[M]. London: Academy Edition, 1994, 28.

[12] Stan Allen. Addenda and Errata[J]. ANY: Architecture New York, No. 7/8, Form Work: Colin Rowe（1995）, 28-33.

[13] Anthony Vidler. Reckoning With Art History—Rowe' s Critical Vision[C]// Emmanuel Petit. Reckoning With Colin Rowe: Ten Architects Take Position. New York: Routledge, 2015: 41-55.

[14] Colin Rowe. Two Italian Encounter[M]// Colin Rowe. As I Was Saying (Volume 1). Cambridge: The MIT Press, 1996: 3-10.

[15]Colin Rowe. Ideas, Talent, Poetics: A Problem of Manifesto[M]// Colin Rowe. As I Was Saying (Volume 2）. Cambridge: The MIT Press, 1996: 278-354.

[16] Displacement of Concepts in Le Corbusier[J]. Architectural Design 43（1972）: 220-243.

[17] Colin Rowe. Le Corbusier: Utopian Architect[M]// Colin Rowe. As I Was Saying (Volume 1) [M]. Cambridge: The MIT Press, 1996: 135-142.

图片来源

图1—图7: Colin Rowe. The Mathematics of the Ideal Villa and Other Essays[M]. Cambridge: The MIT Press, 1976.

图8: Rudolf Wittkower. Architectural Principles in the Age of Humanism[M]. New York: W.W.Norton&Company, 1971: 73.

上海　摄影/席子

II 城市与空间

导 读

李翔宁[1]

卡尔维诺在《看不见的城市》中想象过一个城市的样板，它由各种“例外、障碍、矛盾、不合逻辑与自相冲突构成”，城市的复杂性给研究城市的学者提供着丰富的原料，因为这样一个集中多种因素的复杂概念，可以延伸到政治、经济、文化、艺术等诸多领域。工业革命后前所未有的资本数量和技术聚集再次加剧了城市的复杂维度，并随之带来了城市研究的第一次大爆炸：从马克思、恩格斯的资本延伸，到罗兰巴特的哲学思考，或是柯布西耶的空间呈现与卡尔维诺的文学意象等。迈克·戴维斯在20多年前预言着经典认知中的公共空间的终结，他认为当时的美国城市正在经历同质化的变革，新型城市主义所崇尚的大型购物中心、企业产业园区、绅士化街区正在取代传统城市公共空间的地位。正如工业之于现代城市，当代新能源、互联网等方面的技术突破也必然会导致其城市构成方式与空间组合出现新的组合方式与构成要素。而我们如何面对和理解城市与空间在这样的时代中所面临的问题和机遇呢？

本书的作者们试图从多种不同的视角为这个问题寻找着答案。

裂变中的虚拟空间：结合网络社交、购物、AR与VR技术，互联网在21世纪的第二个十年里，终于彻底改变了人类生活的空间载体。网络空间正逐渐成为一种可以独立于物理空间的新存在，并在可以预计的未来以裂变的方式不断膨胀。新出现的“空间”是否属于城市空间，如何定义这些空间的公共与私人边界等一系列问题都随之应运而生。王中德的文章《从“连接”到“链接”——网络时代“脱域”对中国城市公共空间的考量》清晰地指出网络时代所造成的新空间与时间关系，即“脱域（Disembeding）”现象，并以此展开一系列相关的讨论。虽然未来的不确定性导致这些讨论的准确度难以判断，但基于此方向尝试突破的勇气与远见却已然具有价值。而张男的研究《认知心理学角度的城市微观设计策略初探》为我们描绘了一幅基于认知心理学的“具身认知（Embodied

---

1 同济大学建筑与城市规划学院副院长，教授。

Cognition）”，对城市设计的感知和设计策略提供新维度的潜能。文章还通过两个实际案例为我们示例了如何用降低差异法和逆向搜索的方法使城市设计一些常常被遮蔽的要素能够浮现出来。

反击的客观公共空间：虚拟空间的进击，开启了一场同传统物理空间的战争。如何更为有效率、更为安全、更为舒适地承载高密度人群，是对这个时代的城市公共空间提出的新要求。王桢栋的《城市综合体的城市性探析》就针对人口密度最大的城市公共空间：城市综合体进行多维度效益的梳理，以此讨论整合度、便利度、有效性、持续性等方面对城市物理空间的影响；徐宁在《效率与公平视野下的城市公共空间格局研究》一文中则更多倾向于政策与社会话题，试图在一个更大的范围内去讨论城市公共空间在配置等方面的问题；李云燕的文章《韧性与安全可持续：关于城市空间适灾理论概念框架的思考》则采用了反向的方式，以“可能受到灾害”这一角度证明了城市空间的客观性，借城市韧性（Urban Resilience）的概念来分析城市空间这个如今已经自成系统的有机体。三人的文章虽然角度不同，但均针对城市的物理空间进行改善，提出了不同的方向与个人独到的见解。

再造城市的非人工属性：城市整体日渐完善与深入的人工化，令诸如滨水空间、大型公园等城市中的自然区域显得越发珍贵。这些区域之于城市并不仅是公共空间与景观的作用，更是在提醒着人类它们本源般的“自然”属性。褚冬竹的《城市显微》选择了一系列位于滨水区域的设计（已存或者是课程设计）展开讨论，最终落脚于如何在小范围内建立完善系统的话题，延续着东方“一花一世界”的质朴世界观；而谭峥的《基础设施策划驱动下的都会滨水空间演变》则明显延续了后工业时代下西方对工业用地的再利用的话题，滨水空间的再开发也揭示着工业这一曾经城市主动力的离场和以服务业为内核的新业态逐渐进入的趋势。

虚拟与真实，人工与自然……正是这样一组组因素在对抗时产生的张力塑造了城市与其独具一格的空间特质。在本书中，编者也是拒绝以一种绝对的价值观来选择文章，而试图通过这种更多元的视角，努力来还原城市自诞生以来就存在的“复杂”，而这样的复杂性正是一种对城市空间的本源的质疑与回归。

褚冬竹 | Chu Dongzhu
重庆大学建筑城规学院

School of Architecture and Urban Planning, Chongqing University

褚冬竹（1975.12），重庆大学建筑城规学院副院长、教授、博士生导师，重庆大学青年科协副主席、Lab.C.[architecture]设计与研究工作室主持人、"壹江肆城"建筑院校青年学者论坛发起人，国家一级注册建筑师、中国建筑学会资深会员、地下空间学术委员会常务理事，中国城市科学研究会景观学与美丽中国建设专业委员会委员、CTBUH（世界高层建筑与都市人居学会）学术与教学委员会委员，荷兰代尔夫特理工大学、加拿大多伦多大学访问学者；曾任KPMB建筑事务所（多伦多）、Clausen Kaan建筑事务所（鹿特丹）建筑师；先后获中国青年建筑师奖设计竞赛优秀奖、加拿大优秀建筑设计奖、重庆市首届优秀青年建筑师奖等多个奖项及荣誉；主持多项科研及教改项目，长期致力于可持续建筑设计方法、城市设计、公共交通与城市空间的研究、教学和实践。

观　点

我国经济由高速增长转向高质量发展已是大势所趋。在经历高速增长的扩张时期后，必须用一种更长远、更宽广的视野来前瞻性思考城市更新的诸多问题。建筑学研究有必要高度关注社会性空间的健全与供给、聚焦于社会再分配与公平公正，以处理和接纳多元立场的姿态应对城市发展过程中出现的新矛盾。在“存量优化”背景下，作为优化公共空间资源配置，对接宏观规划与中微观层面城市具体空间实施技术、生活行为、文化内涵，关联自然背景、城市空间、建筑形体、基础设施的“技术枢纽”，从建筑走向城市，探索新形势下的建筑学要义与工具，自然成为实现上述目标的必由之路。

这场大规模的都市演进，随之带来都市爆炸性增长体验、强大的从乡到城的移居浪潮以及机械化式的迅猛建设伴随着整整一代人的成长。当这些快速增长的空间沦为自动化体系成批生产的物质商品时，建筑师不得不屈从于精于计算的经济理性霸权，空间的价值体现于种种可能性的精确算计。但是，如果仅仅重视现值而忽略潜力，聚焦局部而漠视整体，执拗于经济、资本的数字积累而不顾及历史、文化与时间条件，众多问题将依然无解。“就像人类基因组计划慢慢加速直到提前完成，数据积累的步伐令人眼花缭乱。所有这些信息并不是用经典的群体遗传学和古生物学语言书写，而是分子语言。”（尼克·莱恩.生命的跃升——40亿年演化史上的十大发明[M]. 张博然，译.北京：科学出版社，2016.）

到底什么样的空间才是更有价值的空间？那些没有交换价值的、流动着新鲜活力与意识的公共空间，是如何激发了更大范围空间价值的？城市，只有深度辨析和捕获空间中的每一分潜能与机遇，才可能在进化之路上创造奇迹。

建筑学，依然大有可为。

城市显微[1]

Urban Microscope as an Architectural Attitude

褚冬竹

Chu Dongzhu

摘　要：城市尺度与城市空间保持着持续的变化。人的身体尺度与行为能力并不会因城市膨胀或收缩而变化。以“向身体的回归”作为思考原点，提出在关于城市空间的讨论范畴里，以“显微”的态度与视角通过高穿透度的洞察方法与解析技术，探知那些看似稀松平常或已熟视无睹的城市“细部”，呈现那些原本隐匿深处的微弱差异。按介入深度与过程时序，可以分为四个层次的显微，即空间呈现的显微、问题建立的显微、分析手段的显微、问题解答的显微。

关键词：城市显微，城市扩张，城市收缩，空间，时间，行为

先从三个城市“半岛”开始。

某年夏，走在温哥华半岛端部——斯坦利公园（Stanley Park）的边缘。都市中心与公园之间隔着一片并不宽阔的港湾。一大片原始森林被矜持而恭敬地保护着。高耸参天的红杉、厚实绵软的落叶构成了这个地球承载生命的直接痕迹。深呼吸，原生丛林特有的草木气息与不易察觉的海水的微腥揉混着潜入体内。甚至单凭嗅觉，已将我与城市远离（图1）。

图1　从温哥华斯坦利公园看城市中心

数年后，冬，漫步另一个城市——仅有13万人口的瑞士首都伯尔尼。市中心为山地半岛，建筑整齐规则地沿街匍匐在土地上。人造环境虽占据半岛主体，却

1　原载于《新建筑》2015年第4期，收入本书时有改动。

图2 瑞士伯尔尼中心一景

图3 从重庆江北嘴江畔远眺渝中半岛及南岸区

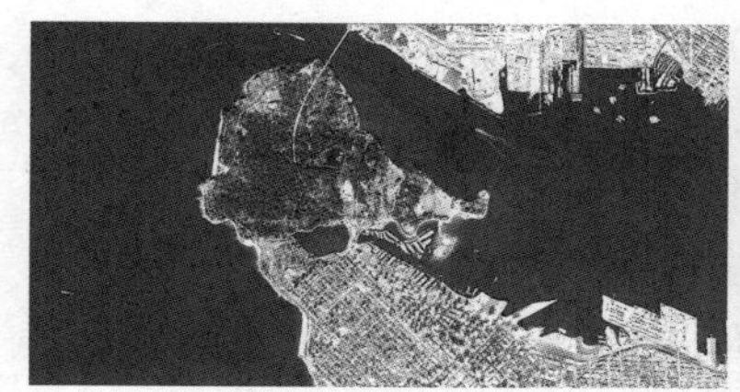

图4 由上至下，温哥华、伯尔尼、重庆三城市中心区

并不专横。清澈的维格河（Aare）环抱中心，整个环境如童话般地存在着。正值新年假期，冷澈刺骨的空气将大部分人推赶进室内，只留下了房屋、广场、街巷，它们教科书式地冬眠在那里（图2）。

回到重庆，渝中半岛。十余平方公里的土地上正容纳着超过60万人的生活和工作。半岛总体朝东，临两江（长江、嘉陵江）汇聚之处却倔强地弯折向北，此处古城门名为“朝天门”。城门及其上“古渝雄关”题字已不复存在，原物早在不断修整改造中消失。未来诠释“雄关”的，将是耸入云端的6栋超高层塔楼——重庆来福士广场，在今后会剧烈改变着这片尊为“重庆母城”的半岛空间格局与生活方式（图3、图4）。

1 首先是城市

“为什么我们的城市是这个样子？”——Witold Rybcznski[2]曾提出这个关于巴黎的疑问[1]。城市作为人类持续介入自然、改造空间的集中反映，呈现出如此迥异的景象，即使它们的环境基础“看上去”是那么近似。也许根本就不存在权威答案。往往越是看似初级的问题，越难准确给出答案。城市作为空间、经济、社会、文化等诸多因素高度聚集的产物，承载着全球超过一半的人口。在未来的数十年里，还有数以十亿计的人将进入城市生活。城市的状态，就是我们的状态。

“首先是城市”—— 爱德华·索亚（Edward W. Soja）以这句话旗帜鲜明地开始了对“都市生活之源”的探讨[2]。通常广受认可的“狩猎/采集—农业—村庄—城市—国家”发展秩序遭遇了不同意见。查尔斯·凯斯·梅塞尔斯将“历史的唯物主义阐释与清晰的人类学、地理学视角调和起来”，提出了“城市—国家”的形成模式，将城市的空间特性与引发社会创新变革的推动力联系起来[3]。城市从一开始便被视为革

2 Witold Rybcznski（1943—），美国宾夕法尼亚大学教授，知名建筑师，评论家。

3 见于查尔斯·凯斯·梅塞尔斯的《文明的出现：在近东从狩猎、采集到农业城市和国家的过程》（1993），本文间接引用自爱德华·索亚的著作《后大都市——城市和区域的批判性研究》（2006）。

新的中心——在这个地方，“稠密接近和互赖共存是日常生活、人类发展及社会持续非常重要的结构性特征”[2]。城市的本质或起源不必言“大”，而是以其中“社会和经济的不同形式来衡量”[3]。城市作为社会综合生产的刺激者与消费者，在全球范围内建立着一个生存发展的巨构网络。网络中的不同节点，即不同城市承载着不同的职能与有效刺激范围，并由此创造出人类生活的持续活力与文明多样。多样的城市表象背后显然还隐藏着什么。作为“个体的城市”，其规律和现象难以用集体规律阐述清晰。以城市个体的特殊性为思考基础，从整体出发剖析至某一空间终端，反过来成为把握整体状态的一种可能的视角。

城市作为“各类要素资源和经济社会活动最集中的地方”[4]，其价值和职责已毋庸置疑。“新业态、新领域大量涌现，城市运行系统日益复杂”[5]，新现象、新问题也随之持续呈现。明确城市演化特征，确立更具适应性的剖解视角，解析城市运行系统及其关键节点，实现城市公共产品与基础设施“提质增效”[6]是解答城市问题、提升空间价值的必由之路。

2 持续的演化

城市的持续演化已是不争的事实，没有固化不变的城市。城市、大城市、特大城市、超大城市[4]，高度聚集和膨胀的城市被不断以新概念定义。部分城市持续扩张、繁荣进展的同时，也伴随其他部分城市的收缩与衰败[7]。人类文明的发展史，几乎可以被浓缩为城市规模排行榜的变迁史——孟菲斯、乌尔、底比斯、巴比伦、亚历山大、长安、罗马、君士坦丁堡、汴京、菲斯、大都、杭州、伦敦、纽约……仅凭这些历史上全球人口规模第一的城市名单，已可领略人类文明史的基本轨迹——铁打的地球，流水的冠军。

这个贯穿数千年的城市榜单已经用确凿的事实告诉我们，没有一个城市会永远保持强势。城市不是“永恒”的史书，一切都在变化。即使是像隋唐长安这样看似稳若磐石的超级大国之都，依然在漫长历史中发生着显而易见的变化。唐末，藩镇割据、时局飘摇，有着显耀地位的长安皇城中轴主门朱雀门黯然封闭。明代重筑城墙，中轴东移700余米，新版图格局至此建立。到20世纪中叶，那条曾经见证隋唐傲人武功、全球领先的朱雀大街已仅剩土路一条了（图5）。700米，在偌大的长安城里显然不算什么，但就是这700米的偏移，带来了多少时至今日依然受其影响的事件和决策？（图6）

遗憾的是，作为普通人，以我们短暂的生命标尺来度量，不可能亲历这样风起云涌的超级都市竞赛。人的身体尺度与行为能力显然不会因为城市的膨胀或收缩而显著变化。相反，当城市尺度、城市规模、城市密度等指标都在快速上扬时，人与城市的关系（若以“比值”衡量）正在急剧缩小。“向身体的回归”——作为建筑学与城市研究中“不可还原的理解基础”，身体成为最深刻意义上的“积累策略”[8]，也成为当代建筑学的一次意识复兴。这个朴素事实直接表达了两个基本认识：一是城市绝非静态，始终处于变化过程之中；二是既然空间的生成原点是人的各项行为需求，那么完成行为的“身体”必然成为还原城市空间的基本“像素”——两者间存在着丰富且必须的关联。

于是，讨论一座城市空间状态的基本话语立场，就自然落在了行为与空间的相互关系上——行为既可以有力地驱动空间生成，而恰当的空间更能够匹配、承担直至激发出更多样的合理行为需求。后者是讨论城市公共空间活力的基础。

城市不会永远膨胀下去，即使是那些正处于规模扩张状态的城市[5]。当以版图扩张式的“外膨胀”将

4 2014年11月20日，国务院发布国发2014第51号文件《关于调整城市规模划分标准的通知》。新标准将城市划分为五类七档，新标准增设了“超大城市”，即城区常住人口1000万以上的城市。

5 2015年6月4日，据《南方都市报》报道，包括北京、上海、广州等在内的14个城市的开发边界划定工作将于今年完成，开发边界将作为城市发展的刚性约定，不得超越界限盲目扩张。2014年7月，住建部和国土部共同确定北京、上海、广州、深圳等14个城市开展划定城市开发边界试点工作。另据数据显示，2000—2010年，全国城镇建成区面积的扩张幅度就达到64.45%，远高于同期城镇人口45.9%的增长幅度，有效遏制城市盲目扩张已刻不容缓。

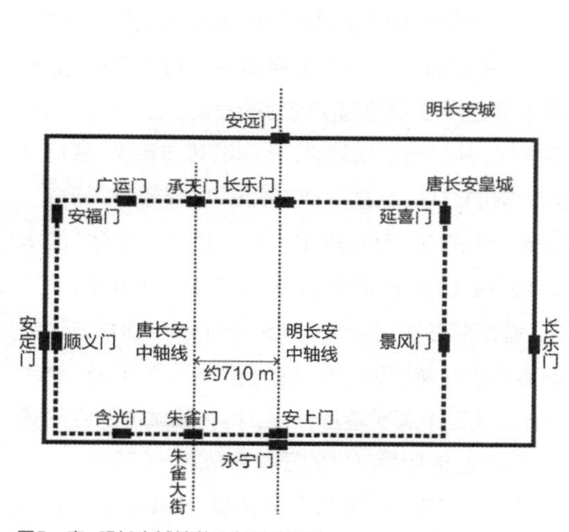

图5　唐、明长安城墙范围与轴线偏移

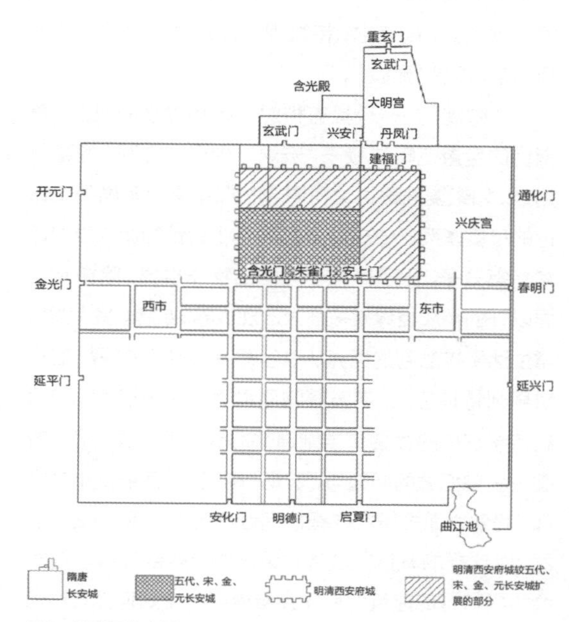

图6　长安历史变迁

图7　城市消极空间利用研究（重庆牛角沱轻轨站站下空间，设计：林雁宇、胡然、曾诚，指导：褚冬竹）

逐渐收敛和受控，而在既有城市空间的优化、更新、增量则将得到更多重视，“精明增长”思路下的“内膨胀”则凸显出特殊的意义。以海绵为例，当海绵表观体积不变的情况下，“内膨胀”则表示了向内部挤压、缩减原有空隙。内膨胀的实质是密度（density）增加，不仅有建筑体量的密度，也有空间行为的密度。高密度的行为使用随之引发原有空间的加速分解——这是另一类意义的“海绵城市”（图7）。粗放、单一的空间使用状况将随着空隙的变化活跃逐渐演发得更为多样、微妙。其中差别，如何呈现与解读？

3　微，及其显现

300多年前，当列文虎克（Antonie van Leeuwenhoek）把蚊虫、树皮甚至自己的血液放在自制的透镜组合下，从镜片视野中观察到一个个匪夷所思的景象时，可以想象他的巨大惊喜。也许，甚至列文虎克自己都未曾料想，这些后来被称为“显微镜”的透镜组合对未来的科学世界将产生多大的影响，并且把自己这位荷兰小城代尔夫特市政厅低级职员“请进了”英国皇家学会。借助仪器，列文虎克看到了常人目力所不能及的世界—— 一个极其细小甚至难以发现的微观世界。简言之，将微观、细微的事物或现象显现出来，便是“显微”。

“微观”是一个具有相对与比较含义的概念，其指代的度量范畴依赖于“宏观—中观—微观”的整体划定。如果要准确讨论何谓“微观”，需要明确整个讨论的尺度体系。一方面，自然科学中讨论的微观世界通常是指分子、原子等粒子层面的物质世界，除微观世界以外的物质世界常被称为宏观世界。或者，将人类日常生活所接触到的世界从中分离，称为中观世界（宏观世界则特指星系、宇宙等物质世界）。另一方面，包含经济学在内的社会科学则通常把从大的方面、整体方面去研究把握的问题与“宏观”相联系，而把从小的方面、局部方面去研究把握的问题称为“微观”问题。显然，以这样的解析方法来讨论同时具有自然科学与社会科学特征的建筑学首先会遭遇到一个如何界定讨论范畴的问题。基于两类科学对“微观”的不同界定，建筑学中的“微观”应当具有明显的双重性质：一是与物理空间尺寸相关，具有客观性和可度量性；二是与建筑学问题尺度相关，与人的行为、心理以及问题效应相关，具有主观性和难度量性。

“显微”二字，关键在“显”。“显微（microscopic）”与“微观（microcosmic）”的最大不同在于：当我们讨论“显微”时，我们讨论了一个“从隐至显”的过程——不仅强调事物的物理尺寸，更看重该事物性质是否得到新内容的呈现，是一个从单一呈现多样，从简单呈现复杂，从压缩转向释放，从耦合探知解耦的过程，也是一种“解压”/“释放”/“提取”（extract）式的态度与操作。后者可视为“显微”的本质。M.R.G. Conzen在解析“城镇平面（town plan）”时，以城市形态学（urban morphology）操作方法将所谓城市肌理解析为三个元素（层次），即街道、地块和建筑。这三个层次逐层推进，将构成城市的空间要素清晰呈现，这便是基本的显微视角之一（图8）。

早在250年前，意大利人诺里（Giambattista Nolli，1701—1756，也可译为“诺利”）做了一件值得赞叹且影响至今的工作——历时12年艰辛绘制罗马地图（La nuova topografia di Roma Comasco），史

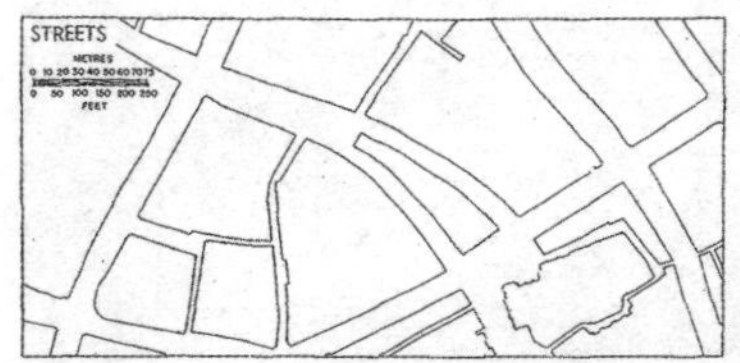

STREETS, PLOTS and BUILDINGS

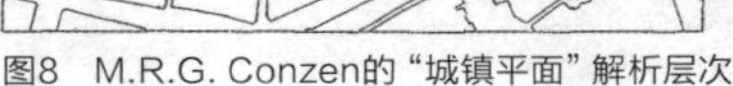
图8 M.R.G. Conzen的“城镇平面”解析层次

图9 Giambattista Nolli绘制的罗马地图全图（绘制时间：1736—1748）

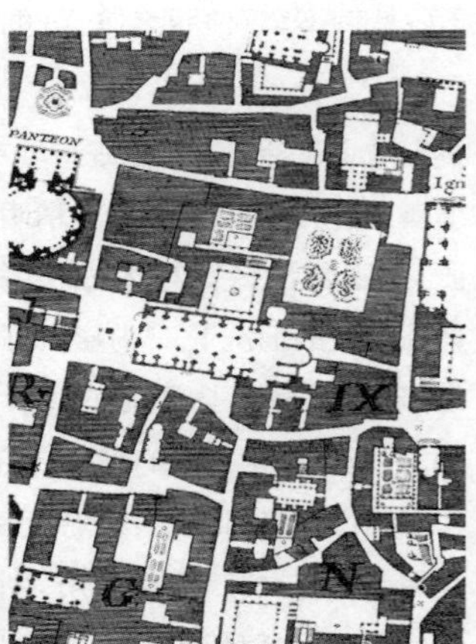

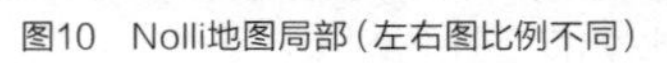
图10 Nolli地图局部（左右图比例不同）

称“诺里地图（Nolli Map）”（图9）。诺里最大的贡献不是多么精细地描绘了一份城市平面（ichnographic plan），也不是它表面上所呈现出来且常被误读的“图底关系”，而是他用自己的双脚“度量”了整个罗马，不仅度量了城市物理空间的基本尺寸与形态，也“度量”了这座城市之于诺里的“行为—空间”权属——包括神庙、教堂等具有公共意义的空间以白色表示，无法进入或权属私有的空间则以深灰色块表示。他创造性地将“总平面”与“平面图”结合起来，为后人研究罗马留下了极为宝贵的图示资源。诺里将空间内在的差异用行为和图示呈现出来，将视觉观察与行为权力结合起来，创造了一份具有里程碑意义的显微典例（图10）。

在城市空间范畴，“显微”一词意指那些通过高穿透度的洞察方法与解析技术，一方面探知那些看似稀松平常或已熟视无睹的城市“细部”；另一方面则呈现出那些原本隐匿深处的微弱差异。显微是基于城市复杂性的质的呈现过程，也是还原城市本来面目的基本操作与态度。当我们用一个个“概念”（如广场、道路、街巷）去讨论城市空间时，“语义陷阱（semantic trap）”便已经在讨论语境中悄然出现：若研讨对象在语义层面已被固化，其结果通常是负面的——很可能因为熟悉的概念而丢失了激发新行为可能[9]。

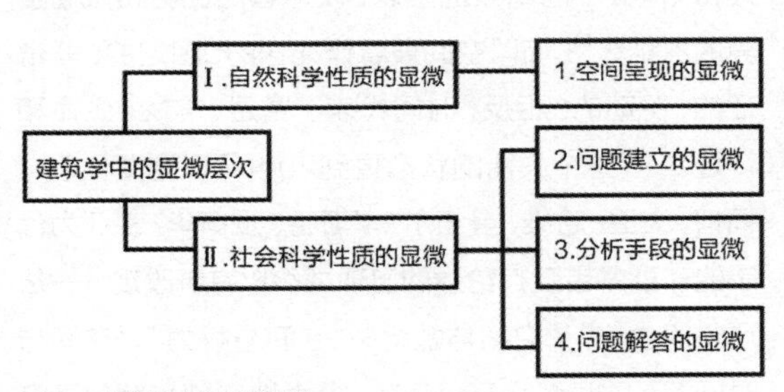

图11　建筑学中的显微层次

基于行为的分析，对空间分异进行显现，并在设计与创造过程尊重甚至强化这样的差异，便是讨论显微的根本意义了。按介入深度与过程时序，可以分为四个层次的显微，即空间呈现的显微、问题建立的显微、分析手段的显微和问题解答的显微。这四个层次从基础内涵到技术衍生，讨论了城市显微与城市空间的基本关系（图11）。

首先对应建筑学的自然科学性质，“空间呈现的显微”对应了物理尺寸。“显微”一词的原意——借用工具或技术手段将某种物体的物理尺寸放大直至呈现新的可视内容——也可以在城市空间内被应用推演。当然，与显微镜下的“微观”相比，这个层面的城市空间显然并非肉眼所不能及，而是强调以专业技术手段（如不同比例的图纸、模型）将其“放大”，使之内容更明晰地呈现（图12）。其次，对应建筑学的社会科学性质，“显

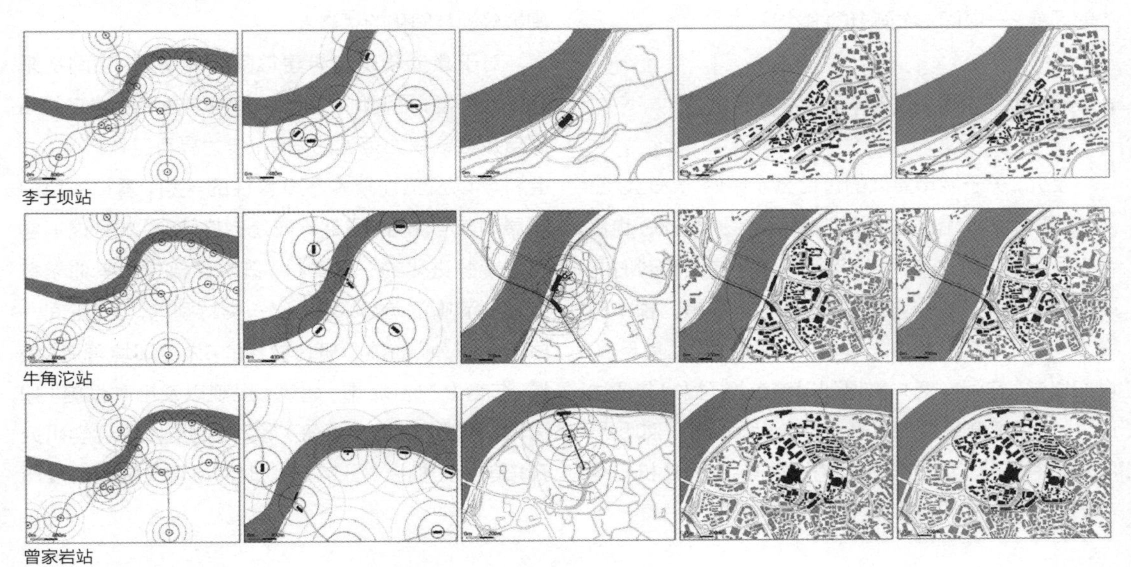

图12　轨道交通站点影响域显微层次分析（以重庆轨交一号线3站点为例）

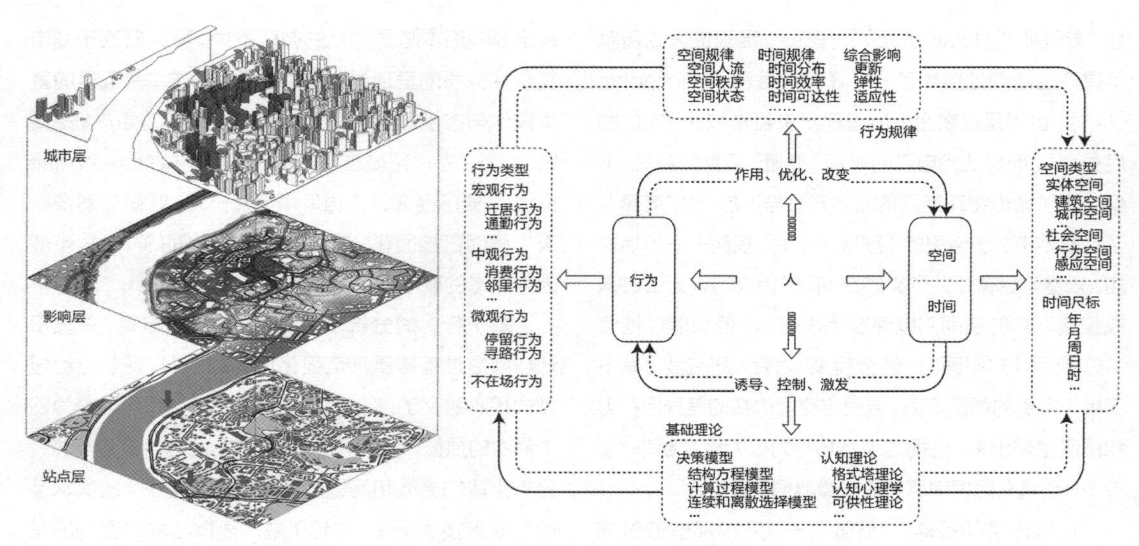

图13　典型轨道交通站点影响域层次分析（局部）　　图14　人与行为、空间、时间关联研究示意

微”又可分解为三个具体层次，即问题建立、分析手段和解决问题的显微。在这个意义上，研讨和分析对象从“集体人（people）”转向“个体人（individual）”，强调所讨论问题的尺度、问题建立与解答过程中与人的关系；作为更小集合及个体的人的行为和心理，将已被集（整）体化（collectivized/integrated）的问题加以拆解，显示、挖掘其中差异所在。需要注意的是，在对应社会科学特征的显微层次中，一个隐含却必然融入其中的因素——时间，必须讨论（图13）。

4　空间、时间，以及行为生产

至此，关于城市显微的讨论基本明朗——它以空间[6]为基本立场，包含空间最为基础的物理特性，也包含空间的使用、占有状态，涉及社会学内涵和对时间的关注。时间、空间本是人类存在与发展最为根本的两个向度，但在社会科学领域，长期以来，尤其是20世纪以前，空间向度并未得到足够重视。福柯曾评述道，“19世纪最重要的着魔（obsession），一如我们所知，是历史：与它不同主题的发展与中止、危机与循环，以过去不断积累的主题，以逝者的优势和威胁世界的冻结”[10]，而“空间被看作死亡的、固定的、非辩证的、不动的。相反，时间代表了富足、丰饶、生命和辩证。”[11]这个失衡的状态直到20世纪以列斐伏尔、福柯、大卫·哈维、曼纽尔·卡斯特、爱德华·索亚为代表的一批学者及其论述的出现才得以有所改观——从“空间生产”“空间与社会”“空间与权力”“空间与时间”等角度讨论空间存在，极大地突破和解放了空间被轻视与固化的状态。

对于建筑学研究与建筑师群体而言，空间从来都不是问题，而时间可能是。建筑学在不断建立并拓展自身话语权力范围的同时，作为具有自然科学、社会科学以及工程技术多重特性的学科，紧扣各自的发展动态与优势（显然不应是劣势结合）成为建筑学可能冷静进化的一个契机。既然建筑学与其他学科有如此清晰的差异，划分出一类特别的，以“空间—时间—行为”为核心研讨内容的“人工环境营造”领域，包含并整合城市、建筑、景观以及市政设施（如道路、桥梁、轨道交通等）等，成为当代建筑学研究开拓前行的机会（图14）。以时间维度关注建筑及所

6　此处的空间特指城市空间，尤其是城市空间中那些具有公共使用性质和权属的部分。

在城市空间的存在坐标，以更为微小尺度的研讨时间—空间的相互关联，是建筑学对城市研究应有的贡献。

在并非永恒的城市空间中，如何在有限的时间刻度中容纳或支持更为丰富的行为，直接演化为对“权力”的讨论。法国大革命时期，启蒙思想家曾使用“公共（Le Public）”一词表达从王室权力向城市权力、从宫廷向城市的转移，强调“某种有自我建构性的东西”。事实上，城市（尤其是大都市）中复杂而高压的运转状态使这种“自我建构”被不同程度地抑制，直至被所谓的“理性面具”[7]所遮蔽。再回顾原点——“何谓城市，及城市的伟大被认为是什么？城市被认为是人民的集合，他们团结起来在丰裕和繁荣中悠闲地共度更好的生活。城市的伟大并非所处土地或围墙的宽广，而是民众和居民数量及其权利的伟大。”[12]四百多年前意大利著名政治哲学家乔万尼·波特若曾这样表述“伟大的城市”。在这个论断中，城市不仅作为某种空间存在，更作为其中若干人的行为权利的集合存在。

如何在拥狭窘迫的空间环境中找寻增值机会？如何在有限的空间范围内承载与激发更多适宜行为与权力？这成为城市显微视角下积极关注的焦点。将城市空间置于观察与分析的“方法透镜”下，穿透表层，其内在“微晶结构”中难以计数的节点正发生着永不停滞的变化。这样的微观变化，不仅是城市使用状态不断变化的孤立个案，聚集起来更成为城市整体自然演进的内在合力。如以香港湾仔茂萝街的一处旧屋改建——“茂萝街/巴路士街活化项目”[8]为例。该项目的“活化”对象为茂萝街一处有着百年历史的名为“绿屋”的旧宅，将其转化为具有公共性的“动漫基地”。旧屋基本特征依然保留，绿色外墙则被髹为黑白两色，底层沿街则是商店、餐厅，与原有街道紧密共生。在商业价值如此高的城市中心，顽强开辟出这样一块静谧的内院，在该环境中激发出了全然不同的行为，难能可贵。在众多林立高楼、标志建筑中，这个细微到难以察觉的努力不啻为一种“显微的力量”。（图15）

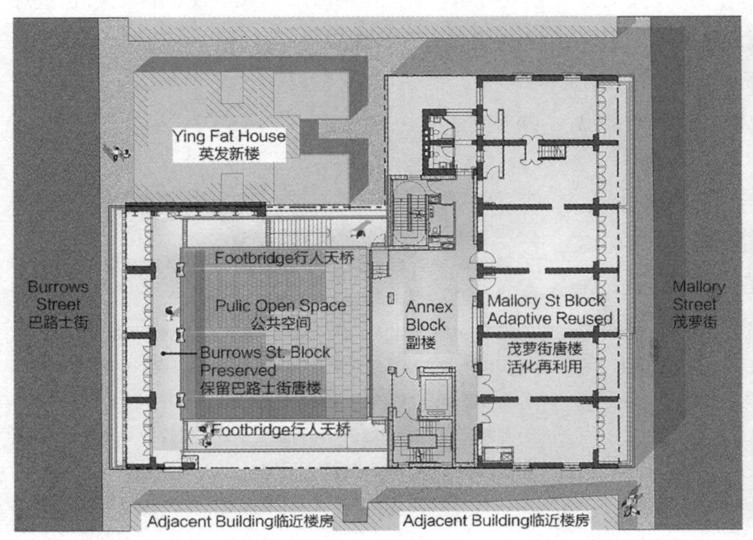

（a）首层平面

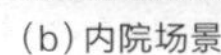

（b）内院场景

图15　香港茂萝街/巴路士街活化项目（动漫基地）

7　理查德·森尼特《公共领域的反思》，节选自加里·布里奇、索菲沃森《城市概论》漓江出版社，2015（402）。100年前，西美尔在《大都会与精神生活》中，用“理性面具”表达了应对都市压力的人们的精神与行为特征，展示了理性是在日常生活的社会建构。

8　所谓“活化”（也称为“保育活化”），即通过改造更新手段，将那些年久失修或缺失活力的老旧历史建筑赋予新的生命，通常伴随着新功能的转换或植入。

图16 重庆朝天门来福士广场项目效果图（设计：Moshe Safdie+重庆市设计院）

5 尾声

百年前，重庆，某日午后，闷热潮湿的空气让人不快。朝天门码头的浪花枯燥地轮番拍打石阶，激起阵阵水声。一位在此离船登岸的商人步履匆匆，拾级而上，期望早点与妻儿团聚。终于爬完从趸船到进城街道的两三百步台阶，他搁下手中颇为时髦的皮箱，抬头看天，多么熟悉的灰白一片，此时前襟后背都已湿透。

百年后，重庆，某日午后，他的后人端着咖啡，站在落地窗前远眺，几乎是同一个平面坐标，只是标高已陡然提高了300米。眼前的长江正从脚下向前安静流淌，远远地看不见任何波澜。窗外烈日当空，室内却凉风习习。坐标垂直下行300米，快速流动的地铁、汽车以及看不见的设备管网支撑着这个庞大复杂的新世界。铺嵌在地上数百年，当年先人踩踏过的青石板早已不见了踪影（图16）。

坐标向上，千米高空俯瞰。还是这个城市，还是朝天门，名字依旧，轮廓依旧，依然那么倔强地向北。但一切都是新的，因为那些细微的差别。我们的城市，早已顾不上考虑那“忒修斯之船”[9]。

“致广大而尽精微。”城市的理想很宏大，但理想的城市却专于细微。■

参考文献

[1] Witold Rybczynski. City Life: Urban Expectations in a New World [M]. New York: Scribner, 1995.

[2] 爱德华·索亚.后大都市——城市和区域的批判性研究[M]. 李钧，等，译. 上海：上海教育出版社，2006.

[3] 约翰·里德. 城市[M]. 赫笑丛，译. 北京：清华大学出版社，2010.

[4] 新华网. 中央城市工作会议专项报道[EB/OL]. 2015-12-22.

[5] 国务院. 关于推进城市安全发展的意见[EB/OL]. 2018-01-07.

[6] 刘世锦. 中国经济增长十年展望（2018—2027）：中速平台与高质量发展[M]. 北京：中信出版社，2018.

[7] 张华，练云龙. 国外收缩城市研究进展及其启示[J]. 西部人居环境

9 The Ship of Theseus，又译为特修斯之船，也称为忒修斯悖论，是一种同一性的悖论。假定某物体的构成要素被置换后，但它依旧是原来的物体吗？起源于公元1世纪普鲁塔克提出一个问题：如果忒修斯的船上的木头被逐渐替换，直到所有的木头都不是原来的木头，那这艘船还是原来的那艘船吗？对于城市而言，这个问题实际上贯穿着整个发展、传承、保护中的若干思想和行为准则。

学刊，2018，33（3）：28-36.
[8] 大卫·哈维. 希望的空间[M]. 胡大平，译. 南京：南京大学出版社，2006.
[9] 褚冬竹. 办公建筑的“语义陷阱”[J]. 城市建筑，2010（8）：6-11.
[10] 福柯. 夏铸九等编译. 不同空间的正文与上下文[G]. 陈志梧，译. 空间的文化形式与理论读本. 台北：明文书局有限公司，1999.
[11] 福柯，瑞金斯. 权力的眼睛——福柯访谈录[M]. 严锋，译. 上海：上海人民出版社，1997.
[12] 唐旭昌. 大卫·哈维城市空间思想研究[M]. 北京：人民出版社，2015.

图片来源

图1：google earth。

图6：根据“史念海. 西安历史地图集[M]. 西安：西安地图出版社，1996”重新描图绘制。

图8：M.R.G. Conzen. The Plan Analysis of an English City Centre. London：Academic Press，1981.

图9：加州大学伯克利分校图书馆地球科学与地图分馆官方网站（Earth Sciences & Map Library UC Berkeley Library）。

图10：（左）：Leupen，Bernard. 设计与分析[M]. 林尹星，等，译. 台北：惠彰企业有限公司，2001；（右）：Bacon，Edmund. Design of Cities. New York：Penguin Putnam Inc. 1976.

图15：Bustler官方网站报道：Aedas wins top honors for Revitalisation Project at the latest HKIA Annual Awards in Hong Kong.

图16：重庆市设计院提供。

注：未注明来源者均为作者或作者研究团队绘制或摄影。

王桢栋 | Wang Zhendong

同济大学建筑与城市规划学院

College of Architecture and Urban Planning，Tongji University

王桢栋（1979.6），同济大学建筑与城市规划学院教授、博士生导师，中国国家一级注册建筑师，同济大学博士，美国麻省理工学院访问学者，上海浦江人才；世界高层建筑与都市人居学会（CTBUH）学术与教学委员会委员与该学会中国办公室副主任，世界高层建筑学报（IJHRB）国际期刊（Scopus检索）联合主编；中国建筑学会会员，中国建筑学会高层建筑人居环境学术委员会（CHHE-ASC）理事，上海市建筑学会会员。

观　点

城市综合体是全球范围高密度人居环境下，最为重要的城市开发模式和公共建筑类型。在我国城市建设从增量开发转向存量开发的背景下，城市综合体日益成为改变城市经济、环境和社会结构的决定性力量，并成为我国城市可持续发展从“量变”到“质变”的重要契机。同时，城市综合体也成为建筑学、城市规划学、景观学、交通运输工程、公共管理、工程管理、市场营销、社会治理等学科的交汇点。

在国家宏观政策支持下，作为综合密集型城市的发展重点，城市综合体建设持续升温，并已对城市空间和城市功能产生了巨大的影响。城市综合体在创造巨大经济价值的同时，还将成为我国城市空间结构整合的重要途径和城市公共服务供给的有效补充，并具有激发城市基层社会治理模式创新的潜力。

城市综合体的城市性探析 [1]

An Exploration on the Urbanity of Mixed-use Complex

王桢栋

Wang Zhendong

摘　要：城市综合体已经成为当代高密度人居环境城市立体化发展的重要契机和实现手段。通过对城市综合体相关概念的梳理，基于“城市性”的定义，总结中国城市综合体开发建设存在的核心问题——过于注重经济效益，而忽略其对城市整体发展的深层次影响。随后，从整体效益、复合效率和场所效应三个角度介绍笔者研究团队2010—2014年围绕城市综合体“城市性”的主要研究发现。最终提出城市综合体需要通过运营管理和持续开发来实现时间维度的“城市性”。

关键词：城市综合体，垂直城市，协同效应，非营利性功能，持续性开发

自20世纪中叶以来，伴随着人口的急剧增长，世界范围内城市化的步伐越来越快。2012年，在农村人口持续涌入城市的背景下，全球约53%的人口生活在只占地球约2%陆地面积的城市土地上（CTBUH数据）。根据联合国人口基金会（UNFPA）的预测，到2050年，全球将有75%的人口生活在城市中。

而在世界范围人口最为集中的亚洲地区，人口密度和城市用地紧张的矛盾尤为突出。土地是亚洲城市发展的主要约束之一，唯一的应对之道就是城市的立体化开发，即“垂直城市”。[1] 关于垂直城市的研究已经成为亚洲城市发展的核心议题。

不同于芬顿（Joseph Fenton）和霍尔（Steven Holl）提出从方法论角度，以形态类型对多功能混合建筑进行梳理的复合体建筑（Hybrid Building）学术观念（图1），源自美国城市土地学会（ULI）提出的混合使用（Mixed-use）土地开发思想真正在城

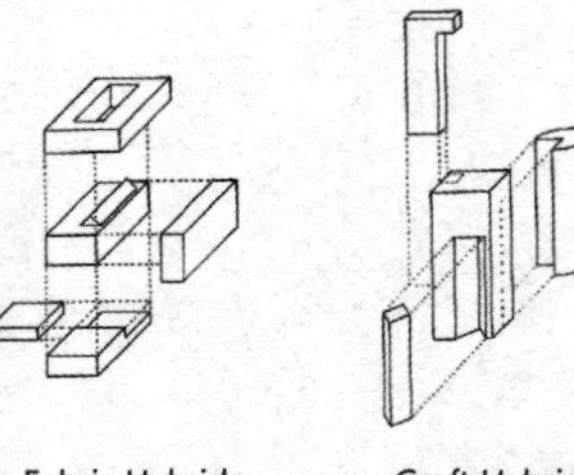

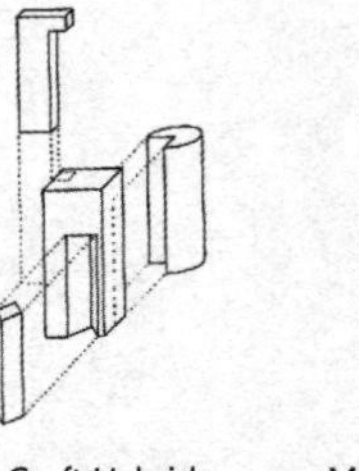

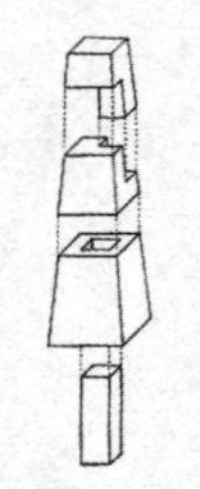

图1　复合体建筑的三种类型

1　本文原载于《建筑技艺》2014年第11期，收入本书时有改动。国家自然科学青年基金项目（51008213）。

市开发领域推动了当代城市综合体这一功能类型的发展，使其成为当代高密度人居环境城市立体化发展的重要契机和实现手段。[2]随着越来越多的城市综合体的出现，“垂直城市”的发展理念逐渐从理想转化为现实。

1 城市综合体相关概念

“城市综合体”是“混合使用（Mixed-use）”理论思想和“建筑综合体”相结合的产物。其特征包括：①内部各功能之间有类似城市各功能的互补、共生关系；②包含三种或三种以上能够产生收益（revenue-producing）的主要功能；③项目中功能和形体高效地组织。[3]

“城市综合体”广义上是城市设计视角下的概念，源自“城市·建筑一体化”思想，外延很大。其更强调城市和建筑的功能和空间设计过程的不可分离性，也强调了城市规划师、城市设计师和建筑师三者的协同运作，是从城市形态到建筑形态各个环境层次的整体观念。[4]

狭义上来讲，“城市综合体”是以建筑群为基础，融合商业零售、商务办公、酒店餐饮、公寓住宅、综合娱乐五大核心功能于一体的“城中之城”（功能聚合、土地集约的城市经济聚集体）。[2]

近年学界涌现的“杂交建筑”概念是对芬顿早年思想的传承，如上文所述，这一思想更为强调以方法学视角来思考建筑的形态类型发展趋向，并未尝试从功能类型的视角来展开讨论。“HOPSCA”的概念则源自国内开发商对特定功能组合模式的综合体建筑的简称，而非对城市综合体的定义，更非源自西方学界的舶来品。[3]

在我国当前的语境下，基于近年的研究和总结，笔者将“城市综合体”定义为：“以地产经营为基础，以持续开发为理念，复合城市四大基本功能（居住、工作、游憩和交通）中至少三类，并通过激活城市公共空间，高效组织步行系统，以实现经济集聚、资源整合和社会治理为目标的城市系统。”[5]

2 城市综合体的城市性

相较于普通建筑综合体，城市综合体的“城市性”主要体现在以下两个方面：

第一，内部包含城市公共空间。城市综合体不仅包含各种建筑功能，更是包含城市公共空间有机衔接各功能，并与其他城市公共空间相联系。城市公共空间是城市综合体不可或缺的组成部分，是建筑综合体城市化的重要因素。

第二，内部各功能之间有类似城市各功能之间的互补、共生关系。城市综合体的各组成功能不是简单的叠加关系，各功能之间没有明确的主从关系，而是类似城市各功能之间的互补协调共同作用下的集合。为了达成这种“协同作用”关系，城市综合体需要集三种或三种以上的城市主要功能（交通、娱乐、工作、居住）。

现代主义城市规划使得城市在扩张的同时产生大量均质化空间，这些空间对于城市居民而言并不具有城市特质，真正意义上的城市正在缩小为一个一个的“岛”——“城市”中的城市。伴随着城市收缩，一方面，地产开发商们发现其中的巨大商机——这里包含着城市公共生活的巨大潜力——开始将城市综合体作为“盈利机器”般的建筑产品，并将其复制到城市的各个角落；另一方面，这种“盈利机器”将“岛”转变

---

2 来源于百度百科。

3 关于HOPSCA的定义，urban dictionary网站给出的词条释义中指出：A neologism used in real estate advertisement in Chinese context. It is read as “hao bu si ka” in Chinese. In general, it refers to large scale mixed-use or complex development in downtown area. Users of this word assume that it is derived in Western context and erroneously deem France’s la Défense as the first HOPSCA in the world. Many commercial mixed-use developments in China now use this word to symbolize their project as a fashion and international one, which in fact is a Made-In-China.

成一个个“尽端空间”，一个个只有消费功能的城市空间，一个个只接纳固定消费群体的单一功能空间，不再具备城市公共生活的属性，最终逐渐失去“城市性”，进一步加剧城市的“收缩”。

显然，城市综合体并不应该仅仅成为利益获取的工具，而提升“综合运行”效率也非其首要使命。基于“混合使用”思想，城市综合体更应该是功能高度混合的城市空间，是建筑和公共开放空间的综合。[6] 一方面，在这里应该发生城市公共生活，商业只能是其中一部分内容，这不由开发商的意志来决定，而是由城市的属性来定义；另一方面，当建筑与城市结合之后，建筑的角色便发生变化，成为城市基础设施的有机延续，建筑也从这一刻起，开始具有自主性。因此，城市综合体应是复合的：在产权上、在功能上、在二维和三维空间上，这些都值得作为其“城市性”特质进行深入探讨。

3 城市综合体的城市性研究综述

城市综合体的核心价值可分为经济、环境和社会价值三个层次。其中，“环境价值”和“社会价值”，尤其是“社会价值”所催生的“场所协同效应”，是其区分于其他建筑类型的重要特征和“城市性”的重要体现。

当下，中国城市综合体开发建设存在的最为核心的问题为：过于注重经济效益，而忽略其对城市整体发展的深层次影响。这使得我国近年城市综合体规划建设较为盲目和草率，建成后很难体现其应有的“城市性”。（图2）

自2010年起，笔者的研究团队展开了对城市综合体协同效应的系统研究，现将关于“城市性”的主要研究发现分类介绍。

3.1 整体效益

研究团队发现，城市综合体若能作为城市重要基础设施的有机组成和延续，则能相较独立的开发模式获得更高的整体效益。在沪港两地国金中心（IFC）的比较研究中，发现两者有着相似的规模、业态、位置，设计、开发和管理团队以及经济定位，但是在整体效益上却具有明显差别。具体可归结于同城市基础设施的关系：香港国金中心在规划之初就作为香港机场快线中环终点站的上盖进行规划（图3），并整合了中环地区的所有公共交通，同时在空中也作为中环步行天桥系统和半山自动扶梯系统的核心节点成为行人的必经之地。反观上海国金中心，由于最初忽视了对陆家嘴地区的整体作用，致使其和周边环境缺乏全局考虑，与后建的城市空中步行系统和地铁等基础设施联系生硬，其本身仅作为城市终点存在。（基于王桢栋、陈剑端2011年研究成果整理）

在进一步的研究中，研究团队意识到城市综合体整体效益与空间结构类型具有重要关联。在上海的五角场万达广场、五角场百联又一城和虹口凯德龙之梦的比较研究中发现：相似的空间规模在不同的空间体系组织下具有不同的空间可达性和人流均匀度（图4、图5）。而垂直空间体系对城市综合体的协同效应发生具有重要作用，网络形结构（尤其是开放型）相较树

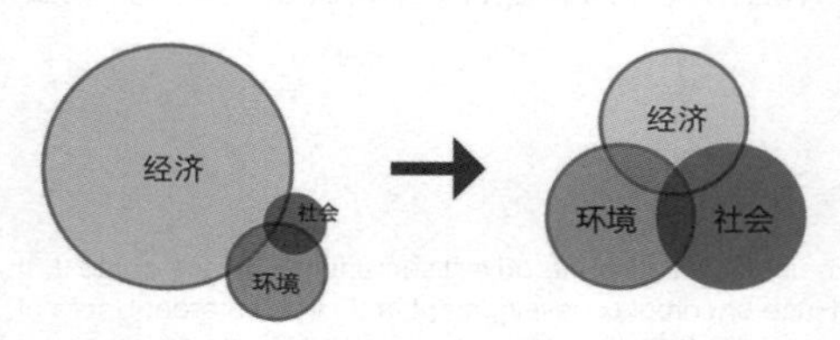

图2 经济、环境和社会价值与城市综合体可持续发展

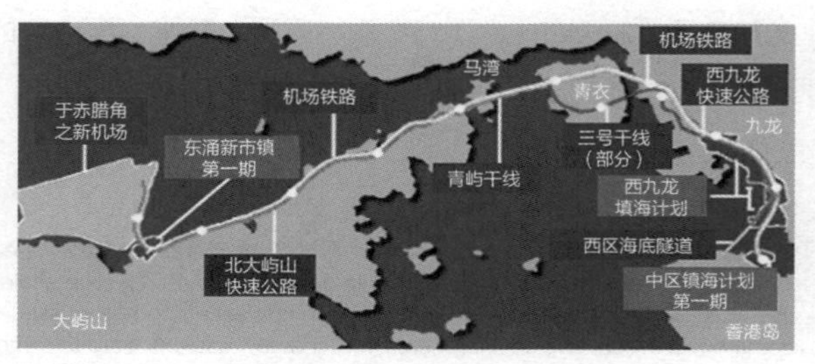

图3 香港大屿山机场系统整体规划

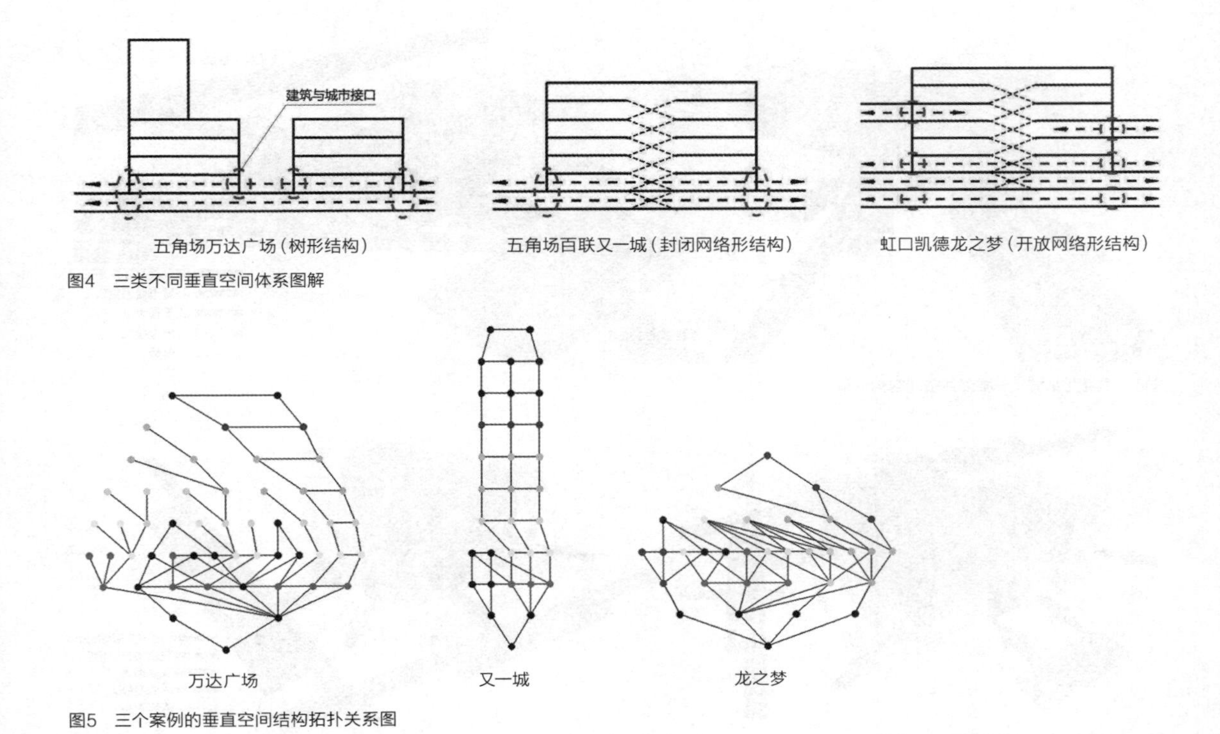

图4　三类不同垂直空间体系图解

图5　三个案例的垂直空间结构拓扑关系图

形结构[4]具有更好的整体可达性和更高的空间效率，从而带来更大的人流量和形成更为均匀的人流分布，在为整体创造更多盈利机会的同时，进而促生场所效应。（基于王桢栋、王寅璞2013年研究成果整理）

研究团队还发现，城市综合体与城市公共空间和公共交通系统的接口在空间维度均衡分布有利于内部商业价值均衡发展。相较普通城市开放空间，城市综合体中的垂直空间体系更易于对城市三维交通流线进行梳理，从而创造更高的整体效率。如香港九龙塘又一城，地下层汇集地铁、的士、小巴车站，地面汇集巴士、步行人流、九广东铁出入口，空中层汇集周边住宅、办公、香港城市大学出入口，通过中庭内自动扶梯穿插组织，将这些流线与建筑空间有机组合，不仅很好地疏导了人流，还成为当地人出行的必经之地，为其商业功能创造商机。在香港九龙塘又一城与上海长宁龙之梦的对比研究中发现，在又一城受访人群中关于访问目的回答中选择“乘车”或“乘车经过顺便逛逛”的比例高出龙之梦一倍左右，而其中选择会在建筑内消费的人员比例高出四成之多。（图6、图7）（基于王桢栋、张昀2011年研究成果整理）

3.2　复合效率

城市综合体的“城市性”也表现在对访客多重目的的访问的激励上。访客在一次来访中，将会访问一个以上的功能子系统，这是提高空间使用效率的重要契机。

以占公共建筑面积极高比例的停车空间为例，复合使用可使每个停车位与多个功能子系统关联，直接

4　树形结构具有以下垂直空间体系特征：位于树枝端部的空间彼此并不相连，若需从其中一个树枝端部到达另外一个端部，必须经过联系彼此的“树杈”或“树干”空间。网络形结构各个端部之间存在联系，各结点之间的联系更加紧密。当城市综合体仅通过地面及地下与城市相接，空间体系相对封闭，人流必须向上运动才能到达端部空间。如果其与城市在更多层面相连，人流可在不同层面进入并选择不同方向流动，空间体系相对开放。研究团队将前者定义为“封闭型网络形结构”，后者定义为“开放型网络形结构”。

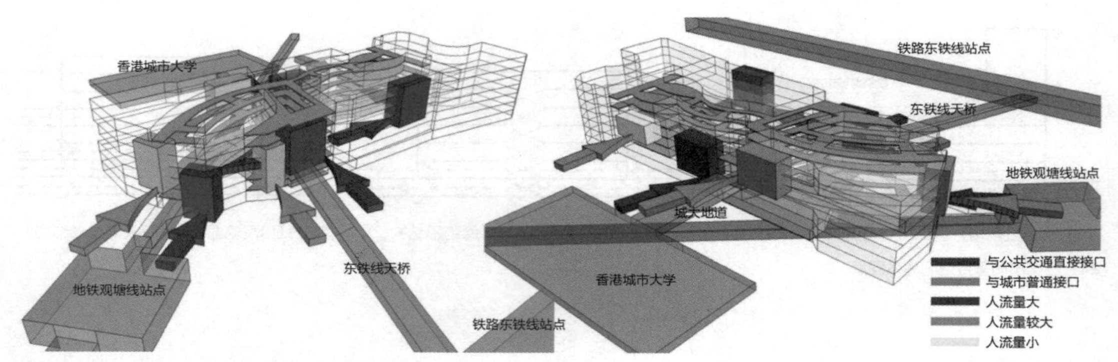

图6　香港九龙塘又一城公共空间结构分析

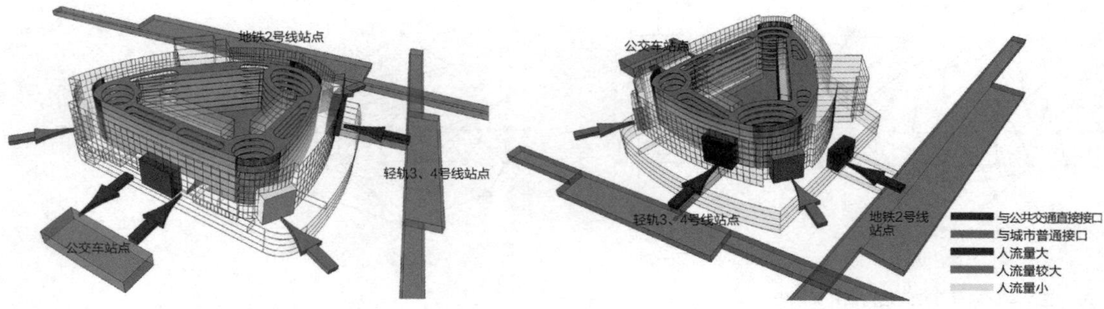

图7　上海长宁龙之梦公共空间结构分析

提高停车空间使用效率。此外，不同功能子系统具有不同活动周期，城市综合体中不同功能子系统的停车峰值在一天中不同时间段、一周中不同日子，以及一年中不同季节都会发生变化，这为共享停车的实施提供了可能。根据研究团队基于上海长宁龙之梦的研究结果，共享停车理论指导下的共享泊位需求预测所得的城市综合体车位比原设计数量可减少7%~8%，比现行规划要求的数量减少80%左右。（表1）（基于刘毅然、佘寅、王桢栋2012年研究成果整理）城市综合体中共享停车设计的重点在于通过更好的设计和管理提供高效而又充足的停车空间，从而减少多余的车位并节约城市土地和建设资金。

研究团队还发现，与城市公共空间及公共交通系统（尤其是地铁系统）紧密结合的城市综合体，可以在

表1　上海长宁龙之梦停车位计算表　（来源：刘毅然）

	规范要求车位数/个	实际设计车位数/个	月影响系数/%	日影响系数/%	协同效应系数/%	系数调整车位数/个	基于共享停车调整后车位数/个
办公	147	123	100	30	85	−92	31
酒店	327	164	60	65	80	−64	100
零售	389	270	105	125	100	+84	354
餐饮	178	107	92	90	100	−18	89
电影院	26	26	90	90	100	−5	21
会议	167	112	105	125	60	+35	147
总计	1234	802	—	—	—	—	741

占有有限土地资源的前提下，形成紧凑、高效和有序的功能组织模式。这样的城市综合体，在鼓励多重访问的同时，能进一步诱导步行出行，从根本上节约城市土地，减少能源消耗。在基于沪港两地的城市综合体比较调研中，研究团队发现平均有约60%的人会选择公共交通的方式抵达城市综合体，而与轨道交通取得直接联系的案例有超过七成的访客选择公共交通，其中选择轨道交通的比例要高出不与轨道交通直接联系的案例四成之多。（基于王桢栋、陈剑端、张昀2011年研究成果整理）

3.3 场所效应

城市综合体内的功能子系统具有两种属性：一是以商业、办公、酒店、居住等功能为代表的，以盈利为主要目的的营利性功能；二是以文化艺术、体育休闲、社区服务、教育、交通等不以盈利为主要目的的非营利性功能。

研究团队发现，一方面，营利性功能带来的经济效益为非营利性功能创造生存条件；另一方面，非营利性功能也能为整体的场所营造提供极大的帮助。

在对上海浦东的社区级城市综合体大拇指广场和联洋广场的比较研究中，研究团队发现大拇指广场相较相邻的联洋广场具有更高的人气，而其复合广场空间（图8）是影响人群选择较为重要的因素。其既可作为营利性或非营利性功能的空间载体，也可成为城市公共空间的组成部分；既可作为周边餐饮的室外延伸，也可容纳儿童活动设施和文化艺术设施。从问卷数据统计可知：在大拇指广场和联洋广场中，83%的人选择前者。另外，70%的人在前者逗留时间较长：其中，43%的人以消费为目的，21%的人在完成购物、餐饮、娱乐活动后逗留并使用非营利性功能；23%的人以休闲（散步、带孩子游戏等）为目的，13%的人会选择“顺便逛逛”商铺，或在广场周边的餐馆吃饭。复合广场空间为项目整体创造良好的场所感。根据问卷统计，86%的人认为：相较联洋广场，大拇指广场更能成为联洋地区的社区中心或社区名片，它已经成为周边居民公共活动的场所。研究团队还发现，来访者组成非常丰富（图9），这与预测的“社区级别城市综合体使用者多为周边居民”并不一致。关于到达方式的

图8　上海大拇指广场的复合广场

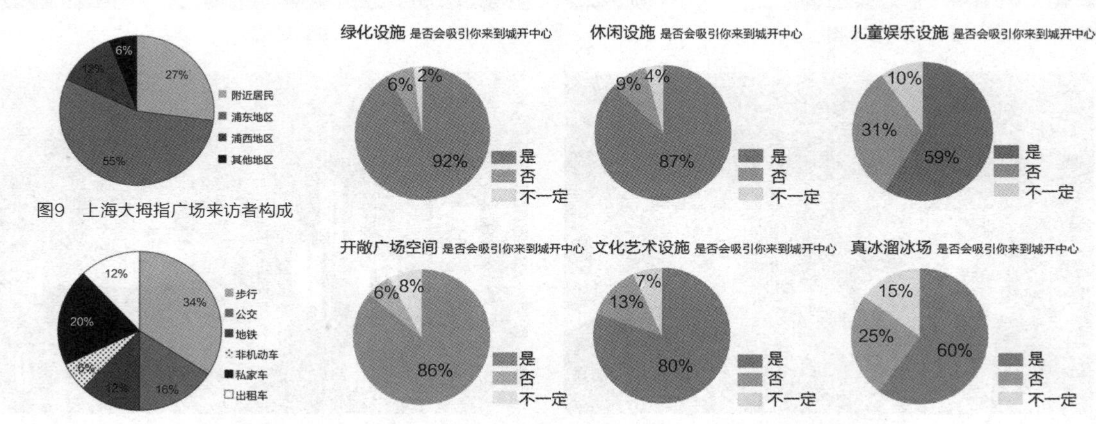

图9　上海大拇指广场来访者构成

图10　上海大拇指广场来访者到达

图11　上海闵行城开中心调研问卷中关于非营利性功能吸引力的统计结果

数据统计（图10）进一步说明其辐射范围不仅包含联洋社区，还对浦东其他地区，甚至浦西地区都具有吸引力。（王桢栋、李晓旭 2013年研究成果整理）

在对上海闵行城开中心非营利性功能的选择和建设咨询中，研究团队对绿化设施、休闲设施、文化艺术设施、儿童娱乐设施、开敞广场空间及真冰溜冰场六种非营利性功能影响因子，是否对周边社区人群吸引产生正向影响进行了调研。调研的结果令人欣慰，所有六种影响因子均获得了超过半数人的肯定答案，其中绿化设施更是得到了92%受访人群的认同（图11）。这一结果直接影响了开发团队对“城开中心”南侧与城市道路之间的城市公共空间的开发策略：从早期的消极处理，转变为后期将其开发为作为建筑内部空间延续的由企业冠名的绿地公园广场，并结合休闲体育设施与文化艺术设施等周边社区人群最为需要的功能，创造出开敞而丰富的场所氛围，吸引周边人流经过和聚集。（王桢栋、李晓旭 2014年研究成果整理）

4 结语：城市综合体的持续开发

在建筑变得更加集约和节能的大背景下，建筑高度和密度的“生态性”临界点变得越来越高。面对前所未有的人口增长、城市化、不断恶化的污染和气候变化，仅建造那些尽可能降低对环境影响的建筑是远远不够的，城市综合体无疑是从多维立体的角度来思考和规划城市与建筑并对上述挑战做出回应的最佳实践平台。

在未来，人类的最大挑战存在于如何在更高的高度和更大的密度下完整地延续社会可持续性，而非仅限于环境可持续性。因此，需要考虑城市综合体是如何在和谐的城市整体中与城市环境和其他建筑相互作用——最大化利用城市和建筑的基础设施、共享资源、协同工作以及探索全新的方式来提升其在物质、环境、文化和社会方面为城市做出的贡献。

城市综合体的“城市性”最终可以归结到像城市

图12 波士顿保诚中心初始规划图

图13 亚特兰大桃树中心初始规划图

图14 波士顿保诚中心现状

图15 亚特兰大桃树中心现状

一般不断地更新发展，以及和所在城市一起共同成长。城市综合体的持续开发，正是其“城市性”的时间维度体现。

在本文的最后，以美国在20世纪70年代开发的两座著名的城市综合体案例——波士顿的保诚中心（Prudential Center）和亚特兰大的桃树中心（Peachtree Center）——的发展历史作为结尾。作为现代主义规划和建筑产物的保诚中心在建成伊始饱受媒体和市民的诟病（图12）；而作为波特曼事务所成名作的桃树中心则不仅获得多方一致称赞，还成为美国城市综合体的代表性作品（图13）。四十年后的今天，保诚中心在运营团队的持续开发下，在为城市创造了大量的公共空间的同时，也不断完善其内部的功能组合，并结合城市实际需求多次调整开发策略，成为波士顿最为活跃的城市节点（图14）；而桃树中心则按照最初规划，按部就班地完成了全部的开发内容，但是却没能够带动亚特兰大城市中心区的复兴，每每周末，办公楼内上班的人群离去后，其门可罗雀的场景和精美的建筑空间形成鲜明的对比（图15）。

这一戏剧性的转变值得深思。■

参考文献

[1] Waikeen, Jeffrey Chan Kok Hui, Cheah Kok Ming and Cho Im Sik. Vertical Cities Asia: International Design Competition & Symposium: Everyone Needs Fresh Air [M]. Singapore: Singapore University Press, 2012.

[2] ULI. Mixed-Use Development Handbook [M].Second Edition. USA: Urban Land Institute, 2003.

[3] 王桢栋.当代城市建筑综合体研究[M].北京：中国建筑工业出版社，2010.

[4] 韩冬青，冯金龙.城市·建筑一体化设计[M].南京：东南大学出版社，1999.

[5] 王桢栋.城市综合体的协同效应研究[M].北京：中国建筑工业出版社，2018.

[6] ULI. Mixed-Use Development: New ways of land use [M]. USA: Urban Land Institute, 1976.

图片来源

图1：Fenton J. Pamphlet Architecture 11: Hybrid Buildings[M]. New York: Princeton Architectural Press and San Francisco: William Strout Architectural Books, 1985.

图2：胡强绘制。

图3：来源于维基百科。

图4：王寅璞绘制。

图5：王寅璞绘制。

图6：张昀绘制。

图7：张昀绘制。

图8：王桢栋拍摄。

图9：李晓旭绘制。

图10：李晓旭绘制。

图11：李晓旭绘制。

图12：Jobspapa官方网站。

图13：PORTMAN architects官方网站。

图14：Steve Dunwell-Boston官方网站。

图15：PORTMAN architects官方网站。

表1：刘毅然绘制。

王中德 | Wang Zhongde

重庆大学建筑城规学院

School of Architecture and Urban Planning, Chongqing University

王中德（1970.8），重庆大学建筑城规学院副教授，重庆大学博士，风景园林系副系主任；中国建筑学会会员，国家一级注册建筑师。

观　点

中国30多年快速城市化进程为风景园林学科研究提供了较之以往更为丰富，并极具特征性的切片样本。研究这些样本，能为我们在短时间之内观察城市演变，发现城市问题堆积与矛盾冲突的形成提供清晰的线索，同时，也为解决当下现实问题奠定了重要基础。而更具意义的是：沿着这些不同时段样本已经形成的轨迹，也许就能探寻到我们城市未来发展可能的路径。

从“连接”到“链接”[1]
——网络时代“脱域”对中国城市公共空间的考量

From “Connection” to “Linkage”
—Consideration on the Effect of “Disembeding” on Urban Public Space in China

王中德
Wang Zhongde
张少丽
Zhang Shaoli
杨　玲
Yang Ling

摘　要：在网络信息技术影响下，人的行为变化，以及时间与空间关系的日趋复杂化成为当下城市公共空间研究的重要背景。而从“连接”到“链接”的转向可能是造成这一复杂现象的根本原因之一。由此入手，深入探讨“连接”在空间体系的形成与演化历史中所起到的决定性作用，理解人与人、人与空间的社会网络关系对研究公共空间的重要意义；进而思考以当下网络的“链接”为基础，人们的行为发生怎样的变化，并形成什么样的“脱域”现象；尝试提出在未来城市公共空间发展中，“脱域”会对公共空间格局产生的影响，网络化生活拓展了公共空间领域的观点，最终指出“脱域”可能带来哪些新的问题与矛盾冲突。

关键词：风景园林，网络时代，脱域，城市公共空间

城市公共空间作为巨复杂系统，其演化与发展一直受到政治、经济、社会文化、科技等作用机制的影响[1]。进入现代社会，科技影响力日渐凸显，除了奠定了现代城市公共空间的基本格局，它还深刻地改变了人们对空间概念与内涵的认知，由此产生的“时空压缩”概念，已经成为理解城市公共空间现象与问题的重要基础。现今，在以网络技术为引领的信息科技推动下，城市公共空间中人与空间、人与人之间的联系性较之以往发生了明显的变化，其最大的特征就是由空间与空间、人与空间实质性的“连接”向虚拟网络“链接”的转变。由此，从“连接”到“链接”成为当下城市公共空间研究的重要时代背景。

1　过往，以“连接”方式造就的城市公共空间

1.1　连接是城市空间体系的重要特征

回溯城市发展历程就会发现，连接是彼此独立的各个城市公共空间要素产生关联，并将其结构化的开始。但简单的连接不一定都会造成明显的结构性表现，只有当各要素间因中心性、连接数量、连接度等的不同而逐渐演化出层级、体系，才会形成城市公共空间系统。连接的形式、作用方式会受到不同历史背景下政治经济、社会文化等作用机制的影响，最终以空

1　基金项目：国家自然科学基金项目“网络时代城市公共空间‘脱域化’影响机理与干预研究”（51878086）。

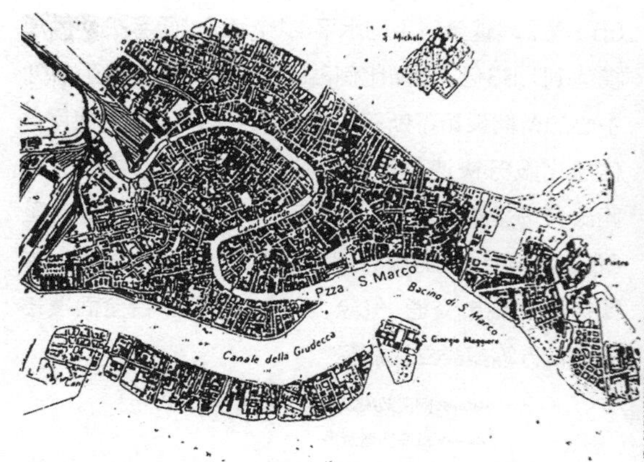

图1　多机制作用下形成不同连接形式的城市空间结构

图2　连接性改变带来城市公共空间的演化

间结构的形式表现出明显的差异性（图1）。同时，连接性也是城市公共空间要素的基本特征之一，公共空间的开放度、形态，以及景观特征等均与连接性具有紧密联系。

1.2　连接的改变推动了城市公共空间的演化

连接的改变贯穿于城市公共空间整个演化进程。从前三次工业革命来看，第一次是蒸汽时代以铁路、航运为代表的连通性；第二次是以电气时代的汽车、飞机为代表的连接性；第三次是以信息时代通信、互联网为代表的对地理空间限制的突破（表1）。在整个发展过程中，城市公共空间特征受到不同连接方式影响而出现阶段性变化（图2），并且不同阶段城市规划理论所针对的问题、凝练的核心思想、提出的理想模型，大多数与城市空间要素的连接方式、构成怎样的结构形态息息相关。

表1　连接性的改变对城市公共空间演化的影响

周　期	连接性表现及城市公共空间特征变化
第一次工业革命	空间形态上的初步集聚，在生产与流通、生产者与市场、居住与劳动空间逐渐分离的影响下，传统城市四大功能分区逐渐成形
第二次工业革命	产业构成逐步调整，出现郊区化趋势，此时出现的城市美化运动部分顺应了人们生活与游憩需求，现代城市公共空间体系基本形成
第三次工业革命	第三产业迅猛发展，城市扩张，全球化、信息化、网络化，传统的城市公共空间需要承载越来越丰富的多样公共活动需求

1.3　人与人、人与空间的连接

从社会学视角来看，公共空间的公共性具有三个维度：所有权、连接性和主体间性[2]。除了第一维度定义了空间的公共属性外，第二、第三维度均强调了城市公共空间对增强人与人之间的联系，以及互动交往行为的重要作用。事实也是如此：城市公共空间的积极意义就在于为人们的交往及公共活动提供各种可能，进而通过社会网络的建立来加强城市中“陌生人社会”的弱纽带连接。连接性也体现为通过公共空间建立起人与人之间的社会网络关系。通过分析人们怎样联系可以构成理解公共空间的视角之一（图3）。

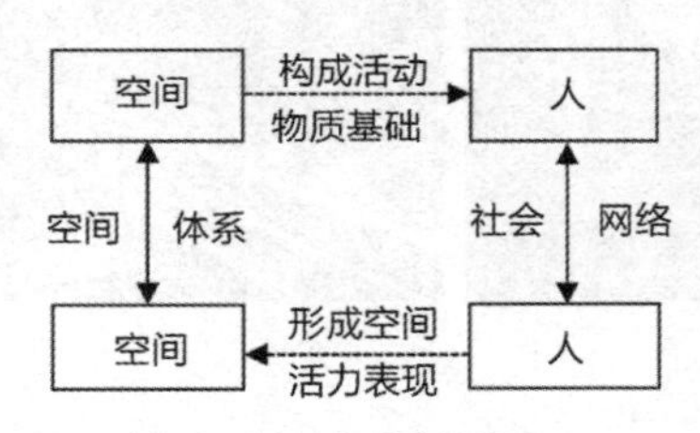

图3　人与人、人与空间的连接关系

2　当下，网络化“链接”引发的“脱域”现象

2.1　形成“链接”的一些基础数据

截至2017年12月底，中国上网人数已由1997年10月底的62万增至7.72亿，互联网普及率达到55.8%，超越全球平均水平4.1个百分点。手机网民规模达到7.53亿，上网比例占97.5%（图4）。以手机为中心的智能设备不断挤占其他个人上网设备的使用，信息化服务快速普及并向农村地区渗透，移动互联网服务场景不断丰富：手机网上支付用户比例提升至65.5%，在线政务服务用户达4.85亿，通过微信、微博搭建的城市交通、气象、人社等服务平台全面覆盖衣食住行等多类生活服务[3]。

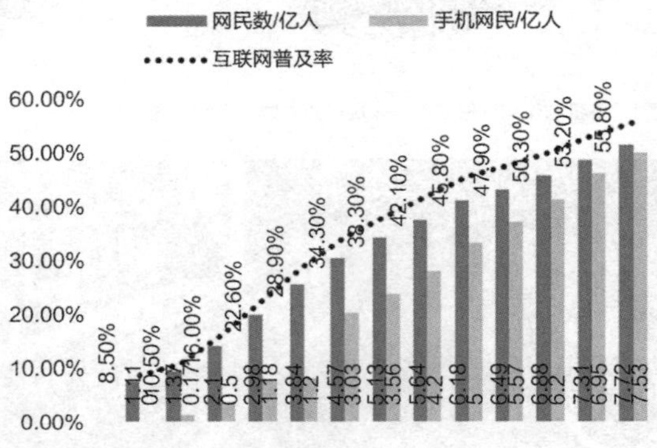

图4　中国网民规模与互联网普及率

2.2　“链接”下的公共行为

上述数据表明，随着城市信息基础设施建设的不断完善，互联网服务，如购物、旅行预订、理财、教育、医疗、政务等全方位公共服务网上平台的搭建，移动互联网与线下经济联系的日益紧密，以“链接”方式沟通此地与彼处，打破时空界限的网络化生存构成了当下城市公共活动中自然而然的一部分。

以网络链接为基础，人群活动方式与之以往有了一些特征性的变化。首先，表现为活动的“实时参与”和“真实在场”的彼此分离。公共服务全方位的网络化为“宅居”生活奠定了基础，部分购物、餐饮、生活服务等行为与物质空间分离（图5），由此引发的出行活动需求下降，减少了对公共交通空间及其相关公共空间的使用频率；其次，表现为线上线下逐渐融合，现实物质空间与虚拟网络空间彼此镶嵌。一方面，人们向网络虚拟空间，以及移动网络搭建起来的通信平台不断拓展私人生活空间以及交友、工作等公共领域，

图5 "连接"与"链接"引发的不同购物行为

甚至建立起赛博城市[2]；另一方面，也通过新的，包括AR、VR等技术探寻消融现实与虚拟空间之间界面的各种可能[3]。人们对城市公共空间的使用需求发生了改变。

2.3 时空分离与重构的"脱域"特征

之前，没有任何一个时代反映出人、空间与时间三者间如此错综复杂的关系。大卫·哈维（David Harvey）虽然察觉到在新的科技影响下，时间对空间的压缩，以及人与空间的分离，并断言空间概念中物理属性的终结，但无论是"错时的在场"，还是"过去的在场"，之前的"在场"一直与"时间"相连[4]。随着移动互联网的普及，信息技术向着资源共享、设备智能化和场景多元化发展，并协同全球化、城市化对现代社会展开空间重塑[5]，"链接"成为人与人、人与空间重要的连接方式。如果说在互联网时代，网络还只是外在于人类社会的虚拟世界，那么进入移动互联网时代后，人类正慢慢被网络捕获，成为互联网上的信息单元和信息碎片。借用瑞典地理学家托斯坦·哈格斯特朗（Torsten Hagerstrand）及其同事设计的一套时空符号来分析这一变化[4]，可以看出：固定交往行为的销钉（pegs）与之以往有了明显变化，它不再是确定的地理空间中的一个区域，而可能同时分布在诸多不同的地理空间（图6）。

由上述分析还可以发现，最大的改变实际上体现在人与人、人与空间的关系建构上：人与人交流、互动由物质空间转向网络空间，实时互联，瞬时沟通；人与空间由"在场"转向"缺位"，由此拉开了人与空间之间的连接距离。即通过增加人与人、人与空间联

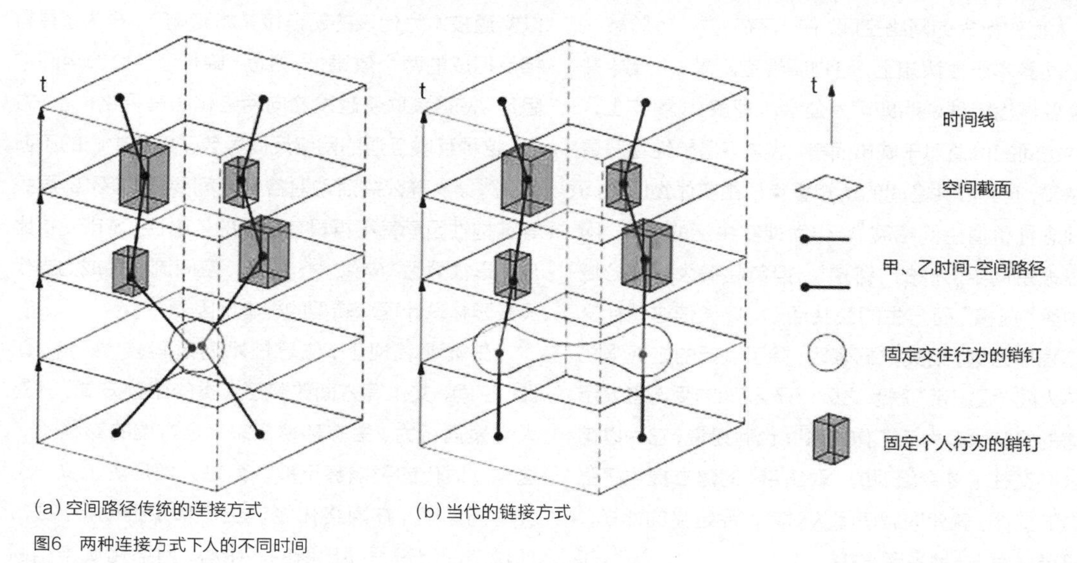

图6 两种连接方式下人的不同时间

2 这样的城市架构与现实城市相类似。有意思的是，对某些已经"死亡"的赛博城市，人们还进行了在真实空间才有的"考古挖掘"行动。[34]

3 例如，2016年精灵宝可梦Go（Pokémon GO）手机游戏上线，就迅速成为模糊现实与虚拟世界边界的一个现象级事件。

4 该符号系统设计的基本出发点是：人们是在时间和空间中移动的，空间被计时，时间也被间隔开。而人们的活动是以事件为中心，这些事件就是销钉（pegs）。依据时间线串联起不同销钉在空间上的位置，就可以对一个人的行为进行时空表达。

系的维度，改变了人在物质空间中实时使用的频率，以及参与公共活动的方式与方法，进而对空间体系构成影响。这样的影响趋势十分明显，即通过向虚拟空间拓展以减少对物质空间的依赖。这种对时空一体性的割裂，直接后果就是安东尼·吉登斯（Anthony Giddens）所定义的“脱域（Disembeding）”：时间和空间的分离和它们在形式上的新组合[6]。当身体和地点之间的联系，这一建立城市经验中最关键的要素之一，被新的连接方式替代时，“脱域”的社会现实就成为理解当下城市公共空间现象，研究公共空间问题的重要背景。同时，这也会对城市公共空间带来新的考量。

3 未来，“脱域”对城市公共空间的考量

3.1 对公共空间领域的延展

在诸多社会学领域学者看来，网络空间因符合公共领域大多数基本特征而被视为公共领域。调查发现，人们对新兴的网络空间，在“存在感”“体验感”等空间基本属性认知上，与物质性空间基本一致，并不需要做出特殊说明即可为公众所理解[7]。事实上，公共空间的价值对于城市而言，从来不是单纯物质属性意义，有关公共空间的认知重点已由实体物质空间向观念性价值空间拓展[8]。作为现实生活的延伸，网络虚拟空间中形成的“链接”，担负起很大一部分城市中因“连接”而产生的公共活动。以微信这一社交通信程序为例，相关数据表明：除了以新的方式强化了熟人间“强纽带”联系之外，57.22%的受访者表示新增的好友大多为泛工作关系[5]，也就是说，它为以前在公共交往中才会出现的“弱纽带”的建立提供了强有力的支撑。就如同微信团队对其产品定义的那样，这已经成为“一种生活方式”。

不仅如此，移动网络的即时互联，以及开放、平等的平台架构特性，激发出一些新的公共活动模式，例如：活跃于依据兴趣爱好组建的网络论坛讨论；持多重身份在模拟人生中建设“社区”，甚至“城镇”；依据工作、班级、朋友等不同社交圈层建立各种虚拟群体等，花费一定时间在网络虚拟空间中经营模拟生活，包括公共活动的确是当代大部分人的真实写照。可以看出，这种通过向网络延伸公共活动的生活方式，通过多线程并行降低了人们交往的时间成本，减少了对公共空间的依赖，城市公共空间被弱化、复杂化和消费化[9]。事实上，人们正是通过居住在城市的行为，尤其是公共行为来塑造城市[10]，进而对城市公共空间格局产生影响。

3.2 对公共空间格局的影响

在城市公共空间结构与人的行为之间存在着一种不断发展的关系，而公共空间则是其间重要的联结点。当人们的公共活动需求越来越依赖于通过网络实时信息来做出行为决定时，对物质空间要素本身的位置、连接性、距离的判断会与之前有所不同。同时，在以交通技术为代表的超链接技术影响下，产生了具有相反相成的两个效果：一方面，降低了各个节点间的阻尼，使得其联系越发趋向网络化和扁平化；另一方面，这种互联互通的网络反而导致了既有中心的不断强化[11]。人群公共活动对各类空间要素的区位、层级等结构性因素就不再具有强烈的依附性，城市变得比任何以往更为“碎化”[12]。由此，空间流动性成为当代风景园林设计理念转型的根本诱因[13]。

在宏观表现上，信息技术通过科技、经济、职业、空间、文化等方面改变了人类的生存方式，并对人类聚居行为、生态环境带来了全方位的影响[14]，这样划时代的影响甚至被认为是人类历史上又一个文明周期[15]。在网络化经济生产体系推动下，城市地域空间组织呈现出新的多中心、网络化城市空间发展模式[16]。在城市职能由生产组织向生活服务转变过程中[17]，信息技术以产业形式对传统产业进行

5 数据及部分结论整理自企鹅智酷发布的《微信2017用户研究和商业机会洞察》，以及《2017微信用户&生态研究报告》。

改造，引发城市各功能区的拓展与更新，改变城镇空间结构的演变进程[18-20]，对原有城市结构产生巨大的冲击[21]。即使是按照距离、服务半径、空间序列等传统规划设计原则组织起来的物质性公共空间结构基础没有改变，但其布局也必须面对以“链接”产生的人与人、人与空间、空间与空间的关联所带来的影响。

3.3 新的空间问题与矛盾冲突

除了上述已表现出的既定现实外，人们更为关心这样的变化可能带来哪些新的问题与矛盾冲突。

首先，“脱域”带来了空间感知的改变。伊壁鸠鲁认为时间是物质在运动中的形式。爱因斯坦认为时间和空间只是直觉的形式，它们不能与人们的意识相分离[22]。“链接”是通过改变物质运动形式的方式影响了时间，进而改变了人们对空间的感知。在传统城市规划理论中，无论遵循何种原则，运用何种规划手段，均是以空间的物质属性为基础，其空间格局均表现为层级化的系统结构。在“脱域”影响下，现实与虚拟空间的界面被打破，时间粒度和空间粒度都发生了改变，人们对具体空间的功能、形态、间隔等的判断产生了意识上的变化，使用公共空间的人们，其行为模式也不断地在“在场”和“缺场”间转换[23]。伴随着距离感的消失，远程在场带来另一种空间体验的同时，必然带来人与环境关系的退化、对真实事物理解的损伤，以及对传统城市公共空间、“公共”概念及空间意义的质疑。

其次，人的城市化。《媒介即按摩》中说道：“媒介改变环境，唤起我们独特的感知比率。任何感知的延伸都使我们的思维和行为方式发生变化。我们感知世界的方式因此而改变。当感知比率变化时，人随之改变”[24]。这种改变表现之一，是通过各种App的形式，将过去只能在城市真实空间里分散的城市公共服务功能集中于各种网络终端中，从而对传统公共空间中人的“公共”行为进行了剥离。对于个体而言，直接邻近性的交往让步与远距离的相互交往，在“此”与在“彼”同时导致了公共空间的活动参与不再是空间性的，也不再是时间性的。如果认同时间是物质性的话，那么它是对空间另一个特征——时间的终结。同时，这也意味着真实时间的城市化的到来，即人的城市化[25]。其最具标志性的特征就是公共空间中将出现越来越多，通过各种“假器”将这类既丧失了自然运动机能，又丧失了直接干预能力者武装起来的“残缺支配者”[25]。

再次，诸多事件表明，这种全新的“脱域”、虚拟的生活方式，拓展了传统公共生活的参与渠道，催生了新的民意表达和结社模式，增加了人们参与公共活动的便利性，但其“零壁垒”“无边界”“广覆盖”和“去中心”等不同于物质性公共空间的特点[26]，也为网络谣言、网络暴力乃至网络群体性事件的发酵提供了可能。其原因在于，在社交网络上，用来解释人们所看到的信息并不是对现实环境的客观反映，而是经过了大众媒体的重新选择、加工和组合。也就是说，这是一个经过选择和加工的“拟态环境”。在此境遇下，和现实空间有着很大不同，信息传播途径及传播源均发生了很大变化，并会导致结果向两个完全相反的方向发展：一个是对真实信息的完全屏蔽；另一个是完全真实、即时的反映。因此，在这样一个全新的公共领域空间里，同样存在着一系列关于价值认同、社会规范、秩序及道德伦理建构等问题[27][28]。

最后，当人们的行为越来越依赖于即时互动的信息，其行为又会成为新的信息源，并有可能进一步影响更多人的行动判断时，这种时空分离与重构过程中产生的“互衍”效应会对城市公共空间安全带来更多的不确定性。网络信息的传播具有几何指数增长的特征，对错误信息的传播往往会因“蝴蝶效应”而波及现实空间中，并在社会上煽动起连锁反应[29]。例如，“12·31”外滩陈毅广场拥挤踩踏事件，原因之一就是事发前人们通过手机百度获取了错误的地点信息[30][31]。这些都表明当代社会因为全方位信息化、技术化、智能化的内在结构而内嵌着风险和危机，不稳定、不可控、不可预测成为研究城市公共空间必须予以重视的特征之一[32]。

4 结语

在当下信息网络技术影响下，“脱域”这种现象已经进一步表现出更为复杂的，现实物质空间与网络虚拟空间相互咬合、相互影响、相互渗透等互衍特征，并全面渗透进以物质空间为基础的传统城镇空间结构及组织形式。在此境遇下，老的城镇空间问题较之以往表现出更多的复合性与复杂性。这种影响带来的改变既肯定了一些，又否定了一些。对不断涌现出的新的空间现象与问题，以及尚不能全然判断其利弊的改变，传统空间理论已不能做出完全的诠释并予以解决。为此，回到本文的起始：连接性是空间要素间建立关联，并使之结构化、系统化的起始，同时也影响着公共空间的演化与发展。那么，以“连接”到“链接”的变迁来剖析当下城市公共空间的一些现象与问题，也就有可能成为人们认识这一复杂系统规律性的重要视角之一。在终将进入一个人与人、人与物、物与物（物联网）相联系，“连接”与“链接”长期并存，相互作用，相互影响的时代，人们已经不能孤立地看待并解决物质空间中发生的一些现象与问题。虽然信息改变空间的逻辑显得过于抽象，但对于城乡规划及风景园林学科而言，对其机制的探讨、应对策略的研究已然十分重要[33]。针对信息网络时代下城镇公共空间的“脱域”研究将为风景园林学科作出新的贡献。■

参考文献

[1] 王中德，赵万民. 对西南山地城市公共空间系统复杂性与复杂问题的解析[J]. 中国园林，2011，27（8）：58-61.

[2] 徐磊青，言语. 公共空间的公共性评估模型评述[J]. 新建筑，2016（1）：4-9.

[3] 2006—2017年中国互联网络发展状况统计报告[EB/OL]. [2018-3-10].

[4] 大卫·哈维. 后现代的状况：对文化变迁之缘起的探究[M]. 阎嘉，译. 上海：商务印书馆，2003.

[5] 申悦，柴彦威，王冬根. ICT对居民时空行为影响研究进展[J]. 地理科学进展，2011，30（6）：643-651.

[6] 安东尼·吉登斯. 现代性的后果[M]. 田禾，译. 南京：译林出版社，2000.

[7] 孙源南，权相禧. 社交网络公共空间与私人空间认知的实证研究——基于人人网、QQ使用者的调查分析[J]. 青年记者，2013（36）：39-42.

[8] 哈贝马斯. 公共领域的结构转型[M]. 曹卫东，王晓珏，刘北城，等译. 北京：学林出版社，1999.

[9] 童明. 信息技术时代的城市社会与空间[J]. 城市规划学刊，2008（5）：22-33.

[10] 约翰·伦尼·肖特. 城市秩序：城市、文化与权力导论[M]. 郑娟，梁捷，译. 上海：上海人民出版社，2011.

[11] 盛强，刘星. 虚拟网络与真实交通系统中的超链接机制——以重庆地铁站点周边餐饮功能的空间句法分析为例[J]. 西部人居环境学刊，2017，32（1）：1-8.

[12] Grahan，S，Marvin，S. Splintering Urbanism：Networked Infrastructures，Technological Motilities and the Urban Condition [M]. London：Routledge，2001.

[13] 崔柳，李雄. 共时性、历时性时空观于风景园林学设计研究的启示[J]. 中国园林，2014，30（9）：63-66.

[14] 吴志强，叶锺楠. 基于百度地图热力图的城市空间结构研究——以上海中心城区为例[J]. 城市规划，2016，40（4）：33-40.

[15] 韦伯斯特.信息社会理论[M]. 曹晋，梁静，李哲，等，译. 北京：北京大学出版社，2011.

[16] 李国平，孙铁山. 网络化大都市：城市空间发展新模式[J]. 城市发展研究，2013，20（5）：83-89.

[17] 陈振华. 从生产空间到生活空间——城市职能转变与空间规划策略思考[J]. 城市规划，2014，38（4）：28-33.

[18] 李和平，严爱琼. 信息时代城市空间结构的发展[J]. 重庆建筑大学学报，2002，24（4）：1-6.

[19] 周年兴，俞孔坚，李迪华. 信息时代城市功能及其空间结构的变迁[J]. 地理与地理信息科学，2004，20（2）：69-72.

[20] 姜石良，崔建甫. 信息时代城市空间结构的演变趋势探讨[J]. 规划师，2006，22（7）：88-92.

[21] 范少言. 规划师·比特·使命[J]. 规划师，1998，14（1）：33-35.

[22] 保罗·维利里奥，张新木，魏舒.视觉机器[M]. 南京：南京大学出版社，2014.

[23] 季念. 手机传播中的时空重塑——2000年以来国外学者关于手机与时空关系研究述论[J]. 文艺研究，2008（12）：67-72.

[24] 马歇尔·麦克卢汉，昆廷·菲奥里，杰罗姆·阿吉尔. 媒介即按摩：麦克卢汉媒介效应一览[M]. 何道宽，译. 北京：机械工业出版社，2016.

[25] 保罗·维利里奥. 解放的速度[M]. 陆元，译. 南京：江苏人民出版社，2004.

[26] 陈潭，胡项连. 网络公共领域的成长[J]. 华南师范大学学报：社会科学版，2014（4）：23-37.

[27] 郑元景. 虚拟生存研究[M]. 北京：社会科学文献出版社，2012.

[28] 陈曙光. 网络乱象的伦理拷问[J]. 伦理学研究，2014，71（3）：80-86.
[29] 汪波，赵丹. 中国虚拟公共空间的内在逻辑：五重效应[J]. 福建论坛：人文社会科学版，2013（3）：168-171.
[30] 杨静. 大数据智能分析：外滩踩踏事故背后[EB/OL]. [2015-01-24].
[31] 贾刘耀，毛华松，杜春兰. 基于社会信息网络环境下人群聚集频发的公共空间安全设计研究[J]. 中国园林，2015，31（9）：60-64.
[32] 廖丹子. 无边界安全共同体——探智慧城市公共安全维护新路向[J]. 城市规划，2014，38（11）：45-51.
[33] 赵渺希，王世福，李璐颖. 信息社会的城市空间策略——智慧城市热潮的冷思考[J]. 城市规划，2014，38（1）：91-96.
[34] 张经纬. "阿尔法城" 第一次考古发掘报告[J]. 新美术，2015，36（10）：109-119.

图片来源

文中图片均由作者拍摄或绘制。

李云燕 | Li Yunyan

重庆大学建筑城规学院

School of Architecture and Urban Planning,
Chongqing University

李云燕（1980.4），重庆大学建筑城规学院副教授，博士生导师，学科助理，中国灾害协会规划与标准委员会委员。

观　点

任何思想观点的产生，都离不开其他相关或不相关事物的直接或间接的启发、反思、“诱导”，学术论坛正是这样一个“事物”。壹江肆城论坛，联系长江沿线城市的学者，促进大家把来自不同地域背景的思考共享出来，也恰好是启发、诱导其他学者产生创新性的思想观点的最好土壤。城市安全是伴随城市产生的一个古老命题，人类试图从各个领域和各种事物中吸收、模仿、演绎出能抵抗灾害的方法、技能，有成功也有失败。直到今天，人们在面对大自然强大的自然力时，也显得很渺小，这值得我们反思，难道人类真的不能和自然抗衡？答案是否定的，在人们能预见到的未来，人类科技力量远未能抵抗自然的力量。因此，我们对城市防灾不得不转变思考的逻辑，从城市本身找到突破，这就是现在普遍比较关注的“城市韧性”研究，这也是未来城市安全研究的重点方向之一。

韧性与安全可持续：关于城市空间适灾理论概念框架的思考[1]

Urban Resilience and Continuous Development of Safety: Thinking About the Conceptual Framework of Urban Space Adaptation to Disaster

李云燕
Li Yunyan

摘　要：随着社会的发展，城市系统越来越复杂，城市灾害频发且具有不确定性，被不同灾害“牵着鼻子走”的城市防灾减灾研究和工作也逐渐陷入了“被动”的局面。如何转变思路，研究城市空间“主动”抵御灾害的能力是未来发展方向之一。文章通过对城市空间韧性概念及其对城市安全可持续发展的思考，提出了城市空间适灾概念，并论述了城市空间适灾的哲学基础、动力机制，以及其研究概念框架和基本研究内容，以期为当前城市防灾减灾工作进行有效补充。

关键词：城市韧性，安全可持续，空间适灾，概念框架

2016年在基多召开的“人居Ⅲ”（Habitat Ⅲ）国际会议的核心文件《新城市议程》（THE NEW URBAN AGENDA），强调建设更安全的城市（Safer Cities），提出城市韧性（Urban Resilience）的概念，并从环境角度提出提高可持续性和城市发展的弹性。[1]这里提出的城市韧性的概念与一般的城市安全观念有着本质的区别。城市作为最复杂的社会生态系统，自其形成以来便持续地遭受来自外界和自身的各种冲击和扰动，[2]也可理解为城市不断遭受已知和未知灾害的侵袭。灾害的不确定性使城市在没有“免疫”的前提下，一旦灾害袭来，很容易遭到破坏。然而，城市对灾害侵袭的反应是不一样的，有的城市能抵抗灾害，甚至不被破坏，有的城市则受损严重。不同 “体质”的城市，在面对灾害时的损失是不一样的。因此，研究能抵抗灾害侵袭的城市空间，使城市具有韧性“体质”显得很重要。

1　城市空间韧性与安全可持续

韧性（resilience）一词最早来源于拉丁语“resilio”，其本意是“受挫后恢复原状（bounce back）”，是现在韧性（resilience）这一单词的最初本意。后来大多数学术用语参考了此意思，将其广泛应用于生态学、社会学、物理学、工程学等领域，[3]并且不同领域有不同阐述。20世纪90年代，“韧性”首次作为一个术语被引进城市规划领域，最先出现在城市灾害领域，随即在城市领域开始应用，米利（Mileti）、阿尔伯特（Alberti M）、戴维（Dvid R）、沃克（Walker）、萨拉特（Salt）、瑞斯里恩（Resilience A）、凯文（Kevin C）、笛索拉（Desouza）、特力瓦（Trevor H）、弗兰瑞里（Flanery）等对城市韧性都有不同见解，[2]马妮娜（Manyena）、歌德肖尔克（Godschalk）、李鑫、车生泉等也对“城市韧性”的概念[4-6]进行了探索，甚至有的

1　本文原载于《城市建筑》2017年第7期，收入本书时有改动。国家社科基金项目（16XGL001），重庆市基础与前沿研究计划项（cstc2017jcyjAX0125）。

表1 城市韧性的核心内容
（Core content of resilience cities）

作 者	定 义	核心内容
Mileti, 1999	与灾害相关的地方韧性是指一个地方在没有得到外部社区大量援助的情况下，能够经受住极端的自然事件而不会遭到毁灭性的损失、伤害、生产力下降或是生活质量下降	自主恢复能力
Alberti M, 2000	城市一系列结构和过程变化重组之前，能够吸收与化解变化的能力与程度	抵抗冲击
Dvid R, Godschalk, 2003	一座韧性城市是一个由物质系统和人类社区组成的可持续网络。物质系统就像城市的身体。社区就像城市的大脑，指挥它的行动，配合它的需求并学习它的经验	自主学习性
Manyena S B, 2003	灾害韧性可以被视为一个系统、社区或社会内在的本领，在受到冲击或压力的影响后能改变其非核心的属性来重新建构自身，并适应生存下去	系统性
Walker, Salt, 2006	系统在不改变自身基本状态的前提下，应对改变和扰动能力	抗扰动能力
Godschalk D R, 2006	韧性系统具有冗余、多样、高效、强大、互依、适应、协作等特征	系统性
Resilience Alliance, 2007	城市系统能够消化、吸收外界干扰，并保持原有主要特征、结构和关键功能的能力	消化吸收外界干扰能力
Resilience A, Kevin C, Desouza, Trevor H, Flanery, 2013	韧性城市是指面对改变，城市系统吸纳、适应和反应的能力	吸纳、适应
邵亦文、徐江，2015	认为城市韧性是建立在传统规划理论上的指导现代城市可持续发展的全新途径	可持续发展
杨敏行、黄波，等，2016	认为城市韧性应是区域、城市、社区三个层级的综合系统	综合性
李鑫、车生泉，2017	需要严格区分生态韧性和工程韧性、城市韧性与城市弹性的区别和联系，并且需要在城市韧性理论中对动力机制、政策决策系统、物质流动而导致的城市代谢以及社会协同机制等方面进行考量，另外，也需要对城市发展的不同时间和阶段、不同地理空间进行条理清晰的规划和预见	协 同

资料来源：参考文献[2]、[4-11]。

学者提出了灾害韧性的概念，认为灾害韧性的主体是人，对象是人面临的各种自然灾害和人为灾害（表1）。[7]

虽然见解不一，但总的来说韧性城市和城市空间相关，和城市作为主体承受外界压力相关，反映了城市作为系统适应灾害的综合能力。城市韧性的理念转变了人们认识城市防灾减灾的视角，要求人们站在以城市为主体的视角思考如何提高城市韧性应对灾害威胁。正如不是站在病毒的视角，而是站在人体素质提高的视角认识健康一样。城市韧性有多个方面，包含社会、生态、经济、空间等，但与城市灾害密切相关的是城市物质空间本身，这也是城市赖以存在的实体，做到城市物质空间韧性就是城市安全最本质的基础。有了坚实的物质基础，城市就能实现安全可持续发展，这也是文章提出空间适灾概念的基本出发点。

2 城市空间韧性体系建构思考——空间适灾理论概念框架

城市空间具有韧性是城市空间适灾的基础，空间适灾把研究对象明确到城市空间应对的关键问题“灾害”，这有利于探讨空间韧性的方向。城市空间适灾概念与城市韧性具有相似之处，但它具有更明确的内涵解释，更具有可操作性。其转变了研究思路，从“被动”转为“主动”，需要在其概念形成的哲学基础和防灾作用的动力机制进行讨论。

2.1 城市空间适灾的哲学基础

灾害是一种客观实在，是自然界中的一种客观表象[12]，不管人们知不知道，承不承认，它都不依赖于人的意识存在。从某种程度上，灾害是相对人而言的，它是针对人及其生活的环境而定义的。如果只有“灾”本身，没有构成“害”，没有对城市产生破坏，则形不成灾害，如滑坡、泥石流等灾害没有造成人员伤亡和财产损失，只有当“灾”对人类社会造成破坏，造成损失时才构成灾害。当然很多种“灾”是人类社会目前科技水平无法抗拒的，既然无法阻止“灾”的发生，要解决灾害问题，就得从“害”入手，尽量让“灾”产生的“害”降到最低或不发生，这也是“适灾”的理念所倡导的。

深究灾害的成因，一是自然自身，二是人为活动，但归根结底多数灾害还是人类活动造成的，最直接的表现就是人与自然的对立冲突，即人类对环境的改造违背自然规律、人类对环境的过度索取、人类对环境的改造缺乏科学依据等，这是根本原因。人类无法突破科学发展的限制，在生产、生活实践中往往对要改造的对象缺乏科学的认识，而盲目地采取对策进行改造，结果事与愿违，反受到自然规律的惩罚。

当城市无法抗拒灾害发生时，就只能在城市规划中提高城市空间品质，在城市选址、用地布局、道路路网规划、疏散空间设计等方面做出科学选择，使城市空间能最大限度地承受灾害的侵袭而不发生重大事故。

2.2　城市空间适灾的动力机制

城市空间对灾害侵袭有不同的反应，这是空间适灾研究的切入点。这种不同反应正是由不同城市有不同的空间特质导致，这称为城市空间的自组织机制。城市空间可以简单地理解为在一定地域范围内，城市实体空间（建筑物和构筑物）和虚体空间（城市环境）以及它们之间的相互作用关系所构成。这里提到的相互作用关系不仅是指实体空间和虚体空间的耦合关系，还包括形成这种关系的社会、经济、政治、文化因素的影响。显然，这就使得城市空间的演化变得复杂，各种关系与要素相互影响、互相联系，很难单独判断单个要素，这正是城市的复杂之处。顾朝林、甄峰、张京祥在其研究中指出，城市是一个复杂的适应性系统（complex adaptive system），这种适应性系统的重要特征在于它的开放性。[13]开放性是自组织的重要特性，各种空间要素可以自洽。从这点也可以说明城市空间具有自组织机制。程开明、陈宇峰对有关城市自组织性的文献进行了系统研究，归纳总结了城市整体系统及城市人口、交通、环境和经济等子系统所具有的分形、耗散结构等自组织特征，提出城市空间扩散和聚集表现出自组织特性，城市空间演化过程具有明显的自组织机制。[14][15]城市的自组织发展的特性，具有自身的秩序和组织规律，这种秩序和组织规律自发影响城市空间规模大小、区域选择和功能性质，如张勇强所描述的，它就像一种隐藏的自发力机制作用于城市空间发展的过程中[16]。这种城市空间内在的作用力，已经被许多学者在对城市空间发展历史、发展特征的总结中发现，可以归纳为城市空间发展的自组织制约机制，它是指空间受可达性、土地资源等制约，城市空间规模效应在距离轴上的差异影响，而自发地形成城市功能的分区。在区域空间演化中也同样存在这样的影响过程，这就是城市空间发展自组织机制作用的结果（图1、图2）。

这种作用机制可以看成针对每个城市的个体空间要素，但它形成的结果却是整体的，就如蜜蜂建蜂巢，单个蜜蜂的行为是随机的，但是整体出来的效果确实是完美的正六边巢穴。从一定意义上讲人类建设城市也是如此，城市个体的建设都是随机的，都是在各自追求利益最大化（管理部门追求公共利益最大化、私人企业追求经济利益最大化）的要求下进行的，建设的行为受到各种因素，包括法律法规、个人认识水平、经济能力等因素的影响，不断地与周边环境相互影响。在项目选址、建设规模、功能性质以及色彩风格等方面与现有的城市各方面条件，不断地发生着往复碰撞和自我调适，经过一个反复漫长的自我调适过程，渐渐地形成具有某个城市特征和具有不同韧性的城市空间。

城市空间发展不仅具有自组织特性，还兼具他

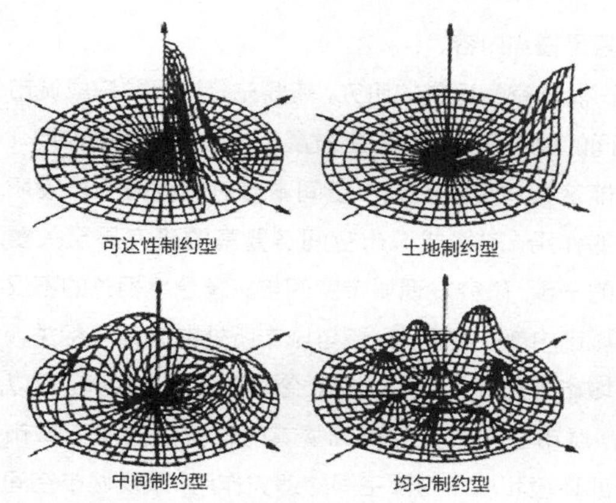

图1　城市空间发展自组织制约机制
（The self-organizing restriction mechanism of urban spatial development）

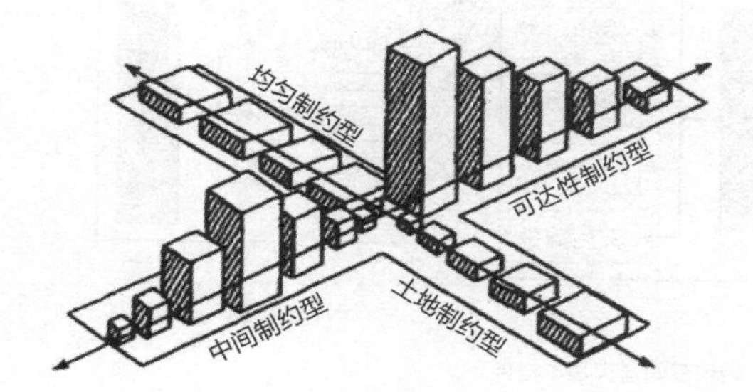

图2　规模效应的城市空间发展图谱
（Development pattern of urban space influenced by economies scale effect）

组织的特性。城市空间自组织是城市空间的自发机制，他组织则是人为干预规划控制。两种机制相互作用，引导城市空间的发展。当自组织力与他组织力同向时，加速城市空间的良性发展；当自组织力和他组织力相背离时，则阻碍或延缓城市空间良性发展；当自组织力和他组织力处于可耦合状态时，通过对他组织力的不断调试和修正，促使城市空间稳步良性发展。[16]不管哪种情况，在城市空间适灾的过程中，都是通过规划进行“他组织”干预，影响城市空间的“自组织”规律，使得城市空间朝着可适应灾害的角度发展，只不过在这三种情况下，规划干预的力度大小不同而已。

在一定时期内，他组织机制是城市空间发展的显性机制，自组织机制则是影响城市空间的隐性机制。他组织机制是作用于城市空间的发展机制，自组织机制则是城市空间演进的本源机制（图3）。

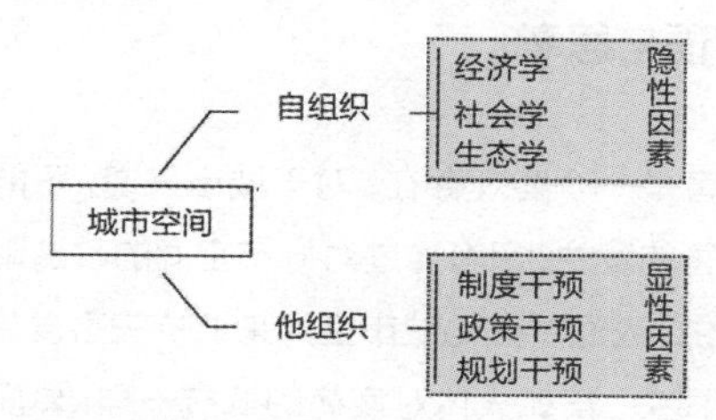

图3　城市空间自组织与他组织的关系
（The relationship between city space and self-organization \ other-organization）

3　空间适灾的基本研究框架

基于以上分析，可以看出城市空间适灾概念具有现实可行性，可适用于判断城市空间韧性，对思考和研究城市防灾减灾工作有重要意义。其实，我国历史上早就有空间适灾的实践。例如，大禹治水，就当时的技术水平和人力物力而言，仅仅依靠筑坝是不能解决水患的。大禹采用了“治水须顺水性，水性就下，导之入海。高处就凿通，低处就疏导”的治水思想，改变了“堵”的办法，对洪水进行疏导，以适应灾害环境的办法来减少甚至避免灾害的发生，这体现的就是一种适灾的思想。又如，在东汉时期，我国地震频发，我们的祖先就发明了适于防震的木结构建筑技术，可以很好地适应地震灾害，以至于建筑物不会倒塌而伤害人员，其中反映出“以柔克刚”的设计思想，这也是工程适灾设计思想的重要内容。[17]在我国古代城市建设中，从规划选址到建筑设计，城市空间都表现出很强的灾害适应性，这反映出一种适灾的思想。这些实践与思想所体现的，就是“天人关系论”中“天人合一”的哲学思想，既强调改造自然以“减灾”，又强调顺应自然以“适灾”，这正是当今处理人类行为与自然环境关系所应有的基本思想。城市空间适灾概念，可以理解为城市空间对灾害的“适应”和“承受”能力，表现为城市空间具有弹性，可通过改造空间以避免某些

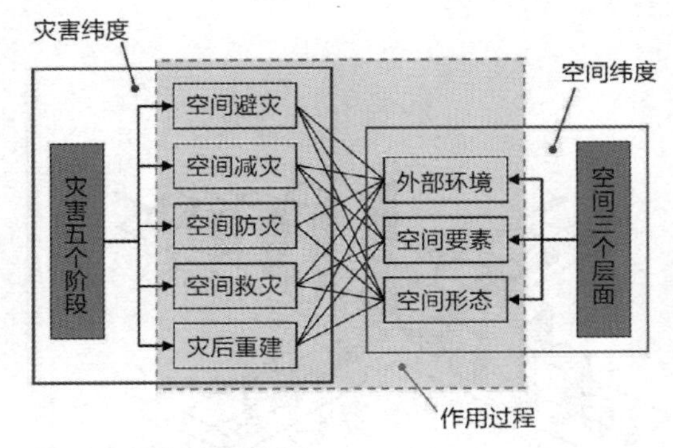

图4 城市空间适灾基本框架
（Content of urban sapce adapt to disaster）

灾害发生，也可通过强化空间以承受灾害发生而使灾害的损失降到最低甚至避免损失，城市空间具有较好的抗灾能力，甚至可以支持城市发生灾害时及时救援与灾后迅速恢复重建，可理解为城市“不怕灾”[18]（图4）。

空间适灾的内涵可以理解为城市空间具有很好的韧性，也可以理解为城市空间承受灾害的能力。如人与病的关系，体质差，容易生病，体质好，不易生病；同样环境下有的人要生病，有的人不会生病，说明生病与人的个体差异有较大关系。同样，在同样灾害威胁下，有的城市不会造成破坏，有的破坏严重。这说明不同城市空间具有不同的韧性。到底怎样的城市空间才有合理的城市防灾减灾韧性，这需要深入探讨研究。本文提出从城市外部环境、城市空间要素、城市空间形态三个方面建构空间适灾的框架，涵盖了空间应对城市灾害的五个阶段和城市空间构成的三个层面。

4 城市空间适灾的研究基本内容

城市是一个复杂有机体，但城市空间构成可以明确为城市所处的大环境、城市空间形态以及城市空间要素。城市空间适灾的研究必然要从空间本身的构成、发展及变化规律进行研究，探讨城市空间与灾害的内在关系。城市空间的形成、发展及变化规律有着不一样的过程，探讨在城市空间与外部环境的相互关系、城市空间形态及特征，以及城市空间构成的特征要素是重点内容。

城市空间适灾的研究，需要充分认清楚构成城市空间的要素在灾害的发生发展衰减阶段所起的作用，才能从整体上认识城市空间本身对灾害各个阶段所起的作用。对构成城市空间各要素的研究是至关重要的一步。研究发现城市空间与灾害息息相关的不仅是城市内部空间要素，还与城市所处的大环境相关，即城市外部环境，也与城市空间构成形态相关。可以说，城市空间适灾的研究基本内容就是要研究城市外部环境和城市内部空间的适灾作用，以及城市空间形态的适灾效果。对城市外部环境适灾作用的研究可以落实到城市外部环境的分析，外部环境对灾害的影响是整体性的，对外部环境的研究主要从总体上进行适灾的特征描述、规律发现和作用机制研究；对城市内部空间适灾作用的研究在于发现城市内部空间构成要素影响灾害的作用机制，需深入构成空间的基础要素进行分析；对空间形态的适灾效果的研究，则应从空间构成形态进行研究（图5）。

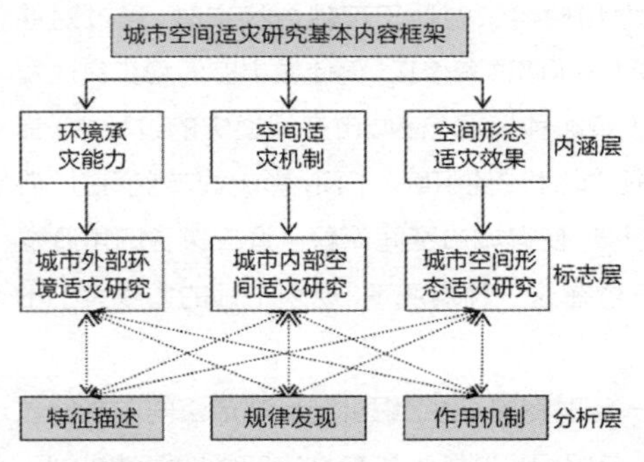

图5 空间适灾研究内容框架
（Analytical framework and content of space adapt to disaster）

5 结语与思考

灾害是一个客观存在，对于城市来说，不能完全杜绝灾害的发生，只有通过对城市空间的改造阻止灾害的发生，或通过强化城市空间来抵抗灾害发生时所造成的损失。正如人体对疾病的抵抗一样，体质强的人很少生病，即使生病也能很快地治愈，体质弱的人则恰恰相反。从这个角度可以看出城市对灾害的抵抗类似于人体对疾病的抵抗。本文提出的城市空间适灾概念，是指城市空间对灾害的“适应”和“承受”能力。

不是所有的灾害都需要去防，或者说不是所有灾害都是能防的，比如，地震，就目前人类发展阶段的科学技术水平是防不了的，也是避免不了的，但是人们还是需要去面对，这就需要建立城市空间“适应”地震灾害的防灾思路。如我们祖先创造的木结构建筑柔性体系可以很好地适应地震灾害，以至于建筑物不会倒塌而伤害人员，再如目前研究较多的通过城市公共空间的布局来减轻地震灾害造成的危害等，都是空间适灾的体现。当然，“适应”不是回避，不是妥协，是主动根据灾害发生发展规律、特征，采取与之对应避免破坏的方式。大禹治水不同于其父鲧禹治水，而是采用“疏而不堵”的方式，彻底解决水患。大禹认识到水患是堵不住的，只有采用疏导的方式才能解决。

将城市空间适灾概念引入城市防灾减灾领域，是以整体性思维研究城市防灾减灾，整体性体现全面性，避免了目前防灾减灾工作的盲区。季羡林先生曾说：“东方哲学思想重综合，就是‘整体概念’和‘普遍联系’，即要求全面考虑问题。”这说明了整体思维对研究的积极作用。吴良镛院士指出：“研究建筑、城市以至区域等的人居环境科学，也应当被视为一种关于整体与整体性的科学。”[19]这更进一步说明了本研究中采用整体思维进行研究的必要性。

西南山地城市空间环境具有地域特殊性，特别是山地城市空间上的多维性与平原城市空间形态不同，虽然多维性的空间在城市景观特色营造方面具有较大优势，但在面对灾害发生时，山地城市多维性的空间则表现出极度的脆弱性。本文尝试从城市物质空间角度探讨应对灾害的措施、方法和理论，对城市空间在避灾、减灾、防灾、救灾以及灾后重建方面的规律特征进行探索，以期对当前西南山地城市防灾减灾工作提供有益借鉴。■

参考文献

[1] 石楠. “人居Ⅲ”、《新城市议程》及其对我国的启示[J]. 城市规划，2017, 41(1)：9-21.

[2] 邵亦文，徐江. 城市韧性：基于国际文献综述的概念解析[J]. 国际城市规划，2015，30(2)：48-54.

[3] Holling C S. Resilience and Stability of Ecological Systems [J]. Annual Review of Ecology and Systematics，1973：1-23.

[4] MANYENA S B. The concept of resilience revisited[J]. Disaster, 2006(4)：434-450.

[5] GODSCHALK D R. Urban hazard mitigation: creating resilient cities[J]. Natural Hazards，2003(4)：136-143.

[6] 李鑫，车生泉. 城市韧性研究回顾与未来展望[J/OL]. 南方建筑，2017(3)：7-12.

[7] 杨敏行，黄波，崔翀，等. 基于韧性城市理论的灾害防治研究回顾与展望[J]. 城市规划学刊，2016(1)：48-55.

[8] MILETI D. Disaster by design: a reassessment of natural hazards in the united states[M]. Washington, DC: Joseph Henry Press，1999.

[9] WALKER B，SALT D. Resilience thinking: sustaining ecosystems and people in a changing world[M]. Washington, DC: Island Press，2006.

[10] RESILIENCE ALLIANCE. Assessing resilience in social-ecological systems: workbook for practitioners，Version 2.0 [R/OL]. Resilience Alliance，2010[2015-10-23].

[11] DESOUZA K C，FLANERY T H. Designing, planning, and managing resilient cities: conceptual framework[J]. Cities，2013，35: 89-99.

[12] 蔡畅宇. 关于灾害的哲学反思[D]. 长春：吉林大学，2008.

[13] 顾朝林，甄峰，张京祥. 集聚与扩散：城市空间结构新论[M]. 南京：东南大学出版社，2000.

[14] 程开明，陈宇峰. 国内外城市自组织性研究进展及综述[J]. 城市问题，2006(7)：21-27.

[15] 程开明. 城市自组织理论与模型研究新进展[J]. 经济地理，2009(4)：540-544.

[16] 张勇强. 城市空间发展自组织研究——深圳为例[D]. 南京：东南大学，2003.

[17] 郑力鹏. 开展城市与建筑“适灾”规划设计研究[J]. 建筑学报，1995(8)：39-41.

[18] 李云燕. 西南山地城市空间适灾理论与方法研究[M]. 南京：东南大学出版社，2015.

[19] 吴良镛. 人居环境科学导论[M]. 北京：中国建筑工业出版社，2001.

图片来源

图1：图片来源于蔡畅宇的《关于灾害的哲学反思》。

图2：图片来源于段进的《城市空间发展论》。

图3—图5：作者自绘。

谭　峥 | Tan Zheng

同济大学建筑与城市规划学院

College of Architecture and Urban Planning，Tongji University

谭峥（1978.11），同济大学建筑与城市规划学院助理教授，加州大学洛杉矶分校建筑学与城市设计博士，长期研究当代西方城市主义理论并进行城市设计实践，在国内外期刊上发表数十篇建筑评论与城市研究论文；担任《时代建筑》与《新建筑》杂志客座编辑与组稿人；2015年开始在同济大学与张永和教授联合组织“基础设施建筑学”联合工作营；2017年应邀参加韩国“首尔建筑与城市双年展”以及“上海城市空间艺术季”之“滨江贯通”设计实验展览，同年所发表的国际期刊论文获香港教育大学“香港研究学会”年度优秀论文奖；2018年担任华侨城当代艺术中心建筑设计群展策展人。

观点

建筑历史理论与建筑设计之间的断裂是当下建筑学教育的迫切困境。世界建筑史包含极为丰富的建筑学基础知识体系与案例库，它本应在“历史—技术—设计”铁三角中承担连接技术与设计教学的桥梁作用，却在现有的各自为政的科目化教学体系中丧失了应有的功能。在建筑史中，1968年以后的“当代”建筑史是连接现代与当下建筑学现象的关键时段，一系列如走马灯般各领风骚的当代先锋运动渐次塑造了当下建筑学的价值、观念与前沿。然而，“当代”的历史不断延长，驱动“当代”发生发展的历史事件日趋模糊，同时，既有的现当代建筑史内容在世界建筑史教学中的容量被一再压缩，已经远不够解决学生的现实困惑。建筑史教学（乃至整个建筑学教学体系）急需一种更具操作性的方法框架来驾驭建筑技术与文化演变的广博内容。

雷纳·班纳姆是在“当代”呼之欲出的时期，对正在发生的建筑与建成环境现象进行关照和思考的重要历史学家和理论家。在班纳姆涉猎极广的建成环境技术研究中，他将建筑物拆解为一系列设备设施构件的集合，并分别讨论这些构件系统在历史中的演变以及对社会组织形式的规范与限定。班纳姆的视野容纳了目前建筑学急需介入的环境、生态、文化和社会语境。班纳姆的“反形式（aformal）”史论不纠缠于阴魂不散的风格史，可以为今天的“历史—技术—设计”三驾马车提供方法论。对环境控制技术与社会组织机制的历史演变研究是穿透当代建筑的形式迷雾的锁钥，这些知识和方法的掌握仰赖于建筑学的其他实践性课程的教授。这一教学方法将对建筑学不同课程体系的整合提出更高的要求，也为主干设计课程、历史理论课程的相互配合与促进创造了条件。

基础设施策划驱动下的都会滨水空间演变[1]

The Evolving Waterfront Space Driven by Infrastructural Programming

谭　峥
Tan Zheng

摘　要：作为物理空间的基础设施形成了城市的基质，这层基质与“上层建筑”日益交融，构成了一种人工化的地表形态。城市中的水道聚集了密集的基础设施，在后工业化时代，原有的桥隧码头已经成为功能转型的障碍。本文在基础设施城市学的视野中回顾上海的“滨江贯通”规划。通过对滨江地区基础设施更新的可能方案的探讨，文章主张在滨水更新设计实践中建立一种“基础设施综合策划”模式，并深度探索基础设施要素介入公共景观营造的可能。

关键词：基础设施城市学，可达性，地形策划，滨水空间，集成

1　“滨江贯通”中的滨水基础设施空间

在快速工业化时期，城市中的水道是交通和工业基础设施的聚集区，也是防洪涝的前线；在后工业化时代，随着产业的迁移与转型，既有的老旧工业设施和防洪岸线难免成为经济转型的障碍。尤其是在集装箱装卸运输取代传统的港口作业形式后，货运码头转向城市外围，中心城市水道的更新与转型压力更为迫切。[1]于是，这些滨水基础设施区域或闲置荒弃，或在资本力量和社会愿景共同驱动下经历新的空间重构。将滨水空间重新融入城市公共生活是所有进入后工业时代的大都会区的共同任务。

自“去工业化”进程开始之后，欧美主要都会滨水区均经历了从生产性空间向消费或服务性空间的转型，纽约的炮台公园城（Battery Park City）是较早进行滨水再开发的范例（1968年）（图1）。在上海，这个过程始于20世纪90年代。当时，市区黄浦江滨江区域集中了主要的市属、部属大型企业，间杂有大量作业区和军用码头。[2]“浦江两岸开发”进入公共视野始于2002年上海市启动的“黄浦江两岸综合开发”计划。2004年年初，上海国际客运中心项目、外滩风貌延伸段整治工作启动。随着2010年世博会的举办，上海的滨水区更新提速。2011年之后（“十二五”阶段），黄浦江两岸规划范围扩展为吴淞口到闵浦二桥之间的黄浦江两岸，两侧岸线长度延伸到119公里。截至2015年，世博园区、外滩一陆家嘴地区和徐汇滨江等重点区域的标志性项目基本建成。

1　原刊于《时代建筑》2017年第4期，本版已作删改。

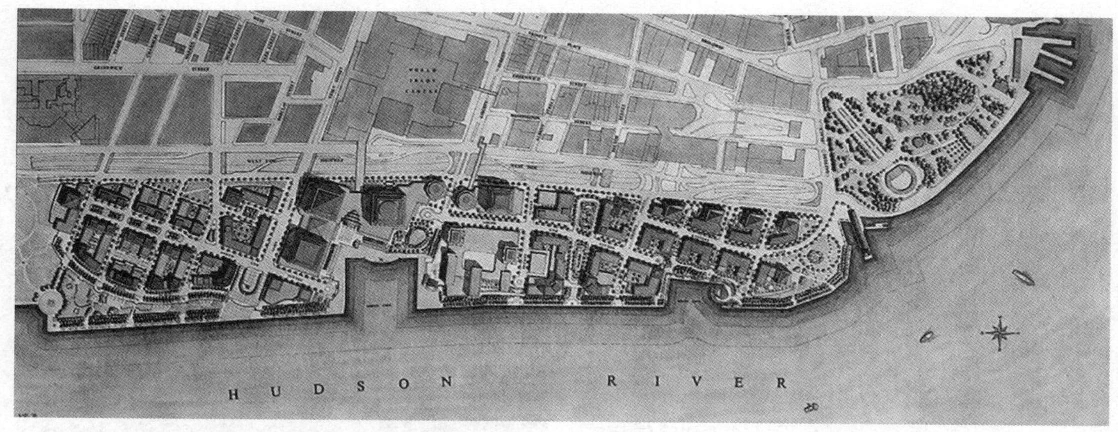

图1 亚历山大·库帕事务所的炮台公园城总图（1979）
［Alexander Cooper Associates, Master Plan for Battery Park City（1979）］

2015年，上海市启动了《黄浦江两岸地区公共空间建设三年行动计划（2015—2017）》（以下简称《三年计划》）。此后，“两岸开发”被进一步表述为具体的“滨江贯通”措施。此轮滨江公共空间建设相比于十年前的“黄浦江两岸综合开发”已经有了转变。在指出前一阶段问题的同时，它的关键诉求已经从提升大众认知度转为增强公众可达性；从土地要素开发转为公共领域培育；从滨江区域本身转为腹地与滨江的连通关系；从空间的制造转为场所的重构。

《三年计划》指出：滨江公共空间尚未贯通，服务设施的质与量均不能满足需求，区域轨道交通站点的覆盖率依然较低（33.9%）。“可达性（accessibility）”和“连通性（connectivity）”缺乏是上一轮滨江更新所未能解决的困局。事实上，“十二五”之前的浦江两岸基础设施已经经历了一轮升级。这包括轨道交通、越江桥隧、交通枢纽（十六铺）、防汛墙景观融合及轮渡站扩建等。然而，市域尺度的基础设施项目缺乏与周边致密的城市肌理的协调对位，各种空间要素以规划控制线各自划界，客观上造成了人本尺度上的空间隔阂。[3]这是导致滨江可达性与连通性不足的诸多原因之一，另一个原因是不同的基础设施的建设与管控主体间缺乏协调统筹，其负面影响已经涉及基础设施物质要素所形成的公共空间，包括产生互相区隔的公共空间与私有化（privatized）的商业商务场所。[4]最终，不同的基础设施（防汛墙、道路、步道、停车、轨交等）形成错位并置，但难以穿透的碎片化网络、基础设施要素之间的综合协调缺乏，人群被“渠化”和“高程区隔”等措施进一步细分过滤，滨江的公共空间被无形间蚕食[2]。

依据历年的规划文本，可以发现不同基础设施建设目标之间存在着矛盾冲突，其中,有长期开发过程中的不确定性与规划设计导引中过细的建筑形态规定之间的矛盾，有兼顾市民亲水需求与提高滨江两岸防汛水平之间的矛盾，有协调优化沿江旅游码头、轮渡站、公务码头的设施布局与整个“滨江贯通”之间的矛盾，有商务园区自身的物流和交通需求与提升整个滨江区域可达性之间的矛盾，有滨江整体“贯通”与局部“贯通”之间的矛盾。已有的规划模式过于看重建筑形象的控制，与此相对，基础设施往往被视为一种服务性技术措施，它的庞大尺度和异质形态超越了既有

2 “渠化（channelization）”包含对车行和步行的分流与引导，以提升交通效率，其措施包括设置交通岛、路障等。“高程区隔（grade separation）”是指不同交通流之间的立体交叉以分流与组织交通。过度的“渠化”与“高程区隔”虽然使得交通更为有序，但是也把人限定在不同的管道中，造成空间的碎片化。

的城市设计体系框架。因此，在实际操作中，基础设施往往被迫退居到公共空间和仪式性场所的后台，或区隔于这些仪式性公共场所，以求不与其发生矛盾。

基础设施与“上层建筑”（空间前景）的冲突是城市更新中的普遍挑战，缓解这一矛盾的方案是引入一种新的城市设计和空间管理范式。基础设施与“上层建筑”协同发展的一个范例是“公交主导开发（Transit-Oriented Development）”模式。由此推论，在滨水更新设计实践中可以建立一种“基础设施主导开发（Infrastructure-Oriented Development）”模式，将基础设施纳入建筑学与城市设计的前景，并深度探索基础设施介入整体景观营造的可能。

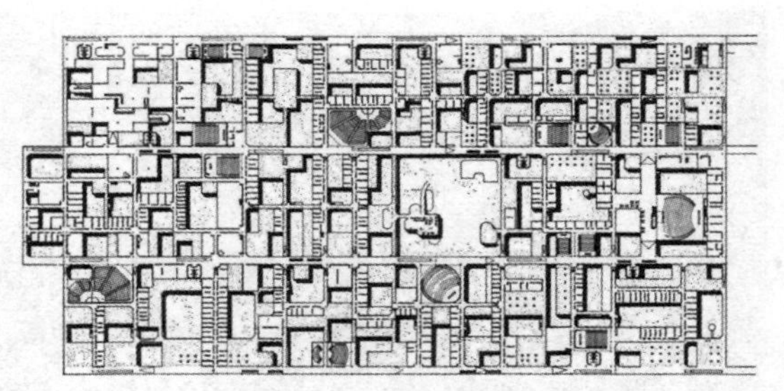

图2 Candilis-Josic-Woods的柏林自由大学——毯式城市（Berlin Free University by Candilis-Josic-Woods—Mat Urbanis）

图3 华尔所提及的Sagrera线性公园

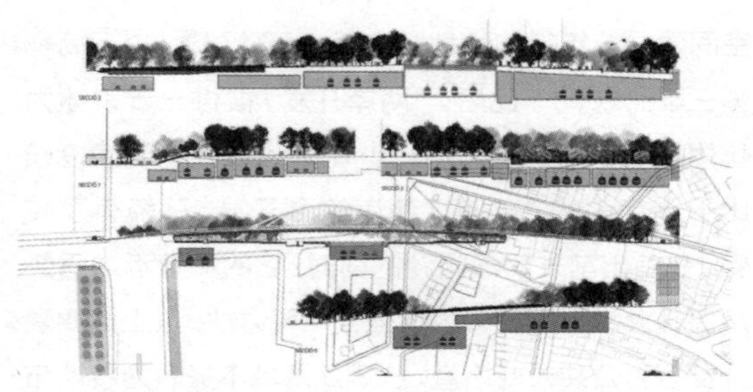

图4 华尔所提及的Sagrera 线性公园与地下轨交站场的剖面关系（Sagrera Lineal Park and the section showing the configuration of the park and the underground train station.）

2 基础设施城市学与滨水公共空间

基础设施是提供并输送公共资源的设施和网络的集合，在与其所服务的建筑物与设施日益交融的过程中，构成了一种人工化的地表形态。最先将基础设施纳入空间前景的是景观都市主义理论[3]。1999年，埃里克斯·华尔（Alex Wall）在《景观复兴》一书所收录的文章中提出经典的“地形策划”思想（urban surface programming）。[5]“地形策划”以流动的人和物为策划对象，颠覆了以空间的几何秩序来引导城市空间发展的做法。随后，斯坦·艾伦（Stan Allen）将这种地形观阐发为“毯式城市主义”和“有深度的二维”概念（Mat Urbanism and Thick 2-D）。[6]（图2—图4）在《基础设施城市学》（Infrastructural Urbanism）一文中，斯坦·艾伦进一步提出了“基础设施城市学”若干主张，它们可以归纳为五个方面：[7-9]

①基础设施构成场地和人工地表。基础设施无关个体建筑，但是关乎场地本身，它构成了容纳未来的各种空间性事件的城市地表（urban surface），也构成了日常的公共空间。

②基础设施是可参与、可预期的建成环境。它是多利益相关方（stakeholders）共同作用的公共领域，是跨利益取向、跨专业、跨工种的物质管控体系。它是一种即兴的集体意志表达，定义了可变与不可变的界限。[10]

③基础设施保证各种（生产）要素的流动性。基础设施对公共资源进行运输和分配，用“锁—门—

3 “景观（landscape）”在中文语境中常常被误解为“风景园林”，经过近二十年景观都市主义理论的再定义，“景观”已经开始包含整个城市地表，这包括自然和人工地表在内的自然栖息地、道路桥隧、室外场地等。随着蔓延式的“区域都会（regional metropolis）”的出现，交通设施成为构建场地形态的主导性要素，景观基础设施成为研究并介入城市空间的重要视角。

阀”等空间形式对资源流进行控制，构成运动和交互的系统。

④基础设施在激发局部偶发性的同时保证整体的连续性（continuity）。高架桥、苜蓿叶形高速公路交叉口、交通枢纽、轮渡站等设施是普遍的基础设施网络上的“偶发事件”，整体上，基础设施依然是标准化的、类型化的系统。

⑤基础设施将重复性物质要素串联成网。基础设施是同构型部件的延展整合，是建筑接入城市的插槽（slot），进一步说，基础设施是一种具备工具性的建筑部件。

斯坦·艾伦认为景观都市主义的关注重心应该从（人工）生态领域转入（人工）“地质构造”领域（Geology）。城市的不同物质要素的分布如同生态圈层，虽然生物群落本身的变化迅速，但是生态圈层的构造却相对稳定。这一类比用生态与地质构造的层次、折叠与扭转比喻基础设施密集条件下多基面城市的类似空间结构。[11]传统的交通基础设施多为线性结构组成的网络，城市设计者需要分隔不同的交通流以加速流通，并尽量减少交通流之间的冲突（如高架公路的苜蓿叶式立体交叉）。但是在景观都市主义的基础设施观念中，这些一度分隔的交通流应该通过一幅连续的地表（surface）加以统合。这幅地表通过折叠交叉来替代建筑学中常用的垂直分层做法，如是则垂直与水平向度在连续地表中被编织在一起。与此相对应的是，艾伦在台北延平河滨公园和韩国光教湖滨码头公园的设计方案中，分别将防汛墙与伸入湖中的栈桥码头改造为功能丰富的综合功能体。防汛墙和栈桥码头都是一种退隐到城市背景中的服务设施，艾伦采用增厚（thickening）的手段将二维的薄片（墙或桥）转变为有空间厚度的事件性场所，以实践他的景观基础设施的“有深度的二维”的理念。

3 内置基础设施的滨水空间史

基础设施与滨水空间的融合发生在工业化时代，填海填河、道路桥隧、防汛设施、港口码头、仓储堆场等构筑物造就了高度复杂的滨水地形，但此时的滨水基础设施还不是城市公共空间。唯有在棕地（brownfield）再开发的背景下，基础设施才被设计者自觉地纳为城市人工地形的组件，以在设计中作为整个景观的基底。在近代滨水空间发展史中，基础设施已经深度嵌入城市的人工地质构造层次中。在大多数场合下，滨水区域的陆域一侧的范围的界限与地形条件、铁路、道路等物理障碍相一致。[12]铁路和道路基础设施在输送各种人—货—资本流的同时，也阻碍着滨水空间与相邻的城市邻里的连通与渗透。这反映了基础设施的双重属性，即在解决通达性的同时也在阻碍通达性，前一个历史阶段的基础设施的密集堆积可能成为新时期空间更新的障碍。一种建立在基础设施和人工地形演化上的都会空间史是理解城市形态驱动力的关键。

纽约和芝加哥的滨水（滨湖）更新发生较早，但是基础设施在这一更新背后的关键作用则较少为研究者关注。

芝加哥的河滨及河湖交汇地区和纽约的哈德孙河滨水地区集聚了大量工业化时代的交通基础设施，如以瓦克车道（Wacker Drive）为代表的多层街道和哈德孙场（Hudson Yards）附近的道交码头设施。两处基础设施竭力融入或改造城市的已有地形，都在第二次世界大战以后的城市更新（Urban Renewal）大潮中达到比较成熟的状态，也在1960年后的现代主义城市规划危机后经历新一轮更新。在不同的历史阶段，这种基础设施与城市地形的整合呈现出不同的面貌，它们需要在后工业化时代适应新的行为方式，并纳入新的基础设施功能。对这两个案例的研究可以对比跨越百年的两种典型滨水基础设施空间范式，并定位今天的滨水空间再造的新时空维度。

3.1 纽约哈德孙场滨水更新

纽约的哈德孙河滨水地区一直是曼哈顿岛的交通运输走廊。目前的哈德孙场地区（南北为30到34街，东西为10到12大道），在历史上曾经聚集了西区货

图5　作为开放站场的哈德孙场
（The Hudson Yards as an open-air rail yard）

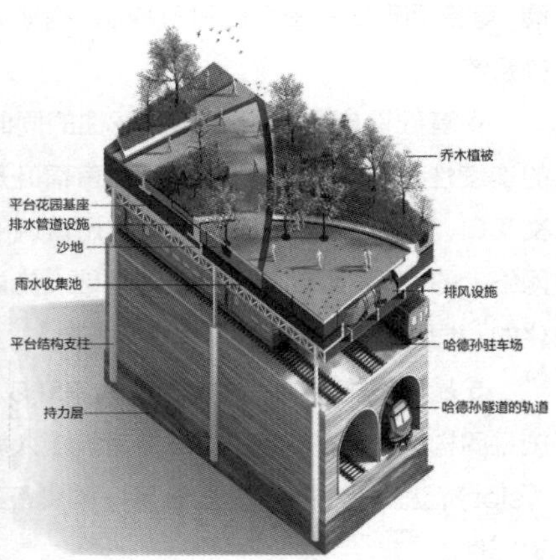

图6　哈德孙场东区平台花园下的剖面构造
（A section showing the underground structure of the Hudson Yards' east block）

运铁路线（West Side Line）、长岛线（Long Island Railroad）、宾州铁路线（Pennsylvania Railroad）、西区高架公路（West Side Elevated Highway）、纽约邮政总局（前身为西区铁路线的一个车站）、宾州车站等多条铁路线、高架道路和枢纽设施，是西区（新泽西）和北区进入纽约的通勤要道。随着宾州车站的客运量不断增大，西区货运铁路线原来的小型驻车场也随之扩大，终于在1987年成为隶属于宾州车站的开放式大型驻车场。

随着2009年高线公园的首期竣工开放，哈德孙驻车场的更新也提上议事日程。这是纽约最新一次使用铁路站场的上空权（air rights）进行大规模开发。哈德孙场的上空开发分东西两区，其中，东区以1座商业裙楼和3座塔楼构成，街区南北贯穿一个带形公园，其建设已经初具规模。为了保证上空综合体的结构稳定，在建的高层建筑的桩柱必须绕开驻车场本身的轨道设施，而整个东区只有38%的场地可供结构支撑。因此，上空综合体内有一半场地是用于绿地等开放空间。在绿地的基面下方，有大型的雨水收集池、沙地、通风设施、排水设施等支撑这个人工绿地系统。除了哈德孙场的东西街区，宾州车站本身也在扩建，邮政总局将成为扩建的宾州车站的一部分，新的轨道系统将使得该区域的人工地质构造更趋复杂。（图5、图6）

3.2　芝加哥瓦克道沿线滨水更新

芝加哥河作为城市运河诞生于1829年，密歇根湖与密西西比河的分水岭以南北方向跨过芝加哥市，芝加哥河事实上在东西段分别流入密西西比河和密歇根湖。1865—1871年，芝加哥河的河床被重新挖掘，此后平均水深达到21英尺，河床掘深后，整个流向改为从密歇根湖流出注入密西西比河。芝加哥河成为运河后河滨的贸易转运功能不断强化，几乎河滨的所有街区都有桥梁通过芝加哥河，沿河道路与引桥之间的高差就成为影响芝加哥交通的主要矛盾。作为一个处于河口低洼平坦地区的城市，芝加哥无法如纽约那样利用曼哈顿岛自身的高差起伏因势利导地安排交通基础设施。[4] 芝加哥滨水区的多层道路建设始于19世纪末期。1909年，丹尼尔·伯纳姆在芝加哥总体规划中正式提出了瓦克车道的双层（局部三层）格局。自此

4　曼哈顿岛的原始地形起伏较大，许多纽约的基础设施会利用地形构建立交系统。例如，大中央车站正对的公园大道在42街利用地形自然起伏形成高架桥，以顺利接入中央车站二层立交系统。再如，哈德孙公园道在整个滨河公园区域会利用河滨斜坡形成各种拱廊场景，以构成滨河景观的一部分。

图7　19世纪20年代的瓦克车道
（Wacker Drive in the 1920s）

图8　Sasaki的滨水步道更新计划中规划的五个运河广场
（Five plazas in Sasaki' s Riverwalk plan）

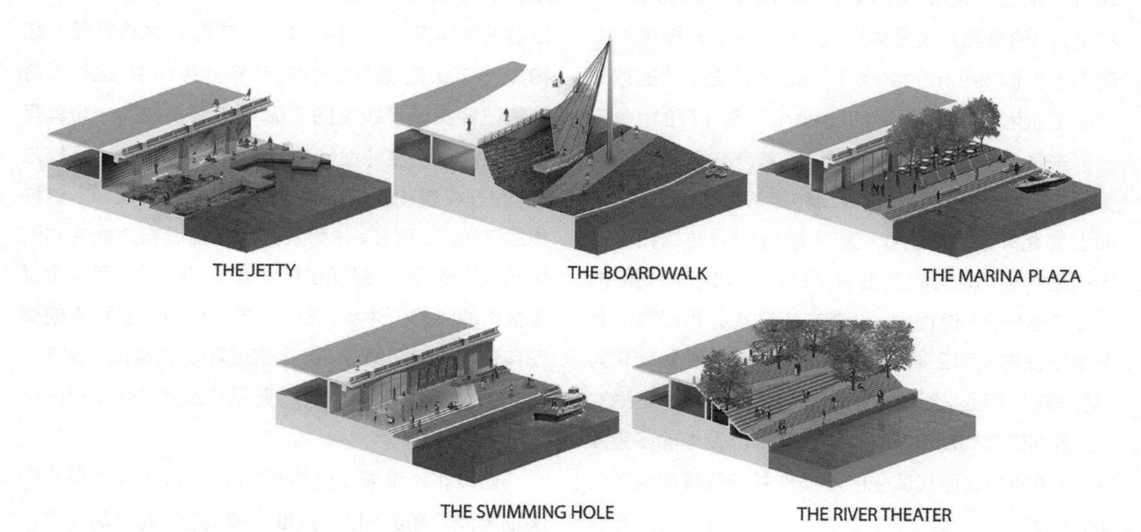

图9　Sasaki的滨水步道规划的五种剖面场景
（Five sectional scenarios in Sasaki' s Riverwalk plan）

整个芝加哥河沿线地区的地坪被抬高了一层，下层瓦克车道供通勤车辆快速通过或服务于沿河大楼的货运，上层为普通城市街道。为了与芝加哥河南岸的地坪协调，北岸的地坪也抬高了一层，地下成为建筑的后勤层。

1974年，芝加哥编制了《芝加哥延河地区规划》（*The River Edge Plan of Chicago*），将河岸规划为开放空间。2003年，《芝加哥中心区规划》（SOM编制）将公共领域（civic realm）延展到基础设施所形成的空间中，修缮以瓦克车道为代表的多层滨水街道，强化垂直人行通道（自动扶梯、电梯、坡道及楼梯），构建完全可达的基础设施所形成的公共领域。2000年后，芝加哥启动了河滨步道（Riverwalk）计划，以将滨河地区转化为连续的公共空间。以Sasaki为主的设计团队为芝加哥河主段设想了五个“水广场”，分别以五种剖面场景对应。这一方案贯彻了2003年的《芝加哥中心区规划》（SOM编制）所确定的滨河贯通原则，并使用不同的交通方式将城市街道层与亲水平台层连接起来。两个街块长的滨河步道于2015年率先开通，最后一期已经于2016年竣工开放。[13]（图7—图9）

纽约哈德孙场和芝加哥河步行道采用了不同的人工地形策略。哈德孙场延续了纽约的上空权开发传统，将大型驻车场隐藏于新地坪的地下，东区街块由线性的哈德孙公园（Hudson Park）贯通，并通过在东西中轴线保留低密度开发的开放空间来呼应滨水的朝向。芝加哥河步行道与既有基础设施的关系更为紧密，该更新方案积极地利用瓦克车道所产生的滨河地区高差，令滨河两侧的岸墙呈现为连续的拱廊立面，将基础设施地形转换为积极的人工景观。

王建国等在《世界城市滨水区开发建设的历史进程及其经验》中指出：西方城市滨水区更新的背景是以传统产业衰退为特征的“逆工业化”进程，而我国现阶段是出于城市形象改善和景观整治的需求。事实上，无论是西方还是中国，出于形象提升要求的主动“士绅化（gentrification）”与出于旧区活化的被动“逆工业化（deindustrialization）”是并存的。亟待改善形象的滨水区域同时也经历着产业和人口的流失，甚至“士绅化”会驱离人口和经济活动。这一现象在上海北外滩的周边社区极为明显[5]。消费端和生产端的空间变化是同时发生的。在国内滨水空间更新的主动“士绅化”过程中，改造主体往往会将已有的老旧基础设施视为工业遗存，剥夺其功能并将其转化为消费景观。但是，消费和生产功能的分界并不是绝对的。案例研究有助于人们重新审视基础设施的多重属性，在更新中尊重其演化的连续性并挖掘其适应新的需求的潜力。

4 上海北外滩地区滨水公共空间探析

4.1 北外滩地区滨水空间基础设施要素的现状

上海位于河流的低洼三角洲地区，这与芝加哥所处的位置相似，吴淞江（苏州河）的宽度和地位也类似芝加哥河。但是，黄浦江的体量和位置更接近哈德孙河。防汛墙的设置是降低上海的滨江空间可达性的一大原因。在前文所述的台北延平河滨公园的防汛墙就隔离了城市与滨河地区。上海地区河道多属于感潮河段（tidal estuary），下游潮流量远大于上游来水量。[14] [6] 随着防汛标准不断提高，防汛墙的高度和体量也在逐年增大，成为市民到达滨河公共空间的障碍。目前，黄浦区滨江岸线防汛墙共有四种形式，即空厢式岸线、一体式岸线、直立式岸线和生态式岸线。以上海外滩为例，从20世纪50年代到新千年，外滩的防汛墙不断升高，在1993年后采用了空厢式岸线，在2010年将防汛墙顶部改为观景平台。目前，上海在滨江改造中大量采用两级挡墙式防汛墙，一级挡墙前为河槽，二级挡墙为L形或厢式钢筋混凝土结构，一、二级挡墙间为土坡。在实际运用中，这种复合结构已经突破了线性的“墙”的概念，成为一个具有一定空间复杂性的设施带。原有的保护范围、开放方式、管理权属和建筑限制应该予以合理突破。[15] 这种集成了防汛、居住、休憩及其他基础设施功能的防汛墙已有先例，荷兰景观建筑师彼得·凡·维伦等提出了复合功能的防汛体系，该防汛体系可通过三种集成类型实现——空间集成、结构集成和功能集成，鹿特丹的“屋顶公园（Dakpark）”防汛体系就是停车空间与防汛坡的结合。[16]

虹口北外滩滨江区域东起大连路—秦皇岛路，南临黄浦江和苏州河，西抵河南北路，北至唐山路，区域面积约4 km^2。至20世纪末，北外滩地区的状况是居住与工业仓储混杂，交通犬牙交错，基础设施供应不足。相比于纽约和芝加哥在20世纪前期就开始有规划地改造滨河设施，北外滩地区在整个20世纪尚处于放任状态，密集的工业企业与港务设施各自为政，交通建设滞后。经过2000年后的一轮规划建设，现在已经建成的区段有国际客运中心及沿江绿地、置阳段居住区及沿江绿地、国际航运中心西段等。尚存有扬子江码头段、高阳路、公平路码头三个断点。[7] 目前，整个区段内为压倒性的商务办公和高端住宅酒店，各个地块各自为政，缺乏要素统筹的先期规划。[17][18]

---

5 根据第六次人口普查，虹口区全区人口在2000—2010年减少1%，而与之相邻的杨浦区同期人口增长5.6%。与老外滩及其他中心区相比，目前北外滩的公共活动的强度和质量都偏低。

6 哈德孙河是感潮河段，河流流向呈双向变化。感潮河道的污染物会随潮水带入上游，加大了治污难度。

7 至2017年年底，除扬子江码头段外，公平路和高阳路码头已经贯通。

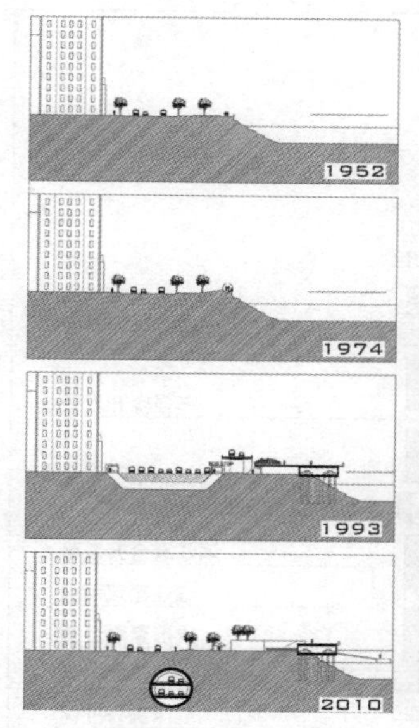

图10 外滩沿岸防汛墙历史演变
(The changing form of the Bund's flood wall in history)

图11 北外滩控制性详细规划的土地用地规划
(Land-use zoning of the North Bund)

具体来说，12号线国际客运中心站和提篮桥站离滨江尚有一到两个街区的距离，其中又横贯快速干道东大名路和杨树浦路，滨江地区的可达性低下。同时，沿江的“士绅化”街区也割裂了虹口腹地与滨水地区的联系。国客中心的候船区使用频次较低，但是上层平台层与候船区域完全隔离，候船楼（即飞艇形建筑）已经被改造为高端酒店，与原有设计意图有偏离，平台层公共空间使用状况不佳。[19]整个已建成区域的
共开放意愿较低，对公众呈现不友好的姿态。北外
也采用上文所述的复合防汛结构，二级挡墙（L
墙）后的整体地坪抬高，固然弱化了防汛墙的
响，但地坪抬升后，平台层与地面层间的区隔明
台层的可达性较低。（图10—图12）

4.2 北外滩“基础设施主导式更新”建议

2017年春季，同济大学建筑与城市规划学院“基础设施+公共空间”专题设计组对当前的北外滩四处典型场所进行了筛选研究，并着重对其基础设施要素进行了调查。这四处典型场所分别为虹口港近滨江地区沿岸、国客中心西区、国客中心东区和公平路码头地区。通过基础设施调查，小组成员分别提出了四项针对各自研究区域的关键任务（图13—图20）：

①针对滨江与腹地的联系薄弱的问题，将以虹口港滨河沿线社区作为打通腹地与滨江联系的关键，提出将虹口港近滨江区段建设为“十五分钟步行通廊”（滨河步道）和“十五分钟社区运动公园”（运动广
造虹口港沿线防汛墙与滨河步道的高差关系，
阳路—虹口港交叉口设置下穿长
行通廊两侧的社区内利用闲置
公共运动广场，将部分旧仓库建
的商业设施。此方案是为了通过成
群落吸引虹口腹地居民通过步行到

中心西段的主要部分是港务办公楼、地下邮轮联检大厅、飞艇形酒店、彩虹桥等设施。根据小组成员的多方查证，目前，每年的邮轮停靠次数仅为150次左右，联检大厅多数时间处于闲置状态。方

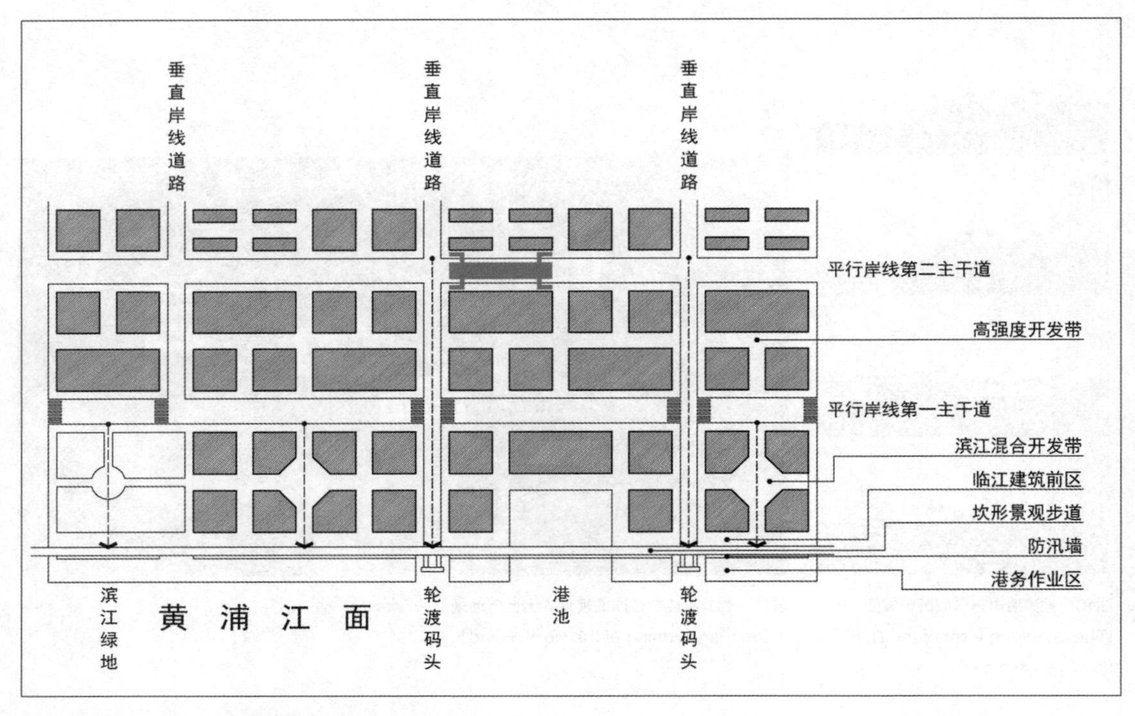

图12　虹口滨江关键基础设施要素组织简化图示

案建议改造联检大厅，将检票区域后退，优化联检路线，让出更多的空间供地下商业街使用，增加上下贯通的天井，破除码头区与绿地区的铁丝围墙，打通联检大厅与上部平台的隔阂状态，通过高差（而非铁丝网）来自然分隔码头区与堤顶平台区。重新组织平台层的步行系统，修正目前彩虹桥的步行连通性，增加防汛堤顶可达性。

③国际客运中心东段为“音乐之门”和商务办公区域。此段区域私有化程度严重，缺少集聚人群所需的餐饮和商业设施，音乐之门所对的江滨坡地也无亲水平台。办公流线与外来客流动线有冲突，降低了楼宇管理方的开放意愿。方案建议东区整个地下空间重新整理，形成十字形贯通的商业步行街，步行街的中央设置大型溜冰场。拆除并无实际作用的空中球形结构，代之以螺旋线自行车专用行车道，鼓励自行车和滑板等极限运动。开放音乐之门顶层的观景平台和观景大厅。十字形步行街的公众人流与周边办公楼的商务人流依然有所区分，在最大限度地开放“音乐之门”的同时尊重办公功能的自洽。

④公平路轮渡码头目前处于周边高端场所的“压迫”之下，地位较为尴尬。该轮渡码头服务的是通勤人群，对面为浦东泰东路轮渡站，是虹口居民到达陆家嘴金融区的快捷通道。公平路轮渡码头没有接入市域的快速轨道，轮渡站使用频率偏低。方案建议改造公平路轮渡站，新建一个地表形态的屋顶平台，平台串联国客中心与国航中心两侧的步行和骑车小径。同时，建造一个专供自行车和共享单车的高速高架网络，连通12号线提篮桥站和公平路轮渡站。该自行车高架桥与已有或待建建筑有不同的空中、地上连接桥，沿途设置泊车休息区、二层连接通道和立体泊车结构。

5 结论与反思

城市水道既是自然景观，也是一种特殊的基础设施。随着整个产业分布在全球地图上的辗转腾挪，交通运输与工业产业的形态逐步发生改变，工业都会逐渐向服务业、金融业和消费休闲业靠拢。码头，护坡、栈桥，货运铁路与驳岸构成的早期滨水基础设施遗存被逐步吸纳为滨水景观的一部分，但是所有权与管控主体的划线而治与旧有社区的“士绅化”改造，这些景观不可避免地沦为观赏盆景和主题公园，滨水空间的功能性被悬置或降格。针对这一问题，景观都市主义理论与实践开始转向对滨水空间的基础设施系统的关注，在泛滥的形式符号海洋中探析基础设施要素的工作机理，在“地形策划”的框架下建立一整套改造基础设施景观的策略和方法。甚至，当不同的基础设施串联成网络，乃至构成一种新的地形系统后，它可以作为“触媒”，撬动进一步的空间更新。[20]

历经十余年的规划建设，黄浦江滨江地区的“贯通”已经初现成效，至2017年年底，上海的45公里滨江岸线中的大部分实现了贯通。但由于先期的空间设计和管控范式的缺陷，即使已经经历了精细化更新，部分滨江沿线的可达性依然较低，已经高度“私有化”的滨江空间被各种管控主体切分为条块碎片。以北外滩滨江地区的各类基础设施空间为例，补救性的景观措施依然未能穿透防汛墙对滨江景观的阻碍作用，景观步道被挤压在港口作业区和临江建筑前区之间，压倒性的办公、酒店、游艇和邮轮码头功能不断地占据了大众可以享用的轮渡、休闲及聚集的绿地和广场，码头、轮渡、地铁、街道及步道等基础设施要素各自为政。

作为公共利益的代言人，基础设施项目的介入或许可以凝聚不同的利益相关方的共识，通过较少的干预成本改善区域的空间质量。基础设施作为公共利益的物化，可以统筹分散的利益诉求，快速建立共识和可执行的愿景。在未来的滨水空间再更新中，“基础设施综合策划”的工作方法有助于在学科层面贯穿诸种建成环境研究领域的知识基础，在操作层面集成不同的服务设施要素，在功能层面柔化防汛墙等基础设施的负面影响，它可以搁置过度的几何学主导的形式操作，将城市基本公共服务体系嵌入空间研究的前景中。■

图 13 虹口港近滨江地区“十五分钟步道”
(A “15-minute promenade” along the Hongkou Canal)

图 14 滨水步道与水闸改造的桥
(The waterfront promenade and the bridge converted from a water gate)

图 15　国际客运中心的空间组织策划
（The multi-decked International Cruise Terminal）

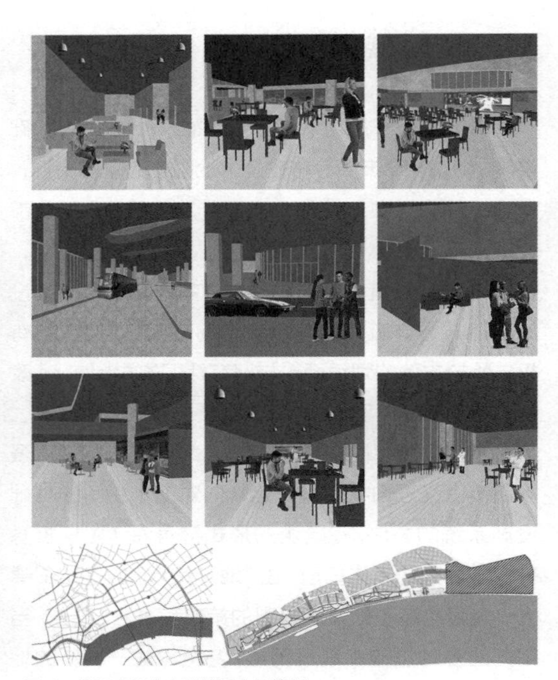

图16　国际客运中心联检区内部策划
（Interior views of the International Cruise Terminal）

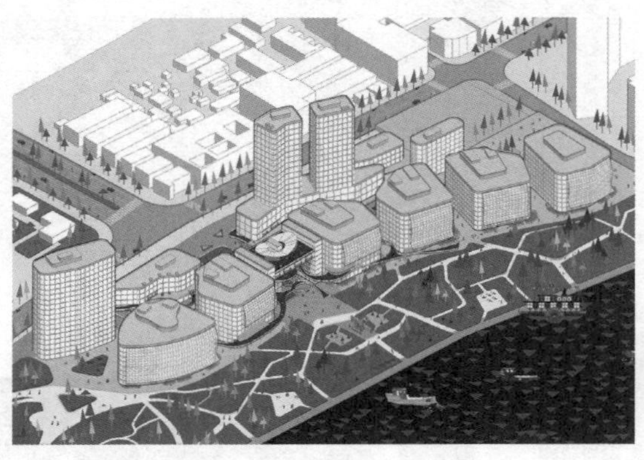

图17　音乐之门（国客中心东区）的改造方案
[A scheme showing the redevelopment of the Music Gate（East block of the Shanghai International Cruise Terminal）]

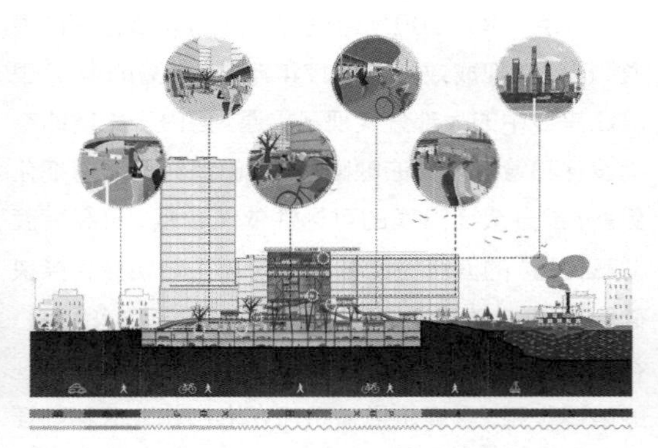

图18　音乐之门（国客中心东区）改造方案的剖面示意
[A section showing the redevelopment of the Music Gate（east block of the Shanghai International Cruise Terminal）]

图 19　公平路轮渡站的单车天桥系统
（The “cycling viaduct” around the Gongping Road Ferry Terminal ）

图 20　单车天桥系统与城市袋形小广场的结合
（Integration of the “cycling viaduct” and a pocket plaza）

图片来源

图1：来源于亚历山大·库珀建筑师事务所（Alexander Cooper Associates）。
图2：来源于SOCKS官方网站 。
图3：Word Press网站中用户Evaristo个人主页。
图4：宋玮建筑师提供。
图5：来源于aasarchitecture官方网站。
图6：纽约时报。
图7：来源于Word Press。
图8：来源于佐佐木事务所官网。
图9：来源于Archdaily官网。
图10—图12：笔者自绘。
图13—图20：笔者指导的同济大学“基础设施建筑学”设计小组绘制。

参考文献

[1] Niemann, B. & T. Werner. “Strategies for the sustainable urban waterfront.” [C] Proceedings of the *11 International the Conference on Urban Regeneration and Sustainability*（SC 2016）.

[2] 蒋诚赞. 上海北外滩地区的规划和开发[J]. 上海房地，1997（1）：26-28.

[3] 杨春侠. 促进城市滨水地区要素的综合组织[J]. 同济大学学报：社会科学版，Vol .20, No. 2, 2009（2）：30-36.

[4] Bjerkeset, Sverre & Aspen Jonny. “Private-public space in a Nordic context: the Tjuvholmen waterfront development in Oslo.” [J]. Journal of Urban Design, 2017, 22（1）, 116-132.

[5] Wall, Alex. “Programming the Urban Surface.” [G] In Recovering Landscape: Essays in Contemporary Landscape Architecture, edited by James Corner, 233-49. New York: Princeton Architectural Press, 1999.

[6] Allen, Stan. “Mat Urbanism: The Thick-2d.” [G] In *Le Corbusier's Venice Hospital and the Revival of Mat Building, Case #2*, edited by Hashim Sarkis, 118-26. New York: Prestel, 2001.

[7] Allen, Stan. “Infrastructural Urbanism.” [G] In *Center 14: On Landscape Urbanism*, edited by Dean Almy and Michael Benedikt, 174-81. Austin, TX: The University of Austin, School of Architecture, 2007.

[8] 谭峥. 香港沙田市镇中心的新地形学[J]. 时代建筑，2016（2）：35-39.

[9] 谭峥.都市多层步行网络之“地形系数”探析[J]. 建筑学报，2017（5）：104-109.

[10] Carmona, Matthew. “Design Coding and the Creative, Market and Regulatory Tyrannies of Practice.” [J] Urban Studies, 2009, 46（12）, 2643-2667.

[11] Allen, Stan. “Landscape Infrastructures.” [G] In *Infrastructure as Architecture: Designing Composite Networks*, edited by Katrina Stoll and Scott Lloyd, 36-45. Berlin: Jovis Verlag GmbH, 2010.

[12] 王建国，吕志鹏. 世界城市滨水区开发建设的历史进程及其经验[J].城市规划，2001（8）：41-46.

[13] Heathcote, Edwin. “Chicago's Riverwalk: Complex, Urbane and Intriguing.” *Financial Times*, June 2, 2017.

[14] 邹钧文. 黄浦江滨江公共空间贯通策略研究——以黄浦区为例[J].城市建筑，2015（11）：55-56.

[15] 顾相贤. 两级挡墙式防汛墙的思考[J]. 上海水务，2008（4）：11-13.

[16] Veelen, Peter Van, Mark Voorendt, and Chris Van Der Zwet. “Design Challenges of Multifuntional Flood Defences: A Comparative Approach to Assess Spatial and Structural Integration” [J]. In Flowscapes: Designing Infrastructure as Landscape, edited by Steffen Nijhuis, Daniel Jauslin and Frank Van Der Hoeven, 277-91. Delft: Delft University of Technology, 2015.

[17] 王一，卢济威. 城市更新与特色活力区建构——以上海北外滩地区城市设计研究为例 [J]. 建筑技艺，2016（1）：37-41.

[18] 吴真平. 北外滩滨江公共空间论坛“问症”上海滨江贯通难点[N]. 建筑时报，2016-10-24（006）.

[19] 范亚树. 上海港国际客运中心城市与交通流线设计[J]. 建筑技艺，2009（5）：74-81.

[20] Riano, Quilian & Chris Reed. “Landscape Optimism: An Interview with Chris Reed.” [J]. *Places Journal*, September 2011.

徐　宁 | Xu Ning

东南大学建筑学院

School of Architecture，Southeast University

徐宁（1980.7），东南大学建筑学院景观学系讲师，东南大学与苏黎世联邦理工学院联合培养博士。

观　点

在城市进程中，风景园林起到不可估量的作用，城市与绿色景观不应被视为两种相互分离的体系，城市要重视自然的存在，城市形态和过程应纳入风景园林学科的视野。未来的中国风景园林学，走向多学科融合是大势所趋，风景园林学能否与城市设计学科走向协作及融合是关系风景园林学科发展的重要问题。

一方面，城市设计能够为风景园林学科提供一种整合的视角和可操作的技术手段，风景园林学科通过介入城市系统，能够增强对城市发展规律、城市设计公共性和公共价值的认识，树立正确的城市发展观和价值观，进而落实以景观生态为抓手的城市形态管控，这是当代城市设计理论和方法对风景园林学科的潜在价值所在。以生态可持续城市为目标，以城市设计为手段，在对城市绿色空间系统进行抽象与搭建的过程中，充分考虑生态和景观学意义上的连通，综合考量人的行为因素对空间的需求和影响，指导城市交通、用地、建筑及其他系统与之形成新的洽接关系，便有机会实现城市与景观的高度协同。

另一方面，当代景观被认为是城市得以良好存在的框架和构建公共领域的重要手段，尤其在理解和介入复杂自然环境等方面持续发挥作用。重视风景园林可能给现有城市设计领域带来的优化和拓展，在城市设计中更多地汲取景观规划设计的思想和技术精髓，建立以景观为基本要素的城市形态控制和引导机制，以多层次的系统格局持续为城市环境提供生态承载力，保护、创造和增加城市中人与自然和谐相处的机会，促进城市形态的完整，这将构成风景园林学对当代城市和城市设计的主要贡献。

风景园林学科不仅要研究绿色空间系统的结构与功能等空间本体问题，更要关注系统所处的城市文脉，系统与周边环境的相互作用关系。当风景园林学与城市设计思维走向融合，当绿色空间系统与城市公共空间、与人的活动、与城市的公共活动中心建立恰当的联系，而不是各自为政的时候，新的复合系统将有机会同时释放出巨大的生态效益和社会效益。

效率与公平视野下的城市公共空间格局研究[1]
——以瑞士苏黎世市为例

A Study on the Pattern of Urban Public Space Based on Efficiency and Equity
—A Case Study of Zurich，Switzerland

徐 宁
Xu Ning

摘 要：从效率与公平视角出发，探讨了与城市环境互构视野下的公共空间格局议题，关注如何通过公共空间的高效配置和公平分配，推进城市公共空间建设和优化的科学性。所建立的基于效率与公平视野的城市公共空间格局分析框架，可用于认识一座城市公共空间资源分配现状，判定、监测现行政策法规及规划设计方案的影响，提供可靠的决策依据，引导符合效率与公平原则的公共空间格局模式。

关键词：效率与公平，城市公共空间，城市语境，空间格局，苏黎世

1 城市公共空间格局研究的效率与公平视野

城市公共空间是城市建成环境不可或缺的组成部分。近年来，公共空间建设在我国城市建设中越来越受到重视，建成空间的数量、品质以及公共性程度均得到显著提升，初步缓解了我国城市长期以来公共活动场所匮乏的局面。但从总体角度审视，总量增长不等价于格局优化，总量只能反映公共空间的部分特征，无法全面呈现其区位选择、分布状况和服务水平。为符合指标要求[2]，现行规划往往将无法开发建设的城市边角和零星用地划作公共绿地，甚至将城市中心区的公共空间变相置换到城市外围或郊区，导致公共空间条块分割，缺乏整体规划，公共空间布局与城市形态关联的内洽性不够，资源配置的效率低，公平性也无从保障。这就要求城市公共空间建设要从对总量的机械追求走向对空间格局的关注，从对局部的精雕细琢走向对整体的把控，当前迫切需要开展城市层面的公共空间格局研究。

城市公共空间格局研究主要关注公共空间的配

1 本文原载于《建筑学报》2018年第六期，收入本书时有删节。国家自然科学青年基金项目（51408122）。

2 目前，我国国家性的城市规划规范中没有关于城市公共空间的明确定义和配置规范。相关规范条例主要包括《城市绿地规划建设指标的规定》《城市绿地分类标准》《城市绿地系统规划编制纲要》和《国家园林城市标准》等，主要对相应城市公共空间的总量或平均量进行约束。

置及其机理，反映空间要素之间及其与城市语境的关系，是物质公共空间构成的总体呈现，是实现更具竞争力和更可持续城市的一大战略领域。城市公共空间格局的效率与公平主要体现为两组博弈关系：一是供给效率与权益公平的关系，它与公共空间的社会公共属性相关；二是配置效率与分配公平的关系，它与公共空间的物质空间属性密切相关。本文侧重对后者进行揭示。如何在有限的土地资源条件下，以较少的量达成空间上更好的分配，增加公共空间的可达性和吸引力，提高城市的生活品质。如何通过均等的公共空间分布形态，从空间上促进社会阶层的融合，进而实现社会总福利的最大化。归根结底，城市公共空间格局研究关注的是，如何通过公共空间的高效配置和公平分配，推进城市公共空间建设和优化的科学性。

1.1 城市公共空间格局配置效率与分配公平的含义

效率最基本的含义是指资源的不浪费，即现有资源物尽其用。城市公共空间格局配置效率的立论基础在于，承认公共空间稀缺性的现实存在，并在城市语境下研究公共空间系统如何组织与建构，以便更加有效地利用资源。城市公共空间格局既是配置效率的剖析对象，也是其结果呈现。以帕累托最优为基础，公共空间格局的配置效率主要取决于有限的公共空间资源能否最大限度地服务于多数人，即消费者所获得的福利和效用，可以用“单位用地面积的潜在服务人数最多”原则来衡量。在效率观念中，人被视为无差别的抽象个体。

公平是一种价值判断，是指制度、权利、机会和结果等方面的平等和公正。公共空间格局的分配公平研究的是空间权益的平等。西方学者区分了对设施分布公平的四种不同理解：①公平即均等，居民社会经济状况、支付意愿或支付能力以及需要程度不同，都接受同等待遇；②公平分配即按要求分配，使用者较多或争取公共空间较积极的地区获益较大；③公平由市场规则决定，将服务成本作为主导因素，按照用户的支付意愿分配公共空间；④按需分配，即补偿性公平，为老人、儿童、残障人士、低收入人群、有色人种等弱势群体提供更多的权利和机会[1-3]。本文采用最基本的公平分配含义，即城市公共空间格局应保障使用者个体之间公共空间福利的均等。空间公平要与平均主义区别开来，所谓公平并不意味着每个人获得相同的城市公共空间使用量，空间公平的基本前提是强调使用主体的差异性。

1.2 城市公共空间格局配置效率与分配公平的关系

效率与公平作为社会的两大价值目标，两者间的关系是理论界争论的焦点。在社会经济领域，效率和公平的矛盾相对尖锐，经济发展与社会发展的目标经常相互背离。城市公共空间的配置效率与空间公平的关系则较为缓和，两者间尽管存在一些矛盾，但增进公共空间格局效率与公平的目标高度一致，都是为了实现城市物质空间的优化，提高环境宜居度和生活品质，促进社会和谐与融合。从这个意义上说，公共空间用地与其他功能用地的争夺竞争是首位矛盾，公共空间的配置效率与分配公平则属于相对可调和的“内部矛盾”。

公共设施区位理论中，通过模拟公共设施的规模和间距来评价公平与效率的相对重要性，当同等规模的设施间距增加，公平性降低而效率增加[4]。城市公共空间的选址布局遵循这一规律，但其配置效率与分配公平的矛盾体现在：效率原则要求公共空间的总量最小化并服务于最大量的使用者，大型公共空间在重要区位的集中布置更具效率优势；公平原则考虑最大限度满足使用者需求、要求到访公共空间的总距离较短，大量小规模、分散式的公共空间格局系统更具公平优势。基于效率原则的公共空间模式不利于远距离用户，居民日常出行一般采取就近方式，即托布勒（Waldo Tobler）发现的“距离衰减效应”——距离越远、活动发生的可能性越小[5]；基于公平原则的布局能够方便居民日常使用，但既有公共空间可能会日常利用不足、特殊时刻又满足不了特定的功能需求，公共空间建设和管理的成本也会相应增加。因此，城市公共空间格局的配置效率与分配公平需要优化组合，可持续的格局效率和公平需要必要的社会物质基础。在辩证统一体中，配置效率是空间公平实现的基础和保障，而不是城市空间追求的终极目标；公共空间公平是城市公平的子系统，空间公平是城市公共空间的价值核心，公平原则优先于效率和最大限度提高利益总量的福利原则。

1.3 效率与公平视野下的城市公共空间格局分析框架

城市公共空间既要配置高效，还要满足公平分配的要求，实现配置效率与分配公平的高度统一，这是战略层面的公共空间布局需遵循的基本原则。以此为核心，衡量特定城市社会中公共空间的格局效率与公平状况，需要基于城市语境展开，并落实在对公共空间与城市语境诸要素的作用关系的考察。这些错综复杂的关系可以从以下方向进行梳理，即城市公共空间格局与城市结构、道路交通、土地利用和人口分布的关联关系（图1）。

城市结构层面，一方面，城市公共空间系统与它所依附的自然地理条件直接相关，两者间既相互制约又彼此依存的张力关系构成判定公共空间格局效率与公平的要素之一；另一方面，城市空间结构反映了城市的组织特征和用地规律，通过区位择优和梯度分布，公共空间能够便捷地为最多数人使用。公共空间及其层级系统是否遵循既有城市空间结构是衡量公共空间格局合理性的重要标准。

道路交通层面，公共空间格局与城市交通组织的关联性，主要体现在它与环境友好型交通方式——公共交通和慢行交通的联动关系上。运行良好的公共交通通常与有吸引力的步行环境相联系，增加乘客前往其步行距离内的公共空间的偶发行为概率，鼓励慢速交通方式的发生，对公共空间的使用具有重要扶持意义。同时，公共交通出行费用的低门槛给使用者个体提供了更多均等化享用公共空间的福利。

土地利用层面，公共空间格局与城市用地性质和用地密度相互影响并紧密关联。在持续双向作用的进程中，公共空间格局与城市土地利用各因素通过相互干预实现整合效果。尤其是土地混合使用情况对公共生活具有显著影响，混合用途带来更多的社会交往机会、更好的城市活力与街道生活[6]，还能够增加公交出行比例、产生双向平衡的交通流量[7]，影响居民的区间出行意愿和出行强度。

人口分布层面，人是反映公共空间的城市生活目的、赋予城市公共空间以意义的街区和地块的主要组成部分。城市公共空间格局应与人口分布的总趋势相互适配，以获得城市总体人口分布层面的适应性和持续发展动力。服务居民的能力是衡量一个城市人地关系是否和谐的参照，城市公共空间格局应给予不同的使用者个体以均等的可达权。

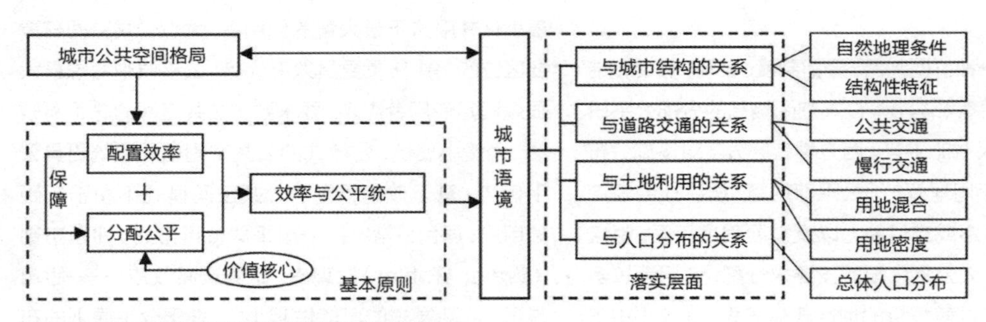

图1 效率与公平视野下的城市公共空间格局分析框架

2 框架应用：瑞士苏黎世市

长期以来，欧洲城市公共空间在世界范围内得到高度认可，构成欧洲城市意象中最不可或缺的部分。瑞士城市苏黎世近年来更是屡次位居世界最佳宜居城市之冠，其享誉世界的生活品质很大程度源于这座城市拥有环境优美、人们愿意驻足的公共空间系统。这些空间为何会对市民和游客产生如此强大的吸引力，下文以苏黎世公共空间为例，将感知层面的体验上升到理性分析，应用效率与公平视野下的城市公共空间格局分析框架挖掘其内在原因。

苏黎世的城市空间格局体现为山、水、城的有机交融（图2），山体生态廊道与水系生态廊道共同作用，形成城市整体生态联系网络，成为调节生物气候的缓冲空间，地形的制约使城市腹地的指状发展成为必然。整个城市地势起伏较大，路网形态有机，肌理致密。

过去150年间，苏黎世市的公共空间历经了三个阶段的演进历程[8][9]。第一个阶段自19世纪后半叶始，此时城市公共空间表现出清晰的秩序和严格的等级。沿苏黎世湖的散步道和公园、公共建筑前的广场、宽阔的林荫大道构成公共领域的主要部分，服务于新兴的资产阶级。班霍夫大街、湖滨码头区是这一时期的代表。居住职能与工作场所的分离决定了第二阶段的公共空间设计。代表技术进步的机动车交通受到重视，出现了新的公共空间类型如交通性广场。第三个阶段始于20世纪80年代，伴随着苏黎世从被动形成的金融中心走向开放且充满生机的区域性中心城市，城市公共空间得到复兴。这个阶段主要是对原有公共空间进行改造和重新设计，形成以文化和经济为主导的空间利用。公共空间的设计以需求、使用方式和风格的多样性为特征，城市公共场所的意义不断得到提升。2003年年末，苏黎世城市经济和发展委员会促成了一项跨学科的苏黎世公共空间设计策略《城市空间2010》[10]。到2008年年初，这个项目所制订的标准被苏黎世政府部门作为新方法引进并在所有市政当局中强制执行，推动了该市公共空间的持续良性发展。

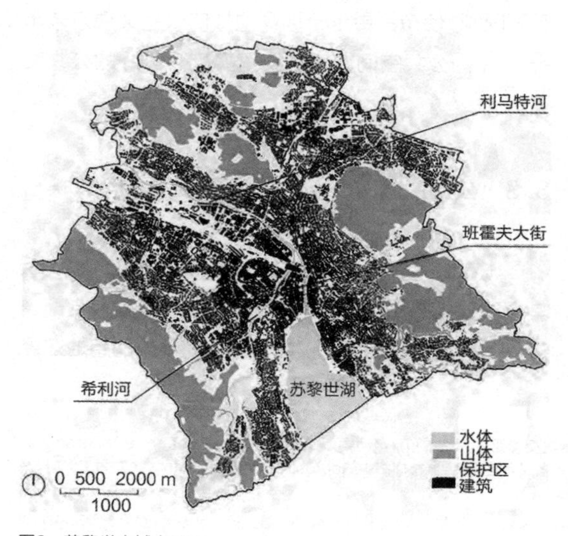

图2 苏黎世市城市平面

3 苏黎世城市公共空间格局的配置效率

3.1 公共空间层级与城市空间结构高度契合

根据结构适配原理，公共空间若要尽可能发挥最大效用并服务于大多数人，其布局就应与城市空间结构相契合，在城市核心地带形成更高等级的公共空间、更多样丰富的系统[11]，这种分布模式能够显著提升公共空间格局的配置效率。

苏黎世市的公共空间印象是通过清晰的等级性和连续系统获得的，公共空间层级系统与城市空间结构高度契合（图3）。从主火车站附近的尖端公园开始，经班霍夫大街及利马特河东岸的漫步道，途经林登霍夫广场和市政厅桥等，直到苏黎世湖畔优美的湖光山色，这一系列公共空间的等级最高，与历史古城浓郁的人文气息及丰裕的河湖资源相得益彰，可谓苏黎世公共空间的菁华。该空间序列位处整个城市的核心。此外，围绕厄利孔火车站，体育场、展览馆、集市广场与相邻街道构成另一区域层级公共空间，这里正是城市副中心厄利孔所在。城市级公共空间主要分布在城市主/副中心、利马特河沿岸、苏黎世湖远端以及城市主要干道沿线，完全契合整个城市以老城为核心

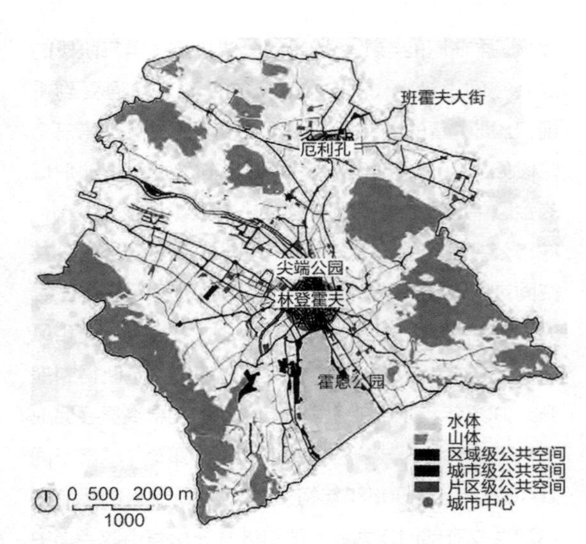

图3　苏黎世市公共空间层级与城市空间结构相契合

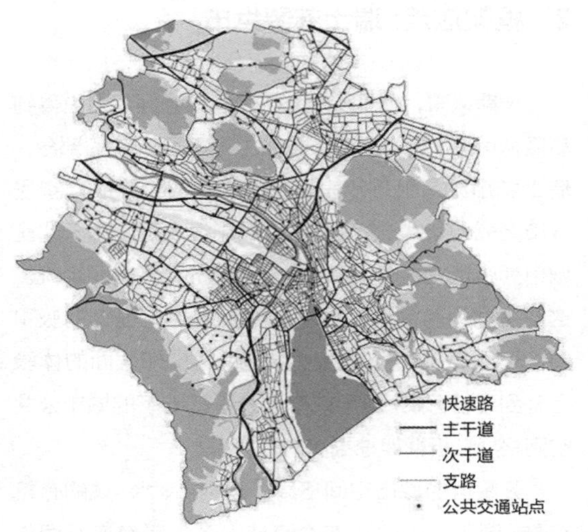

图4　苏黎世市公共交通网络和站点分布

的向心—放射型指状组织结构。片区级公共空间分布在各个邻里街区，满足居民日常所需。

苏黎世市的公共空间等级梯度与老城核心区、厄利孔副中心及河流湖泊自然地貌构成的城市空间结构之间建立起强大的依存关系，为最大限度发挥公共空间效率奠定了坚实的区位基础。

3.2　公共空间网络与城市公共交通相互联动

成功的公共交通是与城市公共空间网络高度联动的系统。没有大运量公共交通的支持，人们到访公共空间的中、长距离出行频次将面临锐减，公共空间辐射范围和影响力将大幅削弱。公共交通与有吸引力的步行环境的合理结合，既不需要占用过多停车场地，又带来大量客流，鼓励了公共空间中活动的发生。

苏黎世市道路网为高密度均质型，公交站点密集，拥有世界公认的一流公交系统（图4）。快速路—主干道—次干道—支路路网级配为0.3 ：1 ：1.9 ：8.6[3]，形成比较合理的金字塔状路网等级结构，各级道路里程随等级降低而增加。

自1973年全民公投确立“公共交通第一”的原则，苏黎世市连续10年间持续投入共两亿瑞郎用于扩建和改善原有公交网络，目前，公交站点300 m服务半径的覆盖率达城市建成区的97.24%[12]，平均候车时间不超过5 min，工作日的公共交通服务线路达2400 km/km^2 [7]。完善的公交系统、积极的步行环境,以及政策对公共交通的大力扶持和对小汽车的一系列限制，使市民更乐于选择便捷的公共交通方式出行[4] [13]，为公共空间效率的发挥奠定了良好的公共交通基础。

3. 3　公共空间分布与用地混合程度正向关联

城市公共空间由一定功能、密度、价格的地块及其上的建筑布局所形塑，它们紧密关联并相互支配。适宜的土地混合利用不仅能促使不同性质的用地在经

3　苏黎世市道路分级与我国《城市道路交通规划设计规范》规定不同。城市主要道路分为城市和片区两类，城市道路包括autobahn、autostrasse和stadtstrasse，片区道路仅stadtstrasse一类。本文根据国标标准，将autobahn归为快速路，城市道路中的autostrasse和stadtstrasse归为主干道，片区道路stadtstrasse对应次干道，其他道路为支路。路网级配数据参见参考文献[12]。

4　苏黎世市民76%的工作和购物出行使用公共交通，只有12%的人使用私人小汽车通勤和购物，每个居民年均公共交通出行约560次。参见参考文献[7]第322页。市民日常出行包括43%的步行和27%的公共交通，合计占出行总方式的70%。参见参考文献[13]。

济和社会中相互扶持[14]，还能够通过影响城市居民的出行方式、出行距离、到访公共空间的便利程度，增加居民的区间出行强度，促使到访公共空间的人流数量倍增，促进公共空间活动发生的可能，实现良性互动。城市用地混合程度的定量计算，可通过度量既定区域内不同用地类型的空间聚类程度[15-17]。

参照我国现行的《城市用地分类与规划建设用地标准》（GB 50137—2011），通过多种电子、文献和图纸资料的汇总、配准、校正和数据融合，结合详尽的实地调研，确定苏黎世市的土地利用现状（图5）[5]。

数据显示，苏黎世市的居住用地占城市建设用地份额最大，公共空间用地其次，共584.7 ha，占比11.46%。从图5中能够获得直观印象，公共空间周边色块面积小、品种多，反映出土地利用混合程度较高。

统计苏黎世市34个行政区的土地利用熵值，如图6所示，从市中心到边缘，苏黎世市用地混合程度呈明确的圈层递减规律，市中心的公共性最强、用地混合程度最高。公共空间用地面积比例分布与用地混合程度正相关，从中心区向外围减少。鉴于城市核心区需要服务于整个城市，而外围地区只需服务于相应地域的人口，这种公共空间分布遵循城市圈层格局的模式有利于公共空间尽可能地发挥最大效用并服务于最大多数人。

4 苏黎世城市公共空间格局的分配公平

4.1 公共空间布局与山体开放空间错位互补

在很多城市中，公共空间与山体开放空间的关系表现为边缘依托和渗透的模式。其优势在于，公共空间能够借自然资源的景观塑造和生态美学价值，获得必要的活动支持。同时，城市中的自然山体景观特征也能得到维护和强化，有利于形成城市特色。因此，结合自然山体要素布局公共空间的策略成为设计通则。如南京结合鸡笼山建成鼓楼广场和凯瑟琳广场，结合九华山建成九华山公园，结合清凉山建成石头城公园和清凉山公园等，这些公共空间规模较大、品质较好，在整个城市公共空间系统中扮演着重要角色（图7）。

与此不同，苏黎世的公共空间布局与山体开放空间的关系表现为错位互补模式。保护自然环境和景观

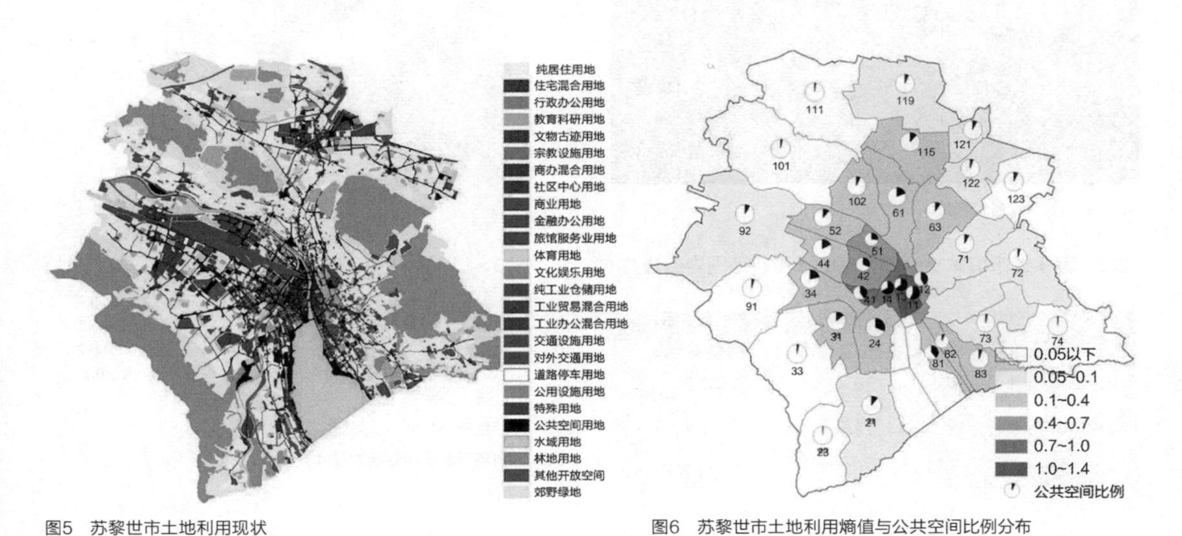

图5 苏黎世市土地利用现状

图6 苏黎世市土地利用熵值与公共空间比例分布

5 分类标准对现行规范进行了一定调整，由于分析主体为公共空间，因此将公共空间用地作为单独一项列出，其他用地尤其公共设施用地的分类按照与公共空间用地的关系进行了归并和简化。详细做法参见参考文献[12]。

环境位列瑞士国家空间规划方面的四大策略之一[19]，作为城市重要疗养空间的自然山体在苏黎世享有极高的优先权。山体周围基本被“保护区”环绕，这些保护区一般用作牧场、公墓、家庭花园、运动场地、草地等非城市建设用地，成为山体与城市建设用地之间的缓冲地带。公共空间被更多地布局在城市建设用地内远离自然山体空间的区域里（表1），使得无法在短时间内到达山体开放空间的人们获得更多的公共空间补偿，形成公共活动优势资源互补的空间布局。从城市尺度看，这更符合公平的逻辑。

4.2 公共空间容量与城市圈层结构梯度适配

公共空间与城市用地密度分布的关系影响公共空间的使用及其评价。但平面维度的建筑密度和空间维度的容积率指标都不足以反映城市建设范围内的空间密度。本文引入1928 年德国学者赫尼希（Anton Hoenig）提出的开放空间率（Open Space Ratio，OSR）作为衡量城市空间宽敞度的方法，计算公式为既定区域内开放空间的总量除以该区域的总建筑面积[6]。开放空间率描述的是开放空间的承载压力，数值越小表示承载压力越大。

本文以相应的“公共空间率”（Public Space Ratio，PSR）指标来衡量城市公共空间的承载压力。公共空间率等于既定区域内的公共空间总量与该区域内总建筑面积的比值。统计苏黎世的公共空间率如图8所示。

PSR 指标分析显示，苏黎世的公共空间容量与城市圈层结构表现出梯度适配特征：自市中心向外，苏黎世片区PSR 的色块颜色大致呈加深趋势，表明公共空间承载压力圈层式递增。核心圈层的PSR为0.165，即每1 m^2的建筑面积对应0.165 m^2的公共空间面积，相当于建筑物平均覆盖密度40%、平均层数5 层的既定区域内公共空间用地比例达到33%。PSR

图7 山、水、城、林交融的南京老城

表1 苏黎世市山体300 m和500 m步行范围内的公共空间比例与市区比较

地区范围	公共空间总面积/ ha	公共空间占总用地比例/ %
山体300 m步行范围	38.4	4.0
山体500 m步行范围	74.8	4.2
苏黎世市	584.7	11.5

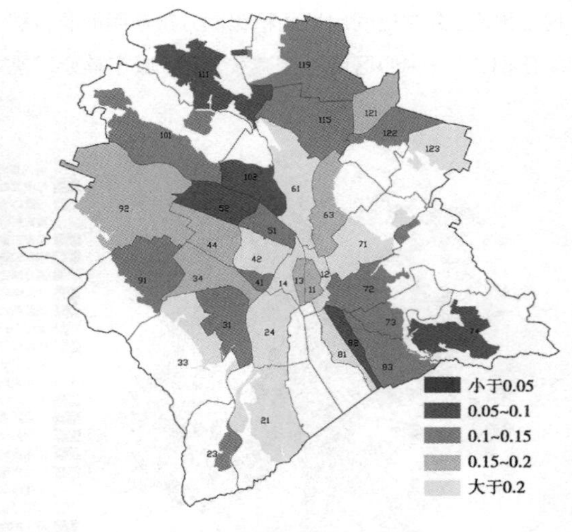

图8 苏黎世市公共空间承载压力分布

（注：颜色越深表示承载压力越大）

6 OSR概念参见参考文献[20]，部分学者将OSR理解为“空地率”，即开敞空间总面积与地块面积的比值，这是有误的。开敞空间总面积/地块面积在英文语境中的对应概念是Share of Open Space，简称SOS。OSR指标对现代城市设计的影响很深，被应用在20世纪60 年代的北欧规划导则中，迄今仍然在纽约区划法则中作为强有力的生成开放空间的管理工具得到运用，同时也被用于估算开放空间维护的费用。

值反映出苏黎世核心圈层的公共空间承载压力最小。城市外围地区的公共空间平均PSR值达到0.1左右，较大的公共空间承载压力由大量的自然开敞空间补足，体现了城市层面的均衡布局，公共空间容量与用地密度形成积极的共生关系。

4.3 公共空间量级与城市人口分布相互协同

城市公共空间为人类交往的盛衰赋形，人是公共空间使用的主体。大量环境行为学调查证实，多数使用者愿意且会定期去公共空间的条件是，公共空间位处居住地或工作场所的3~5 min步行距离。公共空间的步行可达程度和量级应与人口分布的总趋势相协同，尽量使多数居民易于接近，保障公共空间使用公平。

苏黎世大量中小规模的公共空间[7]构成严密的网络，就像有机体的毛细血管，渗透到城市的各个邻里街区。从公共空间面积分布与数量的关系看（图9），单块面积为1000~3000 m^{2}的公共空间数量最多，占总量的1/4。面积为1000~5000 m^{2}的规模不太大的公共空间数量占总量的44%。低于500 m^{2}和超过20000 m^{2}的公共空间较少。这些中小型公共空间形成整体性网络，相较于少数几个大型的集中空间散布在城市中，更能适应城市人口的基本需要。

苏黎世市人均公共空间面积为15.80 m^2，各行政区之间的人均公共空间面积分布比较均匀，30个行政区[8]有22个人均面积为13~29 m^2（图10）。人均公共空间面积较小的行政区普遍有自然山体资源的补足，较好地平衡了人口的分配需求。

4.4 地区公共空间与城市公共中心耦合互构

苏黎世公共空间系统与城市结构的密切关联不仅反映在公共空间等级体系分布上，还体现在与城市公共中心的耦合互构格局中。以步行距离为半径，苏黎世各片区形成覆盖全城的“服务枢纽”，这些地方聚集了较高密度的人口，土地利用更为混合，城市生活更加丰富，有着便捷的公共交通，形成具有认同感和归属感的地区公共中心（图11）。集聚效应、多样的服务组合、多目的出行及便捷联系的可能性使这些公共空

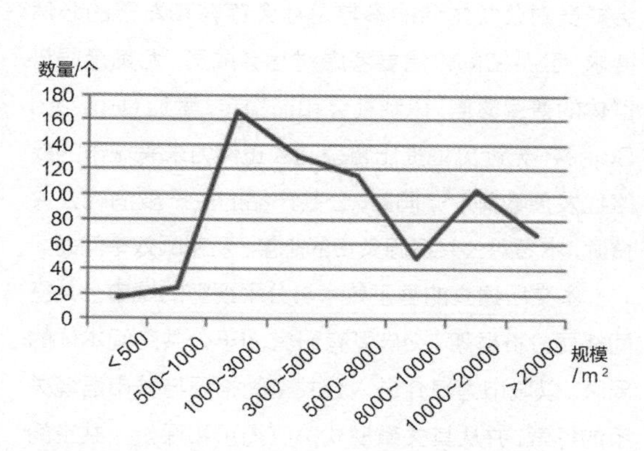

图9 苏黎世市公共空间规模与数量的关系

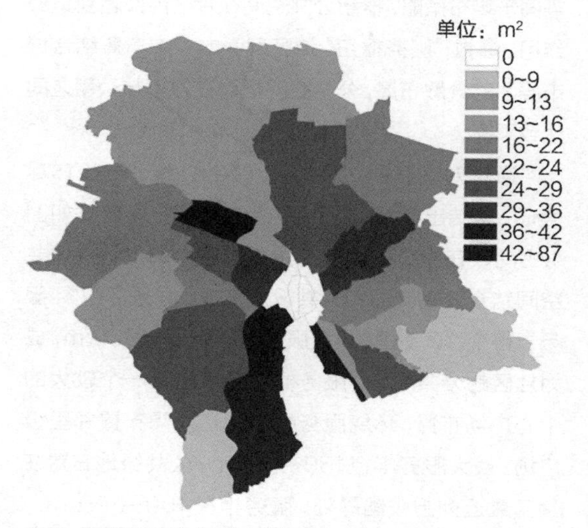

图10 苏黎世市人均公共空间面积分布

7 据笔者实地调研，苏黎世城市建成区51.03 km^{2}的面积内共有677处公共空间。面积最大的广场是2003年改建的苏黎世西区Turbinenplatz广场，仅1.4 ha，较我国大型广场平均9.9 ha的面积要小得多。我国数据参见参考文献[21]。

8 苏黎世老城的公共空间服务于全市人口，而不只服务于其所在的行政区，老城所在的四个行政区未纳入统计范围。

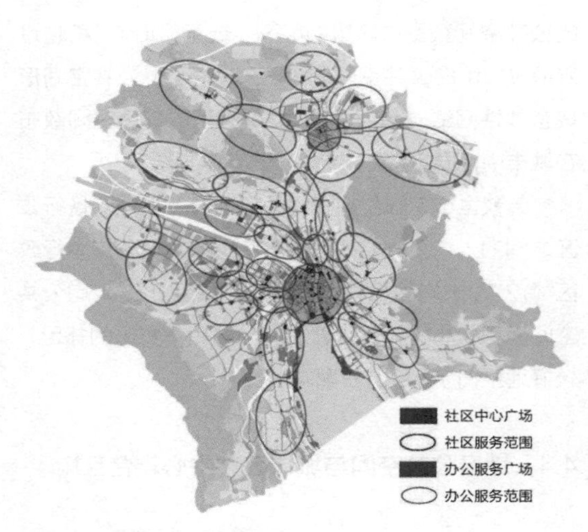

图11 苏黎世市城市公共中心构成

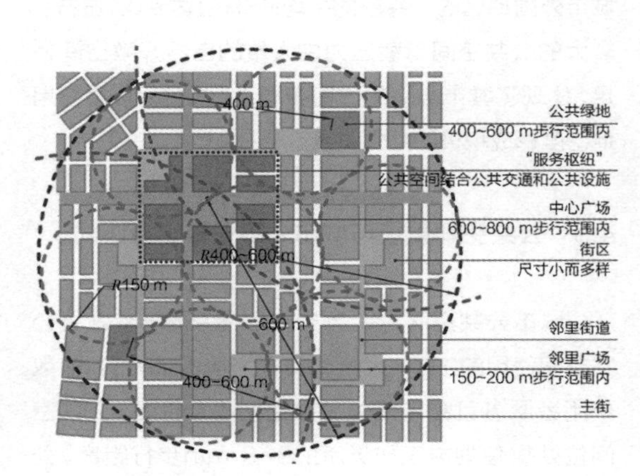

图12 苏黎世市城市公共中心典型模式

间更具使用上的优势，这些公共空间成为象征城市形象的代表性公共空间与供社区使用的邻里空间之间最重要的中观层面的公共空间，其在整个系统构成中具有结构性意义，支撑城市的良性运转。这些结合服务枢纽布局的公共空间在城市中分散布置，具有很好的步行可达性，公平地负担服务职能。同时，分散策略不等同于均布策略，枢纽公共空间在片区内部起到集聚作用。通过“服务枢纽”地区层面的集中布置结合城市层面的分散布局，公共空间格局在效率与公平之间达致平衡。

通过对现状29个地区公共中心的进一步详尽考证，总结出苏黎世公共中心的典型布局模式如图12所示：在整个地区较靠近地理中心的位置由公共空间结合公共交通和公共设施形成“服务枢纽”，服务于整个片区范围，最大服务半径600~1000 m，成为片区的公共中心。服务枢纽通常围绕一个较大的中心广场布置，环绕服务枢纽周边间隔布置邻里级广场，最大服务半径150~200 m。公共绿地布置在片区靠近外围较幽静处，服务半径400~600 m。街区地块尺寸小而多样，以提供多种布局的可能性。主要街道和邻里间的街道联系了主次广场和绿地，建立起具有层级性和连续性的公共空间网络系统。

5 结语

城市的发展不仅体现在经济上，更表现为环境宜居与社会和谐的高级需求。无论对城市整体还是局部而言，城市中起决定性意义的是公共空间格局而非总量。

效率与公平视角为城市公共空间格局的机理揭示及其评价提供了基本立足点。公共空间格局效率和公平旨在为社会成员参与公共生活创造良好的条件，社会成员对公共生活的参与是社会存在和发展的必然要求。公共空间供给要考虑对社会成员，尤其是弱势群体的普遍覆盖，以利社会和谐稳定，索亚（Edward Soja）不无远见地提出将空间公正作为未来城市的战略性发展政策[22]。同时，公共产品的生产要消耗公共资源，本着对公共资源负责的态度，要兼顾效率问题。

本文所建立的基于效率与公平视野的城市公共空间格局分析框架，突破既有研究囿于公共空间本体的局限，以城市为媒介进入公共空间格局与城市语境关系的探索，并从其关系模式角度揭示和评价公共空间格局的配置效率与分配公平，可广泛用于客观认识一座城市公共空间资源分配现状，分析其薄弱环节并予以改进并可判定、监测现行政策法规及规划设计方案的影响，提供可靠的决策依据，引导符合效率和公平原则的公共空间格局模式。

苏黎世案例证实，公共空间格局通过与城市空间结构、公共交通、混合土地用途、用地密度和人口分布的充分契合，能够较好地实现高效率与高度公平之间的统一。与此相对，以该框架评价南京老城公共空间建设，其公共空间总体格局与城市结构、交通、用地及人口分布的关系亟待优化调整，主要表现在：公共空间主要在城市外围集中，城市级公共空间的离心布置态势与既有城市空间结构和公共行为活动的向心规律背离，不利于公共空间的日常使用和效率发挥；公共空间与公共交通站点之间的耦合关系不佳，滨水空间公交可达性不足，地铁站点周边的公共空间营建和战略整合尤应加强；公共空间与城市混合用地的关联程度弱，核心及中心圈层的公共空间承载压力过大；以大型公共空间为主体，中小规模公共空间不足，人均公共空间分布不均，城市内圈层负荷大等。因此，尽管南京老城与苏黎世公共空间的城市建设用地实际占比相差不大，分别为7.7%和10.8%[12]，但在真实的城市体验中却会明显感受到南京公共空间的相对匮乏。

城市公共空间的形塑是一个累积渐进的过程，大部分城市建设和由此形成的空间结构至少会存留数百年，关于城市公共空间格局的决策决定着未来的城市生活。我国当前的宜居城市建设工作，迫切需要将公共空间格局优化作为重要的公共政策，多元弹性控制、长期持续推进，以创造更加富于吸引力和可持续发展的城市。■

参考文献

[1] Emily T. Visualizing Fairness: Equity Maps for Planners[J]. Journal of the American Planning Association, 1998, 64(1): 22-38.

[2] Sarah N. Measuring the Accessibility and Equity of Public Parks: a Case Study Using GIS[J]. Managing Leisure, 2001, 6(4): 201-219.

[3] Chona S, Jennifer W, John W. Got Green? Addressing Environmental Justice in Park Provision[J]. Geo Journal, 2010, 75(3): 229-248.

[4] Donald M. Equity and Efficiency in Public Facility Location [J]. Geographical Analysis, 1976, 8(1): 47-63.

[5] Waldo T. A Computer Movie Simulating Urban Growth in the Detroit Region[J]. Economic Geography, 1970, 46, 234-240.

[6] Llewelyn-D. Urban Design Compendium 1[M].Second Edition. English Partnerships & The Housing Corporation, London: 2007, 39.

[7] Robert C. The Transit Metropolis: a Global Inquiry[M].Island Press, Washington DC: 1998.

[8] Bernadette F. Stadtraum und Kunst[G].Schenker C. Kunst und Öffentlichkeit, JRP, Ringier, Zürich, 2007.

[9] Angelus E, Iris R. Building Zürich: Conceptual Urbanism[G]. Basel, 2007.

[10] Stadt Zürich. Stadträume 2010: Strategie für die Gestaltung von Zürichs Öffentlichem Raum[G].Druckerei Kyburz, Dielsdorf, 2006.

[11] 徐宁. 城市公共空间格局基本原理探析[J].风景园林，2016(3): 116-122.

[12] 徐宁. 基于效率与公平视角的城市公共空间格局及其评价研究[D]. 南京：东南大学建筑学院，2013.

[13] Martin W. Everyday Walking Culture in Zurich[J/OL]. 2005-09.

[14] Jane J. The Death and Life of Great American Cities[M]. Random House, New York: 1961.

[15] 陈彦光，刘明华.城市土地利用结构的熵值定律[J].人文地理，2001, 16(4): 20-24.

[16] 赵晶，徐建华，梅安新，等.上海市土地利用结构和形态演变的信息熵与分维分析[J].地理研究，2004, 23(2): 137-146.

[17] 林红，李军.出行空间分布与土地利用混合程度关系研究——以广州中心片区为例[J].城市规划，2008, 32(9): 53-56, 74.

[18] 许学强，周一星，宁越敏.城市地理学[M].北京：高等教育出版社，2004.

[19] 高中岗.瑞士的空间规划管理制度及其对我国的启示[J].国际城市规划，2009, 24(2): 84-92.

[20] Anton Hoenig. Baudichte und Weiträumigkeit[J]. Die Baugilde, 1928(10): 713-715.

[21] 蔡永洁.城市广场：历史脉络·发展动力·空间品质[M].南京：东南大学出版社，2006.

[22] Edward S. Seeking Spatial Justice [M].Minneapolis: the University of Minnesota Press, 2010.

图片来源

图7：王建国拍摄。

除图7外，文中所有图、表均为笔者自绘。

张 男 | Zhang Nan

中国建设科技集团上海中森建筑与工程设计顾问有限公司

中国建设科技集团上海中森建筑与工程设计顾问有限公司总建筑师，止境设计工作室主持建筑师，中国建筑学会立体城市与复合建筑专业委员会委员，上海市建筑学会理事及学术委员会委员、建筑设计专业委员会委员、创作学术部委员，ICOMOS（国际古迹遗址理事会）国际会员；曾任中国建筑设计院有限公司本土设计研究中心（原崔愷工作室）副总建筑师兼第一设计室主任；作为主要设计人参与的项目包括河南殷墟博物馆、湖南永顺老司城遗址博物馆及游客中心、凉山民族文化艺术中心、西安秦始皇陵铜车马博物馆、南京艺术学院图书馆扩建、重庆万州三峡移民纪念馆等；曾先后获第六届中国建筑学会优秀青年建筑师奖、第十四届国际“铜在建筑”奖一等奖、第十一届亚建协建筑设计创作金奖、2017年度全国优秀工程勘察设计行业建筑工程二等奖、住建部第十四届全国优秀工程勘察设计银奖等多个奖项及荣誉。

观 点

设计其实就是设计生活方式。

理想的建筑有三重境界，依次是有品质、有情趣和有思想，也可以相应理解为能力、修为和立场的物化。不过不要有错觉，这个物化过程也可以很接地气：品质不等同于昂贵；一个仓库或者公厕也可以很有趣；一堵土墙，当它关乎人的尊严时，也有思想在闪亮。

能力需要磨炼，是技术或专业的进境。但立场常常表现为在更大的视野中对细微之处的关注。

我的工作室取名为止境，其实是一种工作策略："大智知止、小智惟谋。"止境的止就是掌握分寸，能够知道边界在哪里；不急于盲从随众，透视浮华喧嚣，做冷静而独立的判断；先了解限度，才有跨越的可能。

认知心理学角度的城市微观设计策略初探[1]

Preliminary Study of Design Strategy of Microscopic City, from the Point of View of Cognitive Psychology

张 男
Zhang Nan

摘 要：本文意图由非建筑学的角度切入设计构思过程，以期寻找城市空间情境建构的方法与路径，并初步探讨了认知心理学中问题解决的思路及启发法策略与设计心理的关联。通过对两个小型案例设计脉络的梳理，初步解析建立在“城市细部”尺度上的建筑设计的策略选择与策略制订的心理动因，同时尝试拓展关于设计方法的可能性的认识。

关键词：认知心理学，情境，城市细部，启发法，设计策略

1 观察角度

人本来只能在地面行走，若能像鸟儿一样在空中俯瞰，看世界的视角就会大为不同。这有点像从三维退回到二维，把一切纵深都压扁为零的时候，很多信息随着透视感的消失而消失，但一种新的超出日常体验的平面图式会浮现出来，迫使人们以二维图素为起点，重新建立空间的联想，或者走得更远，将其作为意外的被动抽象过程予以艺术地接受。例如，借助日益方便的Google Earth升起在半空中，常常会惊喜或错愕地收获对自以为很熟悉的事物的不同体验。今天，简便易得的Google Maps已广泛应用于规划与建筑设计的分析，以及考察城市变迁（有讽刺意味的是，Google Maps应用虽只有15年时间，但特别适用于研究高速变化中的中国城乡格局）的过程中。这个小小的程序带着时间的刻痕一遍遍更新刷屏，忠实地充当着“城市显微”的有效分析工具。

本文将要讨论的两个案例一个位于都市核心区，另一个则地处偏远的西南山乡，两者规模和功能差异很大，环境条件更是截然不同，看似没什么关联，但从一定的角度来看，它们还是具有某种可堪比较的基础。

1 本文初载于《新建筑》杂志2015年第四期。

这里的“一定的角度”有两重含义：其一就是城市显微的角度，即把建筑看成城市肌体中无法剥离的基本细胞单元，在特定的城市区域范围内观察建筑细胞之间及细胞群簇之间的能量流动和相互依存现象。在案例中，我们把场所限定在城市（或乡村）的一个局部节点，由建筑单体设计策略出发考察建筑群体之间的张力关系，进而由个体（小群体）的行为方式来观察城市生活的某一侧面，重新建立不变的身体尺度与膨胀的城市规模之间的基本关系，是为“显微”之初衷。其二是以心理驱动的角度替代物理观察的角度。本文希望跳出惯常的建筑学思维范式，尝试用不同学科的研究方法来分析设计过程的运行机制，或检验一种设计策略的逻辑动机。这有点像中文语境的借“他山之石以攻玉”，而此处的这块“他山之石”就是认知心理学。

2 “他山之石”

最初想到以认知心理学来观察与衡量建筑设计过程中的策略运用，是源于工作中常有的困惑。相信很多人在做项目时都有过类似的体验：在占有足够资源但经过反复分析之后仍然纠结于“方案该沿着哪个方向发展”的问题，或者常常陷于“设计是否有唯一解”的疑问里徘徊不前；而在另外一些场合，又对能够迅速找到解题的路径心存疑虑，这种“豁然开朗”的心境背后到底有什么玄机？灵光一现的“顿悟”瞬间是可以重复再现的吗？

一个可能的研究方向是找寻设计过程中思维活动的特点。认知心理学中很多观点和原理似乎与建筑设计的解题过程有着明晰的对应性。

如该学科当今发展趋势之一——更加重视在一定的文化背景和情境中考察认知活动——或许可以给我们更多的信心：其由“命题表征（propositional representation）”发展而来的“具身认知（embodied cognition）”观点强调语义表征在我们用来与外界交流的知觉和运动系统中进行意义抽象的作用。

同样由表征研究的“事件图式（schema）”推演出的“脚本推理（script）”，类似于电影分镜头剧本对事件发生场景的预设。在对应于解决建筑设计的问题时也更容易解释空间情境的构建意义。如果我们把建筑设计中对项目条件的考察过程类比为发现问题和寻找解题方法的过程，其实可以发现，在对信息进行加工处理以及策略的执行等一系列智性过程中，多少都具有目的指向性、认知操作序列性、情景性和经验性等认知心理特征[1]。

尤其是情景性或称情境的构想，与我们耳熟能详的从身体知觉出发构建的“场”“域”等空间分析理论殊“情”同“构”，多有契合。这并不奇怪，情境或者叙事或者行为场景的预设，都是设计者心理图式的必然指向——只不过在建筑设计中这种过程更多的是在下意识的状态下，依循经验的自我暗示来完成。

值得一提的还有格式塔心理学理论及“问题解决”策略的研究。前者强调“完形法则”，并推动了知觉心理理论的独立和成熟，其中的“顿悟”和“重构”概念对于建筑师来说也更具吸引力。后者在其有着很强暗示性的语义背后，关于心智活动规律的阐释和知觉能力的提升，以及信息加工的观点等内容，不难使人联想到设计与认知之间的心理关联。

限于篇幅，本文仅尝试运用“问题解决”中的启发法策略进行实例分析。

3 启发法策略

认知心理学中的问题解决有“算法”和“启发法”两大类，前者适用于数理推演，精确而繁复，是计算机而非人脑的长项，而以经验为工作基础的“启发法”更适合人脑的生理活动机制，也是日常生活中经常采用的方法。启发法问题解决策略有不同方法，比较常见的有手段目的分析（降低差异法）、类比策略、逆向搜索和简化计划法等。手段目的分析是解决问题时最常用的一种启发策略，其特点是：设立一系列子目标；发现问题的现有状态和目标状态的差异；运用算子（手段）消除这种差异。其要点是目的指向须清晰明确，但手段可灵活迂回。逆向搜索要求从目标状态出

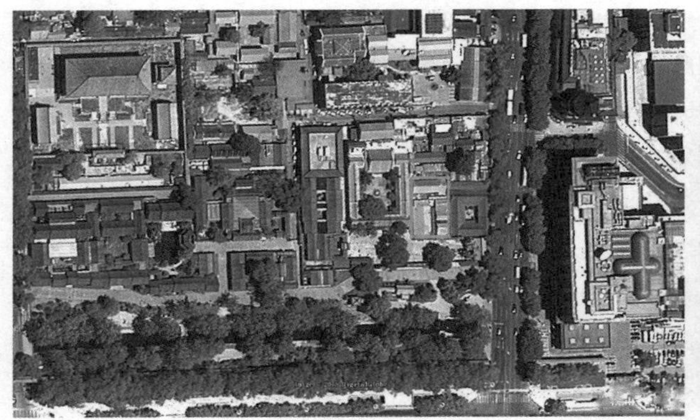
（a）区位图

（b）建成实景鸟瞰

图1　北京南河沿街的欧美同学会

发，再返回到起始状态，此法较适用于从目标出发的解决路径明显少于从初始状态出发的路径。

一种观点认为启发式策略的本质是选择性，此说不无道理。虽然一个特定问题的解决常需经过反复的摸索和尝试，但这种摸索和尝试并非随机或盲目而行，它带有很强的选择性，或者说在问题空间的路径搜索中策略的作用就是有效地限制搜索量，对大量的信息有意识地做出筛选、区分和组合，进而决定搜索路径的优先级。当然在这一过程中来自外界环境信息的反馈常常对策略的选择产生重要的影响，即反馈的信息常常促成策略转换。但无论是策略的最初选择还是中途转化，都必须依赖被系统加工过的信息，这其实又重归了问题表征的要点。

影响问题解决的因素还有其他方面：刺激呈现模式、思维定式、功能固着、酝酿效应、动机与情绪状态[2]等。这里仅尝试就启发法的几种模式代入项目实例中加以观察。

3.1　案例一：欧美同学会改扩建——降低差异法的实践

欧美同学会的改造加建项目[2]位于北京二环内核心区，长安街中段南河沿街110号。项目紧邻紫禁城的地段会很自然地使设计者把工作的重心放到这个特定的城市历史街区的框架中来展开（图1）。

欧美同学会（现已增冠“中国留学人员联谊会”名称）历史久远，自民国初年创建至今已过百年，一直存于现址实属难得，其在首都的心脏地带见证了北京城百年的沧桑巨变。欧美同学会至今仍然是几十万海外学子心之所系、活动频繁的聚会场所，但硬件设施于今看来确实简陋难堪。本次改造的任务要求并不复杂：在原有的院子里改善原来的办公与活动条件，最好能够安排一个兼有宴会和运动功能的大空间。

这个案子的问题表征很清楚：使用空间——尤其是仪式、聚会及运动空间——匮乏。出于对老城区的承载容量和历史风貌的考虑，政府规划控制条件中也对建筑体量、外观色彩和建构肌理有明确的限制。因此设计策略引入也很简明：在入口设置一定规模的公共性空间完成仪式性要求；尽可能将建筑平面推至边界极限并争取足够的使用净高，等等。

功能之外，建筑师需要考虑的因素会更多一些：仪式感、领域感，左近的北京饭店贵宾楼高点逼视，一墙之隔的菖蒲河公园墙头见柳，知名社团的学者气质和天子脚尖的皇城氛围。还有，当观察视角展开为这一地段而不只是建筑本身，也许还应该问一问：这个城市一直以来是如何变化的？它在多大层面上尚存老

2　项目建筑师：崔愷、傅晓铭、冯君、刘恒等。

北京的气场？旧城肌理、院落尺度、材料的触感与色彩……一个这样敏感地段的小项目会给街坊邻居带来什么样的感觉？

一种可能的体验方法就是感知并辨别“差异”，今天的北京城与旧日北平城的差异，与更早的清代京城的差异，隔代记忆的模糊使得人们对剧烈变化所导致的差异越来越不敏感。差异正在扩大，差异还在持续，同时也被时间的流逝所掩盖和消磨，辨别因此变得越发困难。

变异不可避免，进步必然带来变异。但变异以什么样的速度呈现才是恰当的？突变也是不可避免的吗？如果把正常的变异比作肌体的生长，突变是否就如同疾患？虽并不知晓这些问题的答案，但我所了解的是，正是这样一连串的追问，才会引发诸如城市文脉延续与城市更新等理念走向理论前台。循着规避大规模拆迁、旧社区有机更新的思路，修补街巷、重建院落等具体而微的城市设计策略都会成为当然的选择。

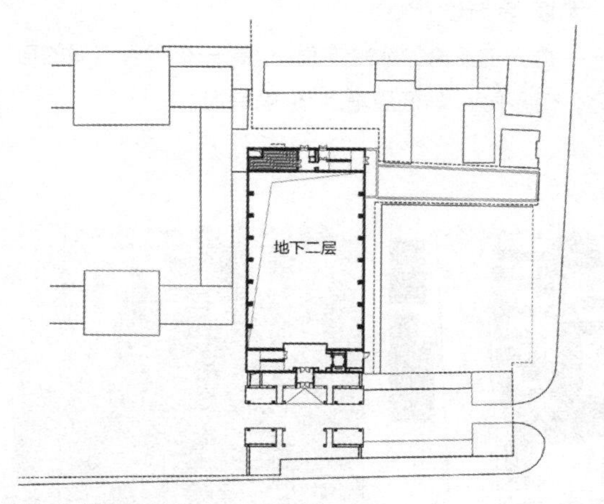

图2 一层平面图

建立在上述理论框架和思路基础上的设计策略，逐渐导引了一个完整的同时具有清晰形式意愿的设计方案的形成。

设计本已定型，后来因业主与相关机构的沟通未达预期，必须增加原计划异地另建的地下人防工程。但由于挖深的限制（对邻近建筑基础的影响），地下只能做到两层（约-8 m），这样出现了新的问题。若地下两层改为人防工程，则只能把8 m层高的篮球馆往上挪，其高度跨过地面层又会挤占原来一层的门厅（图2、图3）。若门厅只能向外推，又会占用院落的车行通道，高度问题转换为平面的矛盾。最终方案以门廊替代门厅：三进三跨的有顶室外空间既足够作为遮雨门厅使用，又允许车辆通过；在透过天窗洒下的光线里，空间以两排柱列获得了庄重的仪式感（图4）。

如同圣手的一枚棋子带活全盘，门廊的多重效用显示出来。利用屋面材料的虚（天窗）与实（瓦顶）的区分，门廊完成了最小的院落单元的意象呈现。再来缩放街区的图底关系，恍惚之中，浓荫密布、纵横交错的胡同似乎跃然纸上，灰调子老北京的头顶蓝天中有清脆连绵的鸽哨在盘旋。

拿乾隆京城全图直接进行比对虽然有些调侃凑趣儿，但不妨猜想一下：1750年大清国穷尽人工物力，绘制如此周详的京城地图的初衷，显然不是为了方便查找门牌！当时正值乾隆盛世，这幅图精细绘制出京城九门内每一条街巷、每一个院落、每一栋房子，实为古代社会以“身体”为标尺丈量城市的绝世之作。这个比例为1:650、高达14 m的巨幅图样，固然投射着某

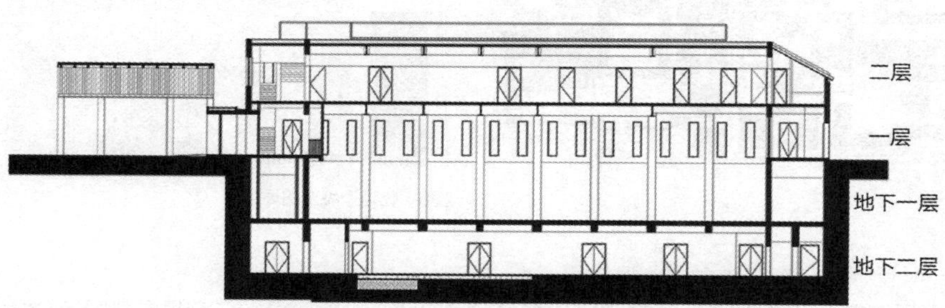

图3 剖面图

图4　入口门廊建成实景

一族群江山永固的奢望，但难道不是同时潜映着人类心灵中对稳定、平静和自足生活的向往？

历史不可能全盘复原，但确有可能在某一点上被重新激活，再次打开绵延并暗藏的群体（族群）记忆。（图5、图6）

回到认知心理学，降低差异是接近目标的正常过程，但在遇到某些特殊障碍时，也许需要先逆向扩大差异[3]。在本案例中，预设的终极目标是城市的立场，即缩小今日北京与往昔北京的差异，希望在老城区里尽量少建，或建设体量尽量小巧。这种“少而小”的立场当然与业主希望房子大而多的预设任务有矛盾。

设计修正的策略是“多而小”，即突破原来给定的用地范围，再盖一个院子，再盖两间房。结果是以占用更多的土地和加大建设密度，保证了街巷尺度既有状态（甚至曾经状态）的延续。局部似乎扩大了差异，对于城市的这个区域来说，它多多少少恢复了小尺度的胡同肌理，并且限制了未来在这块空地上再盖一座更大房子的可能，于是城市获得了珍贵的“小而少”，也获得了在尽可能长的时间里维持街区现状、保存历史记忆的些许可能。

这一实例也是对“本土设计”在城市策略上的一个恰当注脚。我们可以从中看到的是，“‘本土设计’提出的意义……更是针对目前因为快速的城市化而逐渐失去社区空间结构和伦理关系的中国城市……提出一个有效的本土建筑的文化方向”，以及“一种批判的回应，同时有着对现代化和重塑历史记忆的需求”（尤根·罗斯曼）[3]。

抛开工具论的冰冷视角，这是一个耐人咀嚼的房子，不温不火，虽低眉垂目，但确有担当。

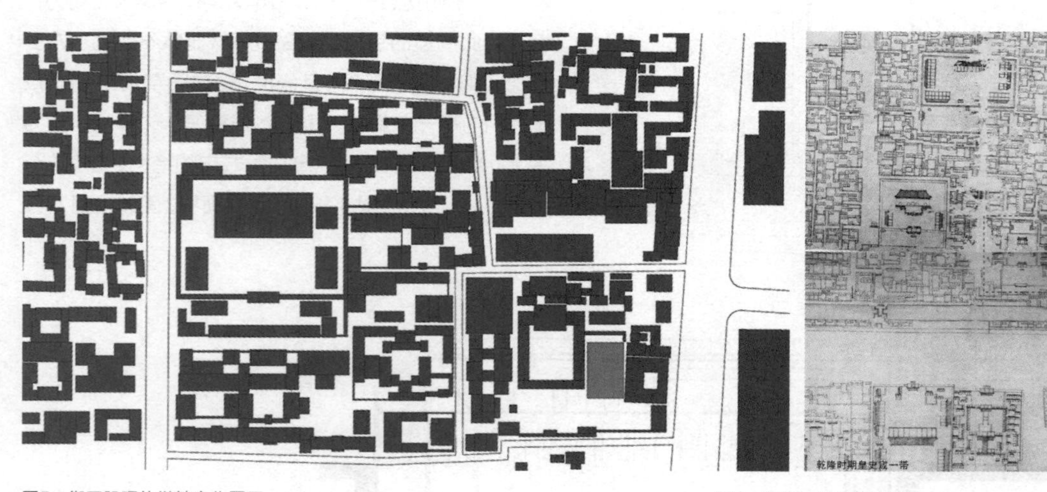

图5　街区肌理的微妙变化图示

图6　乾隆京城全图局部

3　心理学案例：已就职的员工为了获得更高的收入，需要求学深造以谋更高的职位，但求学又需要先停薪培训，短暂停薪是为了长期高薪，即暂时扩大差异是为了最终降低差异。

3.2 案例二：湖南永顺老司城遗址游客中心——逆向搜索的尝试

项目地处湖南武陵山区，山形地貌与张家界景区依稀仿佛，自然环境得天独厚。作为2015年国家“三省土司遗址”申报世遗工作中的湖南省承诺项目，它的两个重要背景条件，都与其位置特殊性相关：一是选址，项目既位于永顺老司城土司遗址保护区边界，也处于县城与遗址核心区中间唯一一块平坦的谷地，建筑的规模、布局和外观都要服从于遗址保护规划对这个区域整体环境风貌的控制；二是游客中心位于正在建设的遗址博物馆和距其四五百米的现状村落骡子湾村之间，考虑到盘山公路的走向以及旅游线路的不同组织方式，选址多少具有不确定性。已有的设计资源包括遗址、土家族村落、建设中的博物馆、群峰深谷的地貌、遗址保护区边界的风貌控制要求、旅游线路的组织策划等，当然还有游客中心本身的功能要求。在项目前期，对布局的反复调整也主要来自旅游管理的设想所引发的不同建筑之间功能衔接的考虑。

任务的目的指向简明——为游客服务，即为到景

(a) 环境影像图及项目用地图

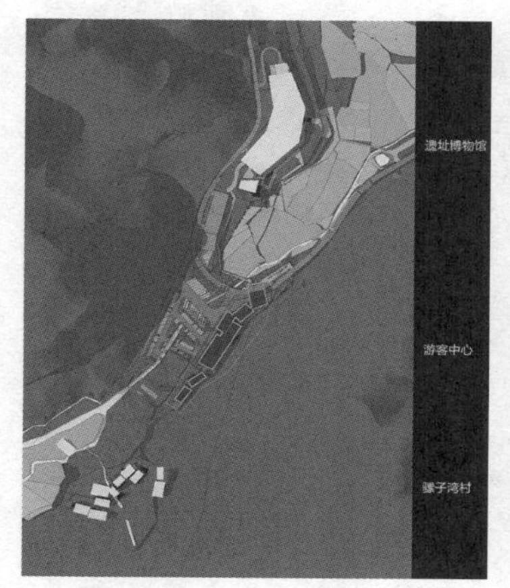

(b) 总图

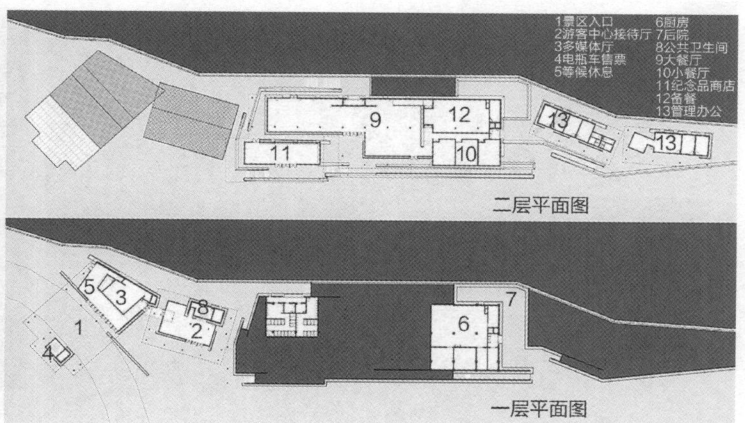

(c) 平面图

图7 湖南永顺老司城遗址游客中心

区来的游客提供停车、餐饮、休憩、购买纪念物品等的场所和设施，同时还要考虑在旅游旺季游客的集中就餐及参观路线的错峰组织管理等。任务明确，策略同样明确：人车分行、流线不迂回，再加上足够的规模和游客安全性的考虑等。这是设计的前一半。

当然还有环境景观、建筑形式、室内空间与地方文化等层面的考虑，这是同等重要的设计的后一半。糅合以上信息，制订策略并执行，设计的关键要素似乎都已清晰呈现了（图7）。

除此之外呢，在这一特定地区、这一特定地段，还有什么没有被充分考虑的吗？

答案是，有！那就是世代居住此地的村民。除了为游客着想，还要考虑这些村民和他们未来的生活。遗址是人类的文化遗产，但是如果遗产的保护和村民眼前的生活有冲突，如何权衡？甚至，假如一定要挖山砍林、动土起屋，怎样才能保持这一方山水青翠依旧，怎样才留得住这一缕乡愁流转不息？这样的问题似乎超出设计任务书了，也多少超出了建筑师的责任和能力范围，但也终于触碰到了问题的实质。我们不只是单纯地设计一栋房子，我们还触及了土家住民原本平静、自足的生活。

现场的体察也会有一些启发。

由遗址区到遗址博物馆，到游客中心，再到土家村落，从宏大的遗址山城到黝黑质朴的吊脚楼群，遗产文化的气息渐弱，人的活动范围越来越窄，房子也越来越小，但生活的味道着实越来越浓。这让我们想到，如果不把游客中心的设计当作设计的终点，而是再往前走一步，把走进村落的生活看作设计的延续，所有的策略似乎都可以找到新的立足点。

博物馆的主题是遗址，当然可以顺着遗址本体和环境的特征去捏塑博物馆的形、势、色、质；游客中心

图8　遗址墙体

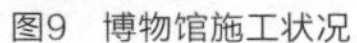

图9　博物馆施工状况

图10　博物馆垒石墙体构造

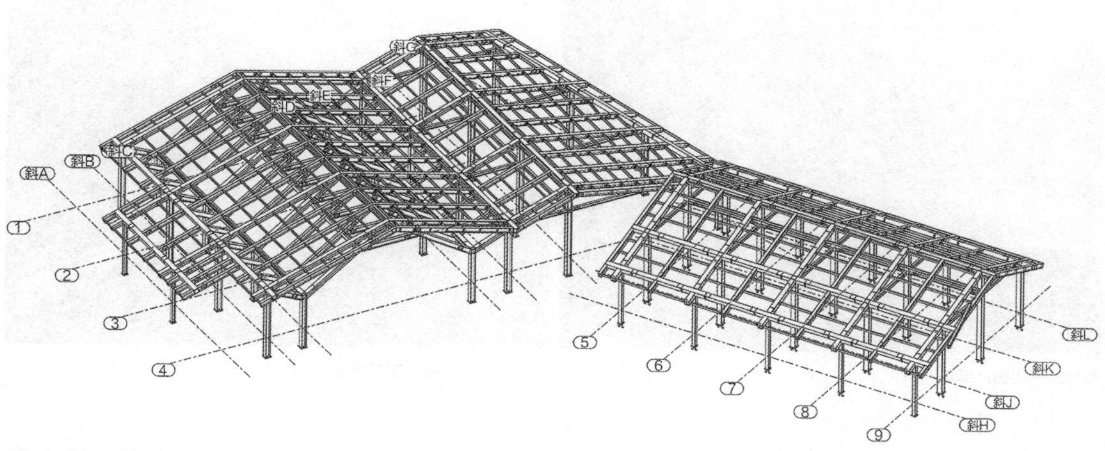

图11 钢结构轴测图

（a）实景一

（b）实景二

图12 游客中心方案檐下实景

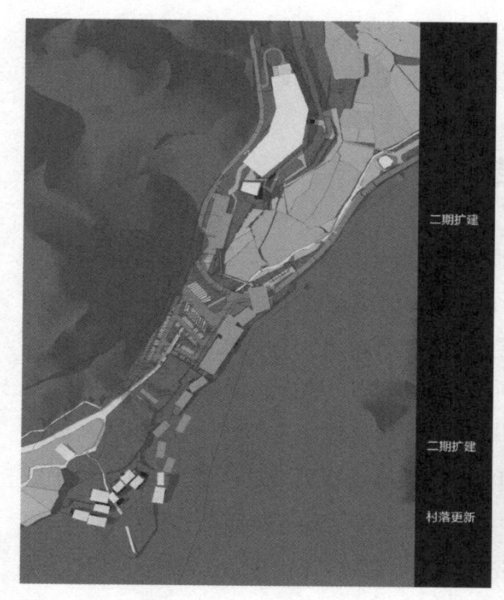

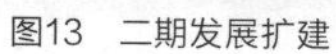

图13 二期发展扩建

图14 村民自建房

图15　博物馆外部实景图

图16　游客中心外部实景图

的主角是人，那么也可以逆向地从村落、民屋起步，规定这一组新建筑的气质、姿态与氛围。一端是历史，由遗址的核心区渐渐过渡到保护区的边缘，文化遗产的痕迹虽远而不散，凝聚在层层黝黯的石墙上；另一端是生活，由原生态村落到新的聚落，桑耕麻织的浓淡晨光，悄无声息地浸漫延展，在屋脚檐头轻巧地绽放（图8—图12）。再进一步，能不能让村民进入这一组现代功能的新房子，把里面的活动变成他们生活的一部分？我们一边向业主提议，一边开始动手设计：结合地势在山坡一侧掏几间屋子，并串接在联络博物馆与游客中心的风雨廊道上，上有顶侧有廊，方便村民自助摆摊，农闲时可以在这里卖点手工活计，不时变换一下亦农亦商的身份——对情境的预设描摹大概是空间设计最吸引人之处，充满了造物的愉悦感。同时我们也提出游客中心未来发展扩建的建议，如果确有需求，可以沿着游客中心的一长溜房子，向骡子湾村的方向逐步增建，甚至鼓励村民自建，或将自有住屋改造为民宿，等等。至于村民会把房子盖成什么样，着实不用太过担心，只要依据老规矩，随坡就势抬梁立柱、抹泥贴瓦即可，民间智慧总是会令专业人士意外惊奇（图13、图14）。

这种由两端起步向中心蔓延的渐变策略——既包含建筑技术的策略，也包含村落生存发展的策略——姑且称之为逆向搜索策略的变体吧。

从布局的模式与路径组织、建筑形体构成元素、外观材料等各个方面，都按照这样的策略在演变：博物馆依旧保持贴近遗址本体的特征，如采用鹅卵石砌筑的墙体以及用墙体围挡的层层土台；而游客中心则渐渐化整为零，将逾3000 m^2的建筑规模切碎、拉长，首尾相连，同百米之外的骡子湾村一样，沿着山坡错落排列，形成一串略有折转的小房子的组合。

在建筑语汇上，坡屋顶形式、墙面木材和屋面青瓦的使用都与村落杆栏式建筑的做法更为贴近。循着檐下的路径往前走，越接近村子，新房子的形态、尺度和气质就越像老房子（图15、图16）。

看上去，新房子正在被老房子逐渐地“同化”，新建筑被地域文化所“同化”。这种颠覆性的联想令人兴奋，如同在设计的终点又看到了起点，设计的界限模糊了，但生活的轮廓和脉络渐趋清晰！

4　小结

以上两个案例，一个是在方案完成后的“事后”分析，另一个是在设计的过程中有意识地引入“问题策略”。但更多的结构性思考仍然是在回溯的过程中，尝试对其中的逻辑关系加以梳理时才逐步成形。

了解认知心理学信息加工的特点、策略的有效性以及如何才能使策略选择更精准快速，当然有助于提高工作效率；了解心智活动的特点与思维的规律，更对设计者有意识地提高技巧和方法上的主动性和强化目的指向性有积极作用。

但在策略分析之外，还是要回归本原。

城市显微的终极走向是什么？是生活细节。或者说，是由城市“细部”支撑起来的、表现在身体尺度上的人的日常行为，以及行为背后的意愿、情绪与状态。那么背后的背后呢？大概就是人与城市的真实关系吧。把这种关系放置到城市肌体的象限和时间维度之中，新的问题或矛盾就会浮现——说浮现而不是产生，因为它原本就有，只是不那么明显，只有随着肌体病变的加重才进入人们的意识之中。

找到他山之石或许不难，难的是，须先看看，要攻哪一块玉！■

参考文献

[1] 安德森 J R. 认知心理学及其启示[M]. 秦裕林，程瑶，周海燕，等，译. 北京：人民邮电出版社，2012.

[2] 王甦，汪安圣. 认知心理学：重排本[M]. 北京：北京大学出版社，2014.

[3] 王蔚. 溯本于土，求道于耕，崔愷建筑30年评述[J]. 时代建筑，2015（1）：66-73.

图片来源

图1—图14：均为中国建筑设计院有限公司本土设计研究中心项目组提供。

图15—图16：出自摄影师孙海霆。

武汉　摄影/谭刚毅

Ⅲ 方法与技术

导　读

张　彤[1]

技术是建筑学无法抛离的“假肢”。不管肌体的其他部分如何爱憎，如何无奈，拉动和支撑建筑学向前发展的往往是技术。当今信息技术疾速迭代，这“假肢”开始具备了智能和生命体机制的可能，更无法将其简单视为异质。人工智能是否将彻底改变物我两体的二元论，使技术成为主体性的支配力量？

“壹江肆城”是长江沿线四个城市中主要建筑院校自发组织的青年学者学术交流论坛。这本论文集汇集了四年论坛中部分交流成果，以飨读者。这一板块中的七篇论文是关于技术和方法的，展现了青年学者对各自领域中技术发展和应用的认识视野和研究水平。

7篇论文中有5篇是关于数字工具与计算技术的。司秉卉和石邢的论文着眼于建筑节能优化，探讨了设计变量和优化目标、能耗模拟和优化设计的工具及其应用现状，并展望了未来的发展方向。童乔慧和卫薇的论文以澳门城市遗产的数字化保护策略为例，探讨了地理信息系统、三维激光扫描、建筑信息模型、虚拟现实等数字技术在建筑遗产保护领域带来认识观念和技术方法变革的巨大潜力。叶宇和戴晓玲的研究从空间感知出发，对新近涌现的机器学习、虚拟现实、生理传感器、眼动追踪等新型技术以及多源城市数据进行了综述性的分析。张愚的论文揭示了相似参照现象是城市形态背后普遍存在的共通逻辑，通过挖掘和模拟用地之间自发的动态参照关系，可建立面向整个城市的高度和强度决策模型，该模型体现出容纳现实偶然性的决策理性，为城市设计提供可调适的约束框架。作者所在团队在广州、南京、芜湖、镇江等城市的总体城市设计中验证了这一模型的应用实效。本文呈现的是该系列研究的一个阶段性切片。徐燊和黄昭键的研究展现了利用人工智能技术中的U-Net网络，实现在卫星图中大范围识别建筑屋面并进一步进行太阳能利用潜力评估的可能性。

除了以上五篇论文外，板块选取的另外两篇论文是关于特定建筑功能和生态防护技术的。梁树英的论文通过分析青少年的视觉发育特征，梳理

1　东南大学建筑学院院长，教授。

和总结了学校类建筑中的多媒体教室光环境营造与青少年眼部健康之间的内在关联与相关技术重点。李波等的论文是对城市消落带生态护岸结构设计方法的全新探索，以重庆开州汉丰湖为对象，研究了反季节水位变动背景下湖城共生复合生态系统的恢复重建模式与技术方法。

在建筑类学科领域，对技术的研究正在成为高校教师取得科研成果的主要方向。然而正如叶宇和戴晓玲在他们的论文中指出的那样，数据技术和量化工具的日新月异，在提供更精确分析和更直观展现的同时，也要警惕对它们的过度依赖会使我们失去对现象事物和场所特征的感知与洞察能力，曾经如此丰富而综合的学科可能因此而产生异化。

石　邢 | Shi Xing
东南大学建筑学院

School of Architecture，Southeast University

石邢（1976.10），东南大学建筑学院教授、副院长，中国建筑学会建筑物理分会理事，中国建筑学会高层建筑人居环境学术委员会理事，Frontiers of Architectural Research副主编；主要研究方向为建筑性能优化设计、城市能耗模拟与智慧管理、城市物理环境等；主持国家重点研发计划、国家自然科学基金、国家科技支撑计划等国家级、省部级课题7项，主持或参与中国国学中心、苏州滨湖新城、镇江西津渡、牛首山风景区游客中心、埃克森·美孚石油公司总部大楼等工程设计咨询项目多项；发表论文80余篇，其中SCI检索25篇，出版专著4部，获得专利及软件著作权20余项；获教育部科技进步二等奖1项（排名2）、华夏奖一等奖1项（排名2）。

观　点

建筑学（及其包含的城市研究）既有不可否认的科技内涵，又有终极追求的人文目标，这一特质使得建筑学在诸多工学学科里（建筑学在中国属于工学大类）独具魅力，也为建筑学学者寻找富有价值的研究方向提供了广阔的空间。在这次"壹江肆城"青年学者论坛上，我们交流的关于建筑性能优化设计的研究方向反映了这一努力和探索，既关注那些具有坚实的科学和理性基础，同时又可融入设计、服务于建筑（及城市）人文目标的研究方向，展开持续深入的研究。建筑性能优化设计以科学的性能为导向，以算法驱动设计并实现自动的方案评价和调整，颇有人工智能的意味。尽管如此，目前它尚不足以取代建筑师，它所擅长的是在设计的特定环节介入，高效地辅助建筑师完成性能及与之关联的空间、形体、材料、构造等的设计。

然而，前瞻的学术态度和问题意识告诉我们，以建筑性能优化设计为代表的诸多探索，在日新月异的人工智能的助力下，不排除未来从根本上改变建筑设计乃至建筑学的可能。那一天如果到来，将是非常有趣且意义重大的，让我们以开放的心态拭目以待。

基于建筑师视角的建筑节能优化设计研究综述

Building Energy Efficient Design Optimization：a Review from the Perspective of Architects

司秉卉
Si Binghui
石　邢
Shi Xing

摘　要：建筑节能是绿色和可持续建筑的重要组成部分。建筑节能优化设计既是一种设计理念，也是一种实用技术，现已成为当前国际建筑学领域热点研究方向之一。本文调研了百余篇与建筑节能优化设计相关的英文文献，并从建筑师的角度对建筑节能优化设计进行了全面系统的综述。主要内容包括建筑节能优化设计的概念、起源和发展、建筑节能优化设计变量和优化目标、建筑能耗模拟和优化工具、建筑节能优化设计技术的应用现状、建筑节能优化设计技术面临的挑战及未来的发展方向等。本研究证实，建筑节能优化设计技术很有发展潜力，它可以辅助建筑师设计出更加节能、整体性能更好的建筑。但是，该技术的发展面临诸多挑战，亟待在未来的研究中得到解决。

关键词：建筑节能，优化设计，绿色建筑，建筑师

1　引言

能源危机和环保意识的不断觉醒促进了人们对绿色建筑的关注，建筑节能设计是绿色建筑设计的核心内容之一，是指在确保建筑各项使用功能和其他基本要求的前提下，为降低建筑对能源的需求以及提高建筑能源使用效率而进行的设计。建筑节能设计是我国《绿色建筑评价标准》（GB/T 50378—2014）[1]明确规定的“四节一环保”里的基本内容。在建筑设计过程中进行节能设计面临着三大挑战：不确定性、多目标性和循环试错性。建筑节能优化设计是为了解决上述三大挑战提出的新的设计思想，现已成为当前国际建筑学领域热点研究方向之一。本文调研了与建筑节能优化设计相关的116篇文献，从建筑师的视角对建筑节能优化设计技术进行全面深入的探讨。建筑师通常是一个建筑设计工程项目的统筹者，站在建筑师的角度探究建筑节能优化技术对促进该技术的广泛应用具有重要意义。

2　建筑节能优化设计的概念和起源

2.1　建筑节能优化设计的概念

建筑节能优化设计是指基于建筑能耗模拟分析，

以优化算法驱动，能够实现建筑节能设计方案智能高效的调整与优化的方法和技术。建筑节能优化设计的总体思路和技术流程如图1所示。图1的关键在于，设计师只需要确定初始方案并定义设计目标，节能设计方案的计算和优化调整完全由计算机自动进行（人工可以介入和干预）。优化算法作为引擎可以高效智能地驱动整个设计流程，自动地调整方案，有规律地、持续地接近设计目标，从而在可能的设计解的空间里寻找到最优的设计方案。建筑能耗模拟引擎和优化引擎是整个设计流程的关键。其常用的名称包括：计算优化、基于模拟的优化、建筑性能优化、性能驱动的设计等。

2.2 建筑节能优化设计的起源和发展

建筑节能优化设计起源于20世纪80年代[2]，在最开始的十年中，有关建筑节能优化设计的文献数目很少，仅有5篇（图2），该研究领域尚未引起建筑学界的重视。然而，在之后的二十多年中，越来越多关于建筑节能优化设计的文章开始涌现。特别是在2011—2015年的五年中，相关研究的数量出现猛增（图2），建筑节能优化设计已然成为当前国际建筑学领域的热点研究方向之一[3-5]。总的来说，这主要得益于以下三个方面：①随着绿色和可持续概念的深入人心，建筑行业相关从业人员（包括建筑师、工程师、相关政府单位等）越来越意识到设计节能建筑的重要性和必要性，从而极大地鼓励和支持发展建筑节能优化设计技术及其他建筑节能技术；②如图1所示，建筑能耗模拟是建筑节能优化技术的核心，近年来，随着建筑能耗模拟技术的日益成熟，模拟的结果更加准确，操作更加简单，与设计和优化过程耦合更加方便，使得建筑节能优化技术的可操作性和可靠性更强；③建筑节能优化技术需要多次模拟不同建筑设计方案的能耗，而能耗模拟速度极大地依赖于计算机的运行速度。随着近年来计算机技术的飞速发展，计算机运行速度大幅提高，这使得建筑节能优化设计技术解决复杂问题的能力越来越强，在实践中的应用范围也越来越广。

3 建筑节能优化设计变量和优化目标

3.1 优化设计变量

影响建筑节能的设计变量有很多，通过文献调研，常见的优化设计参数大致分为五类：不透明围护结构、透明围护结构、建筑形体、设备类型和设备运行。其中，与设备类型及设备运行相关的设计参数主要由设备工程师负责，建筑师并不直接参与设计这些参数。不透明围护结构（包括墙体、屋面和楼板）的热工性能是最常见的优化参数，相关的优化变量包括围护结构的传热系数[6-10]、保温层的厚度[11-14]、保温层的类型[15-19]、围护结构的热阻[20]等。常见的与透明围护结构相关的优化设计参数大致分为三类：玻璃的热工性能、窗墙比、遮阳等。其中，窗墙比或窗户的大小是影响建筑能耗的重要参数，它在文献中最为常见[8][21-31]；与玻璃的热工性能相关的设计参数包括玻璃的类型（单层、双层及三层等）[26][29][32]、玻璃

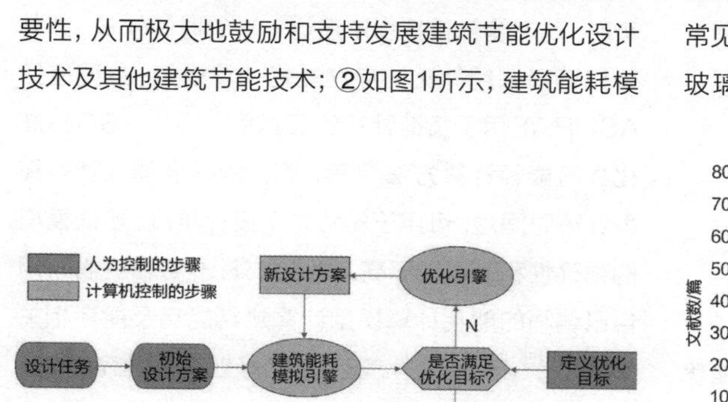

图1 建筑节能优化设计的总体思路和技术流程

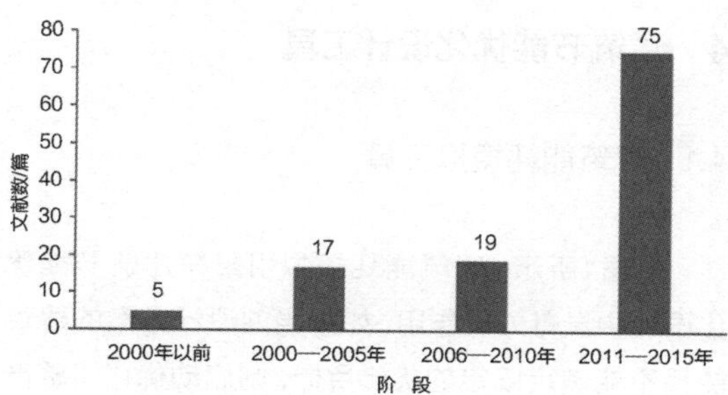

图2 不同时间段的有关建筑节能优化设计的核心文献数量

的传热系数[12][23][25][33-34]等；与遮阳相关的设计参数包括：遮阳板的类型（包括固定遮阳[35-38]、活动遮阳[37][39]或其他遮阳设施[40]）、尺寸等。此外，与透明围护结构相关的设计参数还包括太阳得热系数[38][41]、透光率[38]等。建筑的形体是建筑师最感兴趣的设计参数，也是建筑节能优化设计中最难实现的参数。特别是对非线性的建筑而言，其形体很难用有限数量的变量去定义，很难被优化。当前有关建筑形体优化的研究较少，大多数研究都把建筑形体简化为简单的方盒子，并优化其朝向和纵横比等。此外，与设备类型相关的优化设计参数包括冷热源[8-10][13][24][26][42-48]、泵和风扇[9][42][49]、制冷和制热效率[9][31][47][49]、热回收[9][11][13][43][45-46][48][50]、冷热分布[46]、光伏系统[8][9][45-46][49-53]、太阳能热系统[8][16-17][24][46][49-50]、照明[12][31][33][44][49-50]、储能[50]等。与设备运行相关的优化设计参数包括室内供冷或制热设定温度[22][26][29][42][44][47][54-57]、通风方式[7][31][46][56][58-59]、照明控制[7][9][12][44][50]等。

3.2 优化目标

通过文献调研，与建筑节能直接相关的优化目标包括全年建筑能耗、全生命周期建筑能耗、室内负荷等。与建筑节能间接相关的优化目标包括CO_2排放量、能源成本、全生命周期成本等，约67%的文献采用与建筑节能直接相关的优化目标。此外，降低成本与减少CO_2排放量是两类最常见的优化目标，分别占所调研文献数量的52%和14%。

4 建筑节能优化设计工具

4.1 建筑能耗模拟工具

如图1所示，建筑能耗模拟引擎在建筑节能优化设计中具有关键作用，如果当前设计方案的建筑能耗不能满足既定的优化目标，则启动优化引擎产生新的设计方案，并重新模拟计算新建筑方案的能

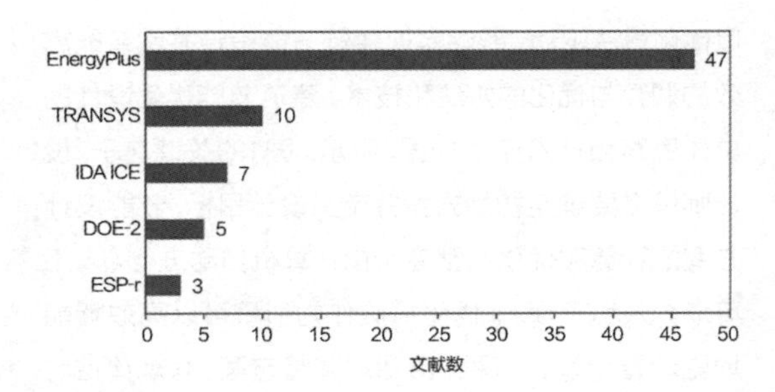

图3　使用EnergyPlus、DOE-2、TRNSYS、ESP-r和IDA ICE作为能耗模拟引擎的文献数目

耗，如此循环。在这个过程中，需要多次计算建筑能耗，建筑能耗模拟引擎的计算效率在一定程度上决定了整个建筑节能优化流程的效率。当前，可见到的建筑能耗模拟引擎大致分为三类：动态能耗模拟引擎、简化的标准能耗计算模型以及定制的非标准能耗计算模型。常用的动态能耗模拟引擎包括EnergyPlus[8][21-23][27-30][33-36][38][47][53-54][57][59-84][86-89]、DOE-2[26][44][90-92]、TRNSYS[24][15-16][52][55][89][93-96]、ESP-r[37][97-98]和IDA ICE[7][11][43][45][56][99-100]等，它们在本研究所调研的所有文献中所占的数量如图3所示，其中，使用EnergyPlus作为模拟引擎的文献数目最多，占40.5%。这些动态能耗模拟引擎大多经历了十多年的开发，并在各种各样的研究或工程项目中进行测试，它们模拟建筑能耗的准确性和可靠性大多已得到充分的验证。此外，它们能方便地与不同的优化设计平台进行耦合。然而，当建筑模型较为复杂时，动态能耗模拟引擎运行一次的时间较长，部分研究选择采用简化的标准能耗计算模型，主要包括ASHRAE用于负荷计算的工具包[101-103]、ISO标准化建筑能耗计算方法[46]等。简化的标准能耗计算模型计算时间短，可用于初始方案设计阶段，但该模型的精确性和可靠性不高。除此之外，少数研究者采用自己编写的能耗计算模型计算建筑能耗及能耗相关参数[1][13][51][93][104-106]。该方法的好处在于研究者本人可以全方位地掌控模拟的过程，其计算结果的准确性和可靠性却难以保证。

4.2 优化工具

根据文献调研，用于建筑节能优化设计的优化引擎主要分为三类：通用的优化工具、专门用于特殊优化目的的工具以及用户自己编写的优化工具。其中，通用的优化工具主要包括ModelCenter、modeFRONTIER、GenOpt及Matlab等，它们都是成熟的通用于各个研究领域的优化工具，具有丰富的优化算法、成熟的操作界面和强大的后处理理能力。只是有些工具没有自带与建筑能耗模拟工具如EnergyPlus等连接的直接接口，用户需要自己开发连接方式，具有一定的技术难度。jEPlus+EA是专门用于建筑节能优化设计的优化工具，它本质上是一个Java 包，使用EnergyPlus和改进的非排序遗传算法进行参数优化。类似的专门用于建筑优化的工具还有MOBO[107]、ENEROPT[108]、GENE_ARCH[91][109]等。为实现建筑节能优化设计，研究者还可以自己编写优化引擎，编写优化算法调用建筑能耗模拟引擎，推动整个设计流程。在调研的文献中，常用的编写语言包括Fortran[6][104-105]、C++[38][57][102]和Visual Basic in Microsoft Excel[49]等。研究者自己编写优化工具可以使其全面控制整个优化过程，但对编写计算机程序的能力要求较高。图4总结了各类优化工具在本文调研的所有文献中所占的比例，可以看出GenOpt和Matlab是最常用的通用优化工具，此外，不少研究者采用自己编写的优化引擎。

5 建筑节能优化设计技术的应用现状

如图5所示，在调研的116篇文献中，有32篇（约占27.6%）文献采用了真实的案例建筑，77篇（约占66.4%）文献采用了简化的虚拟案例建筑。该统计结果表明，建筑节能优化设计仍是一个相对较新的技术，尚未大范围地应用于工程设计实践中。然而，尽管那些使用虚拟案例建筑的研究很有价值，但是它们并不能反映优化真实案例建筑时会面临的复杂情况和挑战，建筑节能优化设计技术在处理真实建筑案例时的能力还需要进一步地研究，以推动其在工程设计实践中得到广泛应用。通过文献调研，笔者发现在所有这些案例建筑中，住宅建筑、办公建筑以及教育建筑是三类最常见的建筑类型，分别占25.7%、24.8%和6.4%。其他的建筑类型还有零售店[30]、卫生所[54]、工厂[13][95]、宾馆[8]、宗教建筑[108]以及体育馆[57]。此外，在调研的真实案例建筑中，大部分都是改造建筑（19篇），而新建建筑仅有3篇。产生这一现象的主要原因是：①改造现有建筑物以减少能源消耗和实现低碳社会的实际需求很高，特别是对已经经历城市化阶段并且现有建筑物与新建建筑相比所占比例较高的国家来说；②改造既有建筑时，建筑物的形状是固定的，此时，主要针对建筑的围护结构和机械系统进行改造，这使得应用建筑节能优化设计技术相对容易一些。

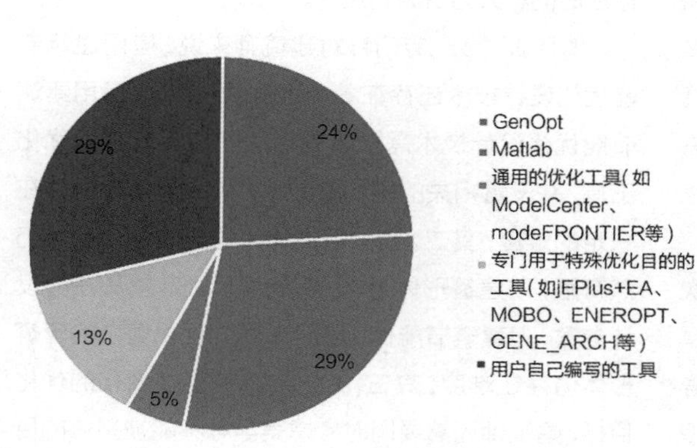

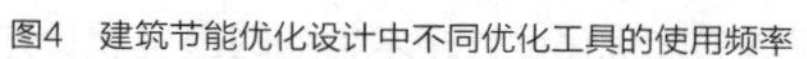
图4 建筑节能优化设计中不同优化工具的使用频率

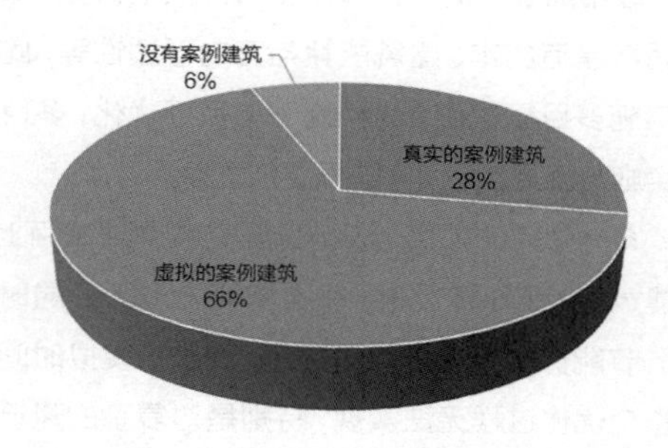

图5 调研的文献中使用的各类案例建筑比例

6 建筑节能优化设计技术面临的挑战

尽管建筑节能优化设计技术已广泛应用于各类研究中，但其仍然面临一些挑战，主要论述如下：

①在建筑节能优化设计中，建筑师经常需要优化一些离散变量，如建筑层数等，这导致优化目标函数是不连续的。此外，有研究显示，即使所有优化设计变量都是连续的，但有些能耗模拟引擎（如EnergyPlus）自身的迭代计算等原因也会导致目标函数的不连续。这一特征会导致某些优化算法失效，从而使得整个建筑节能优化设计流程失败。

②建筑能耗模拟引擎可被视作一个“黑盒子”，往往无法获得目标函数的梯度信息，这便使得基于梯度的优化算法如梯度下降法等，不适用于解决建筑节能优化设计问题。

③建筑节能优化设计问题大多是“多峰”的，不仅存在一个全局最优解，还可能存在多个局部最优解。这一特性会使某些算法陷入局部最优，错把局部最优解当作全局最优解，而不能准确搜索到真正的全局最优解。

④影响建筑能耗的设计因素很多，设计师经常需要同时优化多个设计变量以达到优化目标。然而随着优化设计变量的增多，优化问题的维度增大，优化算法需要搜索的可行解的空间大小也随着优化设计变量数目的增加而呈指数级增长，这使得优化算法很难在有限时间内遍历可行解空间去搜寻全局最优解。

⑤有研究显示，有60%关于建筑性能优化的研究都是单目标优化，然而在真实的建筑设计问题中，设计师经常需要同时考虑多个相互冲突的目标，如建筑能耗与建造成本、建筑能耗与室内舒适性等，此时需要实施多目标优化。而相比于单目标优化，多目标优化实施难度更大，优化结果更加复杂。

⑥一个完整的优化设计流程往往需要成百上千次的建筑能耗模拟，此时，每次能耗模拟需要的时间是建筑节能优化设计技术的关键，过长的模拟时间会导致整个优化过程无法实现，特别是对复杂的建筑模型来说。缩短计算机模拟计算的时间是建筑节能优化设计技术面临的关键挑战。当前，可能的解决办法主要有：其一，将建筑模型尽可能简化，但这会导致模拟结果不精确，并使得最终的优化结果不准确；其二，使用基于数据的替代模型，可用的基于数据的建模方法有神经网络、支持向量机等；其三，选用收敛速度快的优化算法，用尽可能少的时间搜索到最优解，但这可能导致优化过程早熟。

⑦建筑节能优化设计技术依靠优化算法产生新的设计方案，优化算法的效率将直接影响最终的优化结果，在整个建筑节能优化设计流程中具有举足轻重的地位。然而，在建筑节能优化设计中如何选择正确的优化算法及如何准确设置算法的参数仍是一个尚未解决的问题。

⑧建筑节能优化设计存在着一定的不确定性，可能的来源是设计变量的不确定、气候条件变化、建筑运行模式的不确定性、建筑能耗模拟标准的不确定性、计算机模拟参数的扰动、变量约束的模糊性等。这使得待解决的优化问题的最优解也随之不断变化，从而增加了求解的困难。

⑨当前的建筑能耗模拟工具如EnergyPlus等不能直接使用建筑师常用的设计软件如SketchUp等建立的模型，需要重新建立专门用于能耗计算的模型。重复建模不仅增加了工作量，还使得建筑师因不熟悉如何建立能耗计算模型而不会使用建筑节能优化技术。此外，建筑师经常需要大幅度调整设计方案，而每次方案的调整都需要重新建立专门的能耗计算模型，造成时间和人力资源的浪费。

⑩除此之外，专门针对建筑师来说，应用建筑节能优化设计技术还存在着一些挑战：其一，使用建筑节能优化设计技术需要掌握相关的能耗模拟及优化工具，并设置相关的控制参数，这对建筑师来说存在一定的难度；其二，当前可被优化的建筑设计参数仍然有限，以建筑形体为例，它是建筑师非常关注的设计参数，但建筑节能优化设计技术对优化复杂的建筑形体仍存在难度；其三，除了能耗等能被量化的优化目标，建筑师还需要同时考虑美学等不能被量化的目标，而使用建筑节能优化设计技术得到的最优设计方

案并不能保证满足建筑师的美学要求。

7 结语

建筑节能优化设计技术是目前国际建筑学领域的研究热点之一。本文从建筑师的角度，从建筑节能优化设计技术的概念、起源和发展、优化设计变量、优化目标、能耗模拟和优化工具、应用现状、面临的挑战等方面对建筑节能优化设计技术进行了系统的综述。尽管建筑节能优化设计技术日趋成熟，但仍然面临一些挑战。从建筑师的角度出发，未来还需进一步开展以下方面的工作：①开发更多集成的优化设计软件包，能够与建筑师熟悉的设计工作流程（即方案设计阶段、初步设计阶段、施工图阶段）和工具相耦合，并使建筑师常用的设计模型与能耗模拟模型之间可以顺利交互。②研究建筑节能优化设计中优化算法的性能，给出选择合适算法和设置算法参数的指南，以指导建筑师在使用建筑节能优化设计时正确选择合适的算法并准确设置算法参数，从而更好地实现既定的优化目标。③提高当前技术的后处理能力。展示设计优化结果与执行该过程同样重要，方便、易于理解和图形化的后处理模块对建筑师很有吸引力，他们通常不熟悉多目标优化的数学原理。④提高建筑节能优化技术在优化建筑形体等方面的能力。■

参考文献

[1] GB/T 50378—2014. 绿色建筑评价标准[S]. 中华人民共和国住房和城乡建设部, 2014-04-15.

[2] D' Cruz N, Radford A, Gero JS. A Pareto optimization problem formulation for building performance and design[J]. Engineering Optimization, 1983, 7(1): 17-33.

[3] Evins R. A review of computational optimization methods applied to sustainable building design[J]. Renewable and Sustainable Energy Reviews, 2013, 22: 230-245.

[4] Nguyen A, Reiter S, Rigo P. A review on simulation-based optimization methods applied to building performance analysis[J]. Applied Energy, 2014, 113: 1043-1058.

[5] Attia S, Hamdy M, O' Brien W, Carlucci S. Assessing gaps and needs for integrating building performance optimization tools in net zero energy buildings design[J]. Energy and Buildings, 2013, 60: 110-124.

[6] Saporito A, Day A, Karayiannis TG, Parand F. Multi-parameter building thermal analysis using the lattice method for global optimization [J]. Energy and Buildings, 2001, 33(3): 267-274.

[7] Salminen M, Palonen M, Sirén K. Combined energy simulation and multi-criteria optimization of a LEED-certified building[C]. In: Proceedings of the building simulation and optimization conference, 2012.

[8] Evins R, Pointer P, Burgess S. Multi-objective optimization of a modular building for different climate types[C]. In: Proceedings of the first building simulation and optimization conference, 2012.

[9] Christopher P. Better carbon saving: using a genetic algorithm to optimize building carbon reductions[C]. In: Proceedings of the first building simulation and optimization conference, 2012.

[10] Murray S, Walsh B, Kelliher D, O' Sullivan D. Multi-variable optimization of thermal energy efficiency retrofitting of buildings using static modelling and genetic algorithms: acasestudy[J]. Building and Environment, 2014, 75: 98-107.

[11] Hasan A, Vuolle M, Sirén K. Minimisation of life cycle cost of a detached house using combined simulation and optimization[J]. Building and Environment, 2008, 43(12): 2022-2034.

[12] Pernodet F, Lahmidi H, Michel P. Use of genetic algorithms for multicriteria optimization of building refurbishment[C]. In: Proceedings of the eleventh international IBPSA conference, 2009.

[13] Hamdy M, Hasan A, Siren K. A multi-stage optimization method for cost optimal and nearly-zero-energy building solutions in line with the EPBDRecast 2010[J]. Building and Environment, 2013, 56: 189-203.

[14] Ihm P, Krarti M. Design optimization of energy efficient office buildings in Tunisia[J]. Journal of Solar Energy Engineering, 2013, 135(4): 040908.

[15] Chantrelle P, Lahmidi H, Keilholz W, et al. Development of a multicriteria tool for optimizing the renovation of buildings[J]. Applied Energy, 2011, 88(4): 1386-1394.

[16] Asadi E, DaSilva G, Antunes H, et al. A multi-objective optimization model for building retrofit strategies using TRNSYS simulations, GenOpt and MATLAB[J]. Building and

Environment, 2012, 56: 370-378.

[17] Asadi E, DaSilva G, Antunes CH, et al. Multi-objective optimization for building retrofit strategies: a model and an application[J]. Energy and Buildings, 2012,44: 81-87.

[18] Fesanghary M, Asadi S, Geem W. Design of low-emission and energy-efficient residential buildings using a multi-objective optimization algorithm[J]. Building and Environment, 2012,49(3): 245-250.

[19] Shao Y, Geyer P, Lang W. Integrating requirement analysis and multi-objective optimization for office building energy retrofit strategies[J]. 0Energy and Buildings, 2014, 82: 356-368.

[20] Gengembre E, Ladevie B, Fudym O, et al. A Kriging constrained efficient global optimization approach applied to low-energy building design problems[J]. Inverse Problems in Engineering, 2012, 20(7): 1101-1114.

[21] Flager F, Soremekun G, Welle B, Haymaker J, Bansal P. Multidisciplinary process integration & design optimization of a classroom building[J]. Electronic Journal of Information Technology in Construction, 2009, 14(38): 595-612.

[22] Wright J, Alajmi A. The robustness of genetic algorithms in solving un-constrained building optimization problems[C]. In: Proceedings of the ninth international IBPSA conference, 2005.

[23] Holst J. Using whole building simulation models and optimizing procedures to optimize building envelope design with respect energy construction and indoor environment[C]. In: Proceedings of the eighth international IBPSA conference, 2003.

[24] Charron R, Athienitis A. The use of genetic algorithms for a net-zero energy solar home design optimization tool[C]. In: Proceedings of the 23rd conference on passive and low energy architecture, 2006.

[25] Al-Homoud M. Optimum thermal design of office buildings[J]. International Journal of Energy Research, 1997, 21(10): 941-957.

[26] Bichiou Y, Krarti M. Optimization of envelope and HVAC systems selection for residential buildings[J]. Energy and Buildings, 2011, 43(12): 3373-3382.

[27] Jin Q, Overend M. Façade renovation for a public building based on a whole-life value approach[C]. In: Proceedings of the building simulation and optimization conference, 2012.

[28] Rapone G, Saro O. Optimisation of curtain wall facades for office buildings by means of PSO algorithm[J]. Energy and Buildings, 2012, 45: 189-196.

[29] Wang M, Wright J, Brownlee A, Buswell R. Applying global and local SA in identification of variables importance with the use of multi-objective optimization[C]. In: Proceedings of the 2nd BSO conference, 2014.

[30] McKinstray R, Lim J,Tanyimboh T, Phan D, Sha W, Brownlee A. Topographical optimization of single-storey non-domestic steel framed buildings using photovoltaic panels for net-zero carbon impact[J]. Building and Environment, 2015, 86: 120-131.

[31] Karatas A, El-Rayes K. Optimizing tradeoffs among housing sustainability objectives[J]. Automation in Construction, 2015, 53: 83-94.

[32] Ascione F, Bianco N, Stasio C, Mauro G, Vanoli G. A new methodology for cost-optimal analysis by means of the multi-objective optimization of building energy performance[J]. Energy and Buildings, 2015, 88: 78-89.

[33] Suh J, Park S, Kim DW. Heuristic vs. meta-heuristic optimization for energy performance of a post office building[C]. In: Proceedings of the 12th conference of international building performance simulation association, 2011.

[34] Yu W, Li B, Jia H, Zhang M, Wang D. Application of multi-objective genetic algorithm to optimize energy efficiency and thermal comfort in building design[J]. Energy and Buildings, 2015, 88: 135-143.

[35] Naboni E, Maccarini A, Korolija I,Zhang Y. Comparison of conventional, parametric and evolutionary optimization approaches for the architectural design of nearly zero energy buildings[C]. In: Proceedings of the thirteenth international IBPSA conference, 2013.

[36] Glassman E, Reinhart C. Façade optimization using parametric design and future climate scenarios[C]. In: Proceedings of the thirteenth international IBPSA conference, 2013.

[37] Manzan M, Padovan R, Clarich A, Rizzian L. Energy and daylighting optimization for an office with fixed and moveable shading devices[C]. In: Proceedings of the 2nd BSO conference, 2014.

[38] Junghans L, Darde N. Hybrid single objective genetic algorithm coupled with the simulated annealing optimization method for building optimization[J]. Energy and Buildings, 2015, 86: 651-662.

[39] Aria H, Akbari H. Integrated and multi-hour optimization of office building energy consumption and expenditure[J]. Energy and Buildings, 2014,82: 391-398.

[40] Znouda E, Ghrab-Morcos N, Hadj-Alouane A. Optimization of Mediterranean building design using genetic algorithms[J]. Energy and Buildings, 2007, 39(2): 148-153.

[41] Xu J, Kim J, Hong H, Koo J. A systematic approach for energy efficient building design factors optimization[J]. Energy and Buildings, 2015, 89: 87-96.

[42] Wright J, Farmani R. The simultaneous optimization of building fabric construction, HVAC system size, and the plant control strategy[C]. In: Proceedings of the seventh international IBPSA conference, 2001.

[43] Hamdy M, Hasan A, Siren K. Applying a multi-objective optimization approach for design of low-emission cost-effective dwellings[J]. Building and Environment, 2011, 46(1): 109-123.

[44] Ihm P, Krarti M. Design optimization of energy efficient residential buildings in Tunisia[J]. Building and Environment, 2012, 58(4): 81-90.

[45] Hamdy M, Palonen M, Hasan A. Implementation of pareto-archive NSGA-II algorithms to a nearly-zero-energy building optimization problem[C]. In: Proceedings of the building simulation and optimization conference, 2012.

[46] Simmons B, Tan Y, Wu J et al. Finding the cost-optimal mix of building energy technologies that satisfies a set operational energy reduction target[C]. In: Proceedings of building simulation conference, 2013.

[47] Ascione F, Bianco N, Stasio C, Mauro G, Vanoli G. A new methodology for cost-optimal analysis by means of the multi-objective optimization of building energy performance[J]. Energy and Buildings, 2015, 88: 78-89.

[48] Penna P, Prada A, Cappelletti F, Gasparella A. Multi-objectives optimization of energy efficiency measures in existing buildings[J]. Energy and Buildings, 2015, 95: 57-69.

[49] Evins R, Pointer P, Vaidyanathan R, et al. A case study exploring regulated energy use in domestic buildings using design-of-experiments and multi-objective optimisation[J]. Building and Environment, 2012, 54(10): 126-136.

[50] Peippo K, Lund P, Vartiainen E. Multivariate optimization of design trade-offs for solar low energy buildings[J]. Energy and Buildings, 1999, 29(2): 189-205.

[51] Üçtuğ G, Yükseltan E. A linear programming approach to household energy conservation: Efficient allocation of budget[J]. Energy and Buildings, 2012, 49(2): 200-208.

[52] Lee B, Hensen J. Towards zero energy industrial halls-simulation and optimization with integrated design approach[C]. In: Proceedings of the thirteenth international IBPSA conference, 2013.

[53] Bucking S, Athienitis A, Zmeureanu R. An optimization methodology to evaluate the effect size of incentives on energy-cost optimal curves[C]. In: Proceedings of the thirteenth international IBPSA conference, 2013.

[54] Choudhary R, Papalambros P, Malkawi A. Simulation-based design by hierarchical optimization[C]. In: Proceedings of the ninth international IBPSA conference, 2005.

[55] Magnier L, Haghighat F. Multiobjective optimization of building design using TRNSYS simulations, genetic algorithm, and artificial neural network[J]. Building and Environment, 2010, 45(3): 739-746.

[56] Hamdy M, Hasan A, Siren K. Impact of adaptive thermal comfort criteria on building energy use and cooling equipment size using a multi-objective optimization scheme[J]. Energy and Buildings, 2011, 43(9): 2055-2067.

[57] Petri I, Li H, Rezgui Y, Chunfeng Y, Yuce B, Jayan B. A modular optimisation model for reducing energy consumption in large scale building facilities[J]. Renewable and Sustainable Energy Review, 2014, 38: 990-1002.

[58] Yang R, Wang L, Wang Z. Multi-objective particle swarm optimization for decision-making in building automation[C]. In: Proceedings of power and energy society general meeting, 2011.

[59] Das P, Nix E, Chalabi Z, Davies M, Shrubsole C, Taylor J. Exploring the health/energy pareto optimal front for adapting a case-study dwelling in the Delhi environment[C]. In: Proceedings of the 2nd BSO conference, 2014.

[60] Zhou G, Ihm P, Krarti M, Liu S, Henze G. Integration of an internal optimization module within EnergyPlus[C]. In: Proceedings of the eighth international IBPSA conference, 2003.

[61] Choudhary R, Malkawi A, Papalambros P. A hierarchical design optimization framework for building performance analysis[C]. In: Proceedings of the eighth international IBPSA conference, 2003.

[62] Djuric N, Novakovic V, Holst J, Mitrovic Z. Optimization of energy consumption in buildings with hydronic heating systems considering thermal comfort by use of computer-based tools[J]. Energy and Buildings, 2007, 39(4): 471-477.

[63] Wright J, Mourshed M. Geometric optimization of fenestration[C]. In: Proceedings of the eleventh international IBPSA conference, 2009.

[64] Yi Y, Malkawi A. Optimizing building form for energy performance based on hierarchical geometry relation[J].

Automation in Construction, 2009,18(6): 825 - 833.

[65] Evins R. Configuration of a genetic algorithm for multi-objective optimisation of solar gain to buildings[C]. In: Proceedings of genetic and evolutionary computation conference, 2010.

[66] Brownlee I, Wright A, Mourshed MM. A multi-objective window optimisation problem[C]. In: Proceedings of the 13th annual conference companion on Genetic and evolutionary computation, 2011.

[67] Shi X. Design optimization of insulation usage and space conditioning load using energy simulation and genetic algorithm[J]. Energy, 2011,36(3): 1659-1667.

[68] Zemella G, DeMarch D, Borrotti M, et al. Optimised design of energy efficient building façades via evolutionary neural networks[J]. Energy and Buildings, 2011, 43(12): 3297-3302.

[69] Evins R, Pointer P, Vaidyanathan R. Multi-objective optimization of the configuration and control of a double-skin façade[C]. In: Proceedings of the building simulation, 2011.

[70] Tresidder E, Zhang Y, Forrester A. Optimisation of low-energy building design using surrogate models[C]. In: Proceedings of building simulation: 12th conference of international building performance simulation association, 2011.

[71] Eisenhower B, O' Neill Z, Narayanan S, et al. A methodology for meta-model based optimization in building energy models[J]. Energy and Buildings, 2012,47: 292-301.

[72] Nguyen T, Reiter S. Optimum design of low-cost housing in developing countries using nonsmooth simulation-based optimization[C]. In: Proceedings of the 28th international PLEA conference, 2012.

[73] Fesanghary M, Asadi S, Geem W. Design of low-emission and energy-efficient residential buildings using a multi-objective optimization algorithm[J]. Building and Environment, 2012,49(3): 245-250.

[74] Tresidder E, Zhang Y, Forrester J. Acceleration of building design optimisation through the use of kriging surrogate models[C]. In: Proceedings of the building simulation and optimization conference, 2012.

[75] Ochoa E, Aries C, van Loenen J, et al. Considerations on design optimization criteria for windows providing low energy consumption and high visual comfort[J]. Applied Energy, 2012,95(2): 238-245.

[76] Zhang R, Liu F, Schoergendorfer A, et al. Optimal selection of building components using sequential design via statistical surrogate models[C]. In: Proceedings of building simulation, 2013.

[77] Taheri M, Tahmasebi F, Mahdavi A. A case study of optimization-aided thermal building performance simulation calibration[J]. Optimization, 2012,4 (2nd).

[78] Salvatore C, Lorenzo P, Paolo Z. Optimization by discomfort minimization for designing a comfortable net zero energy building in the Mediterranean climate[J]. Advanced Materials Research, 2013,689: 44-48.

[79] Nguyen A, Reiter S. Passive designs and strategies for low-cost housing using simulation-based optimization and different thermal comfort criteria[J]. Journal of Building Performance Simulation, 2014,7(1): 68-81.

[80] Salvatore C, Lorenzo P. An optimization procedure based on thermal discomfort minimization to support the design of comfortable net zero energy building[C]. In: Proceedings of the thirteenth international IBPSA conference, 2013.

[81] Yang C, Li H, Rezgui Y, Petri I, Yuce B, Chen B, Jayan B. High throughout computing based distributed genetic algorithm for building energy consumption optimization[J]. Energy and Buildings, 2014,76: 92-101.

[82] Huws H, Jankovic L. Optimisation of zero carbon retrofit in the context of current and future climate[C]. In: Proceedings of the 2nd BSO conference, 2014.

[83] Karaguzel O, Zhang R, Lam K. Coupling of whole-building energy simulation and multi-dimensional numerical optimization for minimizing the life cycle costs of office buildings[J]. Building Simulation, 2014,7(2): 111-21.

[84] Ramallo-González A, Coley D. Using self-adaptive optimization methods to perform sequential optimization for low-energy building design[J]. Energy and Buildings, 2014,81: 18-29.

[85] Zhou G, Ihm P, Krarti M, Liu S, Henze G. Integration of an internal optimization module within EnergyPlus[C]. In: Proceedings of the eighth international IBPSA conference, 2003.

[86] Hollberg A, Ruth J. A parametric life cycle assessment model for façade optimization[C]. In: Proceedings of the 2nd BSO conference, 2014.

[87] Karatas A, El-Rayes K. Optimizing tradeoffs among housing sustainability objectives[J]. Automation in Construcion, 2015,53: 83-94.

[88] Stojiljković M, Ignjatović M, Vučković G. Greenhouse gas esemission assessment in residential sector through buildings simulations and operation optimization[J]. Energy, 2015.

[89] Carreras J, Boer D, Guillén-Gosálbez G, Cabeza L, Medrano M, Jiménez L. Multi-objective optimization of thermal modelled cubicles considering the total cost and life cycle environmental impact[J]. Energy and Buildings, 2015,88: 335-346.

[90] Caldas L, Norford L. A design optimization tool based on a genetic algorithm[J]. Automation in Construction, 2002,11(2): 173-184.

[91] Caldas L. Generation of energy-efficient architecture solutions applying GENE_ARCH: an evolution-based generative design system[J]. Advanced Engineering Informatics, 2008,22(1): 59-70.

[92] Tuhus-Dubrow D, Krarti M. Genetic-algorithm based approach to optimize building envelope design for residential buildings[J]. Building and Environment, 2010,45(7): 1574-1581.

[93] Sahu M, Bhattacharjee B, Kaushik C. Thermal design of air-conditioned building for tropical climate using admittance method and genetic algorithm[J]. Energy and Buildings, 2012, 53(10): 1-6.

[94] Lartigue B, Lasternas B, Loftness V. Multi-objective optimization of building envelope for energy consumption and daylight[J]. Indoor Built Environment, 2013,0(0): 1-11.

[95] Lee B, Trcka M, Hensen J. Building energy simulation and optimization: A case study of industrial halls with varying process loads and occupancy patterns[J]. Building Simulation, 2014, 7(3): 229-236.

[96] Xu J, Kim J, Hong H, Koo J. A systematic approach for energy efficient building design factors optimization[J]. Energy and Buildings, 2015,89: 87-96.

[97] Manzan M, Pinto F. Genetic optimization of external shading devices[C]. In: Proceedings of the eleventh international IBPSA conference, 2009.

[98] Hoes P, Trcka M, Hensen J, et al. Optimizing building designs using a robustness indicator with respect to user behavior[C]. In: Building simulation proceedings of the 12th conference of the international building performance simulation association, 2011.

[99] Palonen M, Hasan A, Siren K. A genetic algorithm for optimization of building envelope and HVAC system parameters[C]. In: Proceedings of the eleventh international IBPSA conference, 2009.

[100] Bambrook M, Sproul B, Jacob D. Design optimization for a low energy home in Sydney[J]. Energy and Buildinigs, 2011,43(7): 1702-1711.

[101] Wang W, Rivard H, Zmeureanu R. Optimizing building design with respect to life-cycle environmental impacts[C]. In: Proceeings of the eighth international IBPSA conference, 2003.

[102] Wang W, Rivard H, Zmeureanu R. An object-oriented framework for simulation-based green building design optimization with genetic algorithms[J]. Advanced Engineering Informatics, 2005,19(1): 5-23.

[103] Wang W, Zmeureanu R, Rivard H. Applying multi-objective genetic algorithms in green building design optimization[J]. Build and Environment, 2005,40(11): 1512-1525.

[104] AL-Homoud M. A systematic approach for the thermal design optimization of building envelopes[J]. Journal of Building Physics, 2005,29(2): 95-119.

[105] D' Cruz N, Radford A. A multicriteria model for building performance and design[J]. Building and Environment, 1987, 22(3): 167-79.

[106] Varma P, Bhattacharjee B. Building envelope optimization using simulated annealing approach[C]. In: Proceedings of the 2nd BSO conference, 2014.

[107] Palonen M, Hamdy M, Hasan A. MOBO A new software for multi-objective building performance[C]. In: Proceedings of the thirteenth international IBPSA conference, 2013.

[108] AL-Homoud M. Envelope thermal design optimization of buildings within termittent occupancy[J]. Journal of Building Physics, 2009, 33(1): 65-82.

[109] Caldas L. Generation of energy-efficient patio houses: combining GEN-E_ARCH and a Marrakesh Medina shape grammar[C]. In: Proceedings of the 2011 AAAI spring symposium series, 2011.

童乔慧 | Tong Qiaohui

武汉大学城市设计学院

School of Urban Design，Wuhan University

童乔慧（1976.5），武汉大学城市设计学院教授，东南大学博士，中国建筑学会会员，武汉历史文化名城保护委员会委员。

观　点

从建筑学的数字化技术研究领域来看，从二维媒介CAAD到三维模型，再到集成建筑项目各种相关信息模型的BIM，建筑学领域正经历着一场前所未有的革命。从历史建筑的数字化保护研究领域来看，随着数字技术的发展，历史建筑保护也跨入了信息时代，数字技术开始应用于建筑遗产的保护研究。信息化技术在历史建筑保护和管理中的运用越来越广泛。特别是地理信息系统（GIS）、三维激光扫描、信息化建模、虚拟现实等技术的应用，给传统的历史建筑保护模式带来了新的技术手段。建筑信息模型（BIM）的出现引发整个历史建筑保护领域的又一次数字技术飞跃，它不仅带来建筑设计和建筑保护技术的进步和更新换代，还影响了建筑生产维护组织模式和管理方式，并将更长远地影响人们思维模式的转变。这即将开创历史建筑保护和开发利用的新天地，实现历史建筑保护领域的新的数字技术进步。

澳门建筑遗产的数字化保护模式研究[1]

Research on Digital Protection Model of Macao Architectural Heritage

童乔慧
Tong Qiaohui

卫 薇
Wei Wei

摘 要：针对当前城市遗产对数字信息化技术的迫切需要，以及澳门遗产资源的多源性、共生性和包容性的特点，本文根据实地调研和中外文原始资料，以澳门城市遗产资源的特殊性以及数字化信息与处理技术为基础，从资源数据库的建立、数字化保护策略的构架以及保护与管理标准三个方面探索澳门数字化遗产的保护模式的建立，使得澳门文化优势和特色在瞬息万变的社会发展潮流中保持自己独有魅力并焕发新生机。

关键词：澳门遗产，特点，数字化保护，价值

1 澳门建筑遗产保护现状与亟待解决的问题

1.1 澳门建筑遗产保护现状

澳门位于珠江三角洲西岸，鸦片战争之后澳葡政府依靠武力强占氹仔、路环两个离岛，并先后进行了五次大规模的填海拓地，形成了现在澳门城市范围（图1）。开放的澳门成为西方文化进入中国的通道，其特殊的发展历史、区域地位、经济模式及文化模式，在我国乃至亚洲的经济、文化格局中，都占有重要一席，绝无仅有。

简·雅各布斯（Jane Jacobs）在《美国大城市的死与生》中指出：每座城市都离不开老建筑，没有它就没有生机勃勃的街区。澳门的城市发展主要分为堡垒城市和近现代都市两个时期[2]，可以说是从一个封闭的城市走向开放的过程，这无疑为新建筑的建设做好了准备。经过400多年的发展，澳门建筑基本形成了一种吸收和消化外来文化的能力，澳门被建设成了一个非常富有个性、结构清晰的欧洲风情的花园城市。

2005年7月15日，世界遗产委员会第29届大会宣布，澳门历史城区被正式列入《世界遗产名录》。

1 本文原载于《新建筑》2018年第六期。

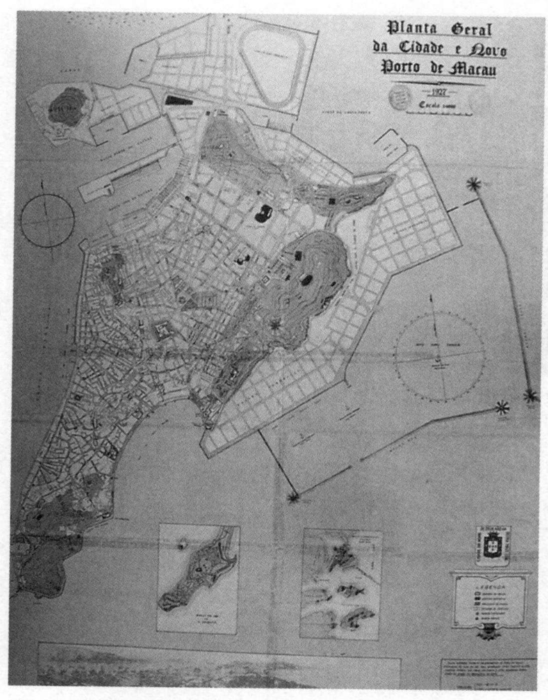

图1　澳门城市和新港口图（1927年）

澳门历史城区是指澳门半岛中以旧城区为核心、面积约7 km^2，包括20多处历史建筑，由若干街道和广场连成一体。[3]澳门历史城区内建筑群的风格及其空间分布，不仅融合了东西方建筑艺术的精髓，还体现出多元文化和谐并存的状态，让人们看到了一个焕发生机的历史城市遗址，使澳门成为万国建筑展览馆。

澳门在回归前的文化遗产保护管理基本上是以自上而下的方式进行的，并沿用葡萄牙对建筑遗产保护的相关理念。[4]澳门在20世纪上半叶出现了两次大的移民潮，人口的剧增导致城市急速的扩张和占用空地。为了解决基本的居住需求，20世纪中期，澳门政府将城市建设的控制权交给了投机商和开发商手中，并不加区别毫无规划地改建和新建，直到20世纪70年代澳门《文化财产保护法令》的颁布，这种情况才发生变化，同时，成立了一个直属澳督的“维护澳门都市风景及文化财产委员会”（即文物保护委员会）。

1999年澳门回归后，文化局管辖下的文化财政厅负责澳门文化遗产分类和保护工作，一方面致力于本地区文化、历史及建筑文物的维护；另一方面对原有法令进行修订研究。伴随着申遗工作的全面推进，世界文化遗产的登录过程已成为澳门加强文化遗产保护的重要契机。文化遗产所具有的特色内涵极大地增强了城市地区的吸引力和场所精神，根据《澳门城市概念性规划纲要2008》，澳门历史城区将成为澳门的特色街区和创新产业区，通过城市的演变来改变澳门人的生活，使澳门在新的发展周期焕发活力，成为旅游宜居和多元发展之城。

澳门历史城区是一个历史城镇型（historic centre）的世界遗产，目前是人类居住的区域，是具有现代城市化特征的生活区。[5]在实践层面，申遗对澳门遗产整体保护水平的提升作用十分显著，“可持续发展”保护理念已成为澳门世界文化遗产保护管理的主要指导思想。澳门自1999年回归祖国以来，特区政府每年投入2 000多万元，实施保护文化遗产的项目，修缮加固重点文物，改善著名建筑的周边环境，通过清洁、维护，使这些历史悠久、风格别具的建筑焕发出更迷人的风采。[6]通过借鉴和吸收国际遗产保护的先进理念和实践经验，许多功能退化或已被忽视的历史建筑与历史地段得到成功改造与再利用，如同善堂药局（图2）、大西洋银行（图3）、玫瑰堂、新闻局（图4）的整治性再利用等成功案例。同时，澳门旅游局积极推出的一系列“提升澳门遗产旅游的文化形象”推广活动[7]以及自上而下开展的研讨会、展览、刊物出版等一系列活动，都已在意识层面加深了全澳门市民对文化遗产保护的责任感和归属感。

1.2　澳门建筑遗产保护工作中亟待解决的问题

《世界遗产公约》操作指南（2008年版）的序言中提道：“文化遗产和自然遗产对每一个国家，对整个人类来说都是无价之宝，无可替代。这些无价之宝的毁坏和消失使世界人民受到损失。”澳门对世界文化遗产的保护，顺应城市历史发展的内在逻辑，是依照一定程序组织起来的体系，这使得澳门历史城区始终作为一个整体受到很好的保护。特别是在申遗成功之

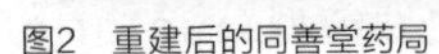
图2 重建后的同善堂药局

图3 大西洋银行

图4 玫瑰堂和新闻局的立面修缮

后，遗产保护的工作重点转向城市建筑遗产更新与再生的研究工作。澳门历史城区作为一个活着的遗产，其特殊的历史原因以及社会参与层面对遗产管理可持续发展观的认识差异性较大，正面临着诸多新的挑战。

1.2.1 国际化旅游与城市建设

自2002年博彩业经营权开放之后，澳门历史城区的国际化旅游商业活动过度，部分地段已超出了相应的荷载能力，产生交通、环境等城市问题。许多能彰显历史城区人文特色的景点较为分散，由于导向不清晰，尚未得到有效的开发与利用，因此无法被游客认知和使用，出现了游客密度严重不均的问题，从而在历史城区出现“冷暖”两极现象。

过度因“赌城”效应的旧城区改造削弱了公众对澳门文化遗产保护的关注度和满意程度，也对城镇型世界遗产突出普遍价值的延续构成了很大威胁。澳门高强度的开发所造成的负面影响一直是历史性城市保护所面临的主要挑战。从“下环街市事件”“蓝屋仔事件”“松山灯塔事件”到“望厦兵营事件”，有关澳门文化遗产保护的争议此起彼伏，引发了人们在申遗成功后对澳门世界文化遗产及其周边整体景观的完整性保护、有效协调经济发展与文物景观保护、完善现有的澳门世界文化遗产管理体制，以及完善相应的澳门城市规划与法律监管制度等一系列问题的探讨和研究。[8]在遗产旅游规划方面，澳门遗产整体景观的维护是一项重大挑战，同时，也标志着遗产保护的公众意识与公众参与进入了一个全新的阶段。

1.2.2 理论研究与政策法规

人类对建筑遗产的认识经历了漫长的过程，从《关于历史性纪念物修复的雅典宪章》（1931年通过）、《威尼斯宪章》、《奈良真实性文件》、《巴拉宪章》至《文化线路宪章》（2008年通过）等国际文件[9]，“保护方法”概念的内涵已转变为向多元方向发展，并明确了各阶段的准则。虽然澳门早在1905年就以登记造册的方式开始进行建筑环境的遗产管理[10]，但在理论研究、政策法规、实践层面上起步较晚。在已出版的研究成果和专项政策法规中，学术界大多是从宏观层面对澳门世界文化遗产进行单项研究，法规草案更多的是认定遗产价值和制订保护措施，其大多为纲领性、概念性内容。如何将跨学科领域的比较研究和系统化研究应用到澳门遗产保护工作中迫在眉睫。

鉴于澳门的情况，遗产保护工作所遇到的问题比其他地方复杂甚至特殊，多元化的管理主体，意味着权利的分割、责任的分散，政府的行政效率没有随着政权的更替而进行有效的协调，这样的行政手段必然会与澳门的现实问题存在矛盾，造成各类争议性问题，使得相关主体间的利益冲突不可避免。在结合澳门城市整体性规划前提下，营造一种独树一帜的可持续管理氛围，有利于澳门遗产保护的可实施与更新并重的“澳门式”发展。

1.2.3 老屋建筑与城市景观

澳门建筑与城市的独特之处在于无所不在的融合理念，对空间深层结构的尊重常常成为城市设计的切入点，成为建筑创造的源泉。[11]目前澳门历史城区中大量建于20世纪70年代的房屋，破损严重，缺乏相应的卫生设施和防火抗震等安全标准，且其建筑高度和立面形式严重影响了街道的景观环境与风貌特征。将历史建筑由“最佳的使用方式是延续原建筑的设计功能”为主导过渡到以“持续合理发展”为标准的改建方式，改建中应尽量减少变化，并适应新的抗震、防火、卫生、结构规范等建筑标准，符合无障碍设计标准，使建筑利用在较长的时间跨度内具有适应性。[12]

2011年11月，联合国教科文组织（UNESCO）正式通过了历史城市保护最新国际文件——《关于历史性城市景观的建议》，进一步呼吁在全球范围内开展历史城市保护工作，作为可持续发展的重要组成部分，历史城市保护需要在城市发展总体政策框架中得到全面体现，其管理应在一般性城乡规划管理中得到更有效的整合。[13]景观环境和使用质量作为城市中最具吸引力和体现城市文化特征的地方，可以为澳门文化遗产的可持续发展寻求更大的空间。澳门受到地理环境限制，澳门半岛形成了高密度的人居环境状态，街道狭窄、交通拥堵、环境恶化等现实因素直接影响了澳门历史城区整体环境的改善。此外，历史廊道的南部街道与公共空间存在基础设施不足、人车混行、识别性差及缺乏特色等问题，进而影响了这片区域的潜在商业经济价值。澳门历史性城市景观的保护，应遵循《维也纳备忘录》（2005年）大纲。应提出一种整体性的保护途径，即这种方法综合考虑了澳门历史建筑、城市可持续发展和景观完整性的关系，并全面评估、认知、理解和管理历史性城市景观。[14]

1.2.4 公共投入与多元融资

“十五”期间，全国申请中央财政国家重点文物保护专项补助经费总额大大压缩后，实际安排16亿元人民币，仅占需求的40%。[15]澳葡政府设有专门的文化基金，用作支付文化遗产的紧急维修及工程费用。但是，澳门历史文化遗产的保护与开发是一项长远艰巨的工程，仅仅依靠政府补贴已不能满足信息化发展下的历史遗产保护机构的运行机制，民间参与的多元化融资体制也极其重要。自1992年，东方基金会[16]与澳门文化局合作，为一系列历史建筑的甄别、修复提供多途径的财政资助。根据相关企业的资本数据显示，澳门大部分中小企业整体上呈现出数量多、资本量少、缺乏具有竞争力的状态，在某种程度上制约了文化遗产保护和开发水平的提升。另外，文化遗产相关管理人员的培训经费、宣传经费缺乏，文物科研经费投入不足，也直接影响了澳门的文化建设。在财政支持不足的情况下，从理论上探索澳门文化遗产保护的财政支持方式、途径显得尤为必要。

2 澳门建筑遗产的数字化保护模式架构

根据澳门建筑遗产研究和保护的特点，笔者认为基于数字化理念与方法的澳门遗产保护策略研究应包括遗产数字化的实体研究和遗产数字化的保护研究，这项工作将促进数据仓库、多维数据采集、多维数据分析与智能计算理论的协调发展，是一次数学理论和计算机科学、建筑学、建筑信息模型的对接，具有重要的实践意义。从澳门历史建筑的数字化保护研究领域来看，随着数字技术的发展，历史建筑保护也跨入了信息时代，数字技术开始应用于澳门建筑遗产的保护研究。信息化技术在历史建筑保护与管理中的运用越来越广泛。特别是地理信息系统（GIS）、三维激光扫描、信息化建模、虚拟现实等技术的应用，给传统的历史建筑保护模式带来了新的技术手段。文化遗产保护工作进入了一个新的信息时代，数字化遗产成为世界各国的共识和共同推进的目标。

2.1 保护系统的设计及开发

依赖澳门遗产信息数字化成果，进行面向历史建筑生命期的信息集成平台的建筑信息模型（Building Information Modeling，BIM）设计，以及程序结构、数据结构、用户界面等全面的细部设计。经过纵向及横向两个阶段的信息库构建，借助广域网或者局域网的形式来完成信息的共享及传递，建立专门用于澳门遗产保护的公共性数字化平台，为澳门世界文化遗产编制总体规划，建立其计算机信息管理平台，达到记录、保存、传承、传播、利用、保护、发展澳门遗产的目的。从根本上解决历史建筑保护项目建设各阶段的信息断层和使用维护阶段的信息流失问题，实现历史建筑保护建设项目全生命周期的信息交换与共享。

遗产保护系统的核心是历史建筑的属性信息与空间信息的关联，所有的功能都是为图形与属性的交互链接而服务，形成澳门建筑遗产空间数据库。通过合理的数据管理逻辑设计，可以对这些数据进行添加、修改和分析，并实现澳门建筑遗产的可视化、虚拟建造、病虫害可视化和动态追踪。还能与数字城市支撑体系中其他信息（如经济、人口等）协同服务，使得维护项目在所有参与方的平台上构建。

2.2 构建遗产数字化的数据库

澳门是一个多元共存的文化历史名城，建筑遗产具有十分丰富的信息。通过着重收集与历史建筑及城市建设相关的文献，并进行整理分析，可以将建筑遗产按照使用功能或是自身特点纳入一个结构清晰的数据库内，为数字化处理、存储做好前期准备工作。数据库的采集工作主要是使用地理信息系统（GIS）、三维激光扫描、信息化建模、虚拟现实等技术。其数据量大，容易混乱，对获取的数据需要分类管理，实行三维数字存档。数据采集的内容包括人工实地测量数据、设备测量数据、照片拍摄数据、文字资料数据等。通过完成澳门遗产中的二维、三维等矢量的数据采集，建立遗产保护关系数据库和地理信息系统，实现保护单位信息的管理，并在三维虚拟还原的大场景中实现一些典型古建筑的三维建模数据的组织和互动展示。

伴随着现代信息技术的发展，澳门遗产保护数据库的采集技术手段愈发多样。为了保证澳门遗产数据库管理的统一、科学及规范，需建立相关的收集技术标准，并应用资源管理和分布技术对澳门遗产资源进行统一有效的整合，以促进澳门遗产资源采集、资源可以统一表示、资源权利信息描述、注册服务、资源检索和发布等功能的实现。[17]

在数据采集的过程中，利用数字化保护技术对澳门遗产信息资源进行分类、信息化存储，以便科学地搭建澳门遗产数据库（图5）。构建澳门建筑遗产的参数、材质、油漆彩绘、连接装配、数字化保护等相应信息资源库，为建筑保护与修缮、信息共享交互提供数据存储的媒介。澳门遗产的数字化保护需遵循普适性的保护原则与方法，既要采取分类为佳，又要适合各自特点的方法和措施。在对澳门遗产的系统性、复杂性等特征进行详细分析研究的基础上，从社会学、历史学、经济学等多重角度探寻澳门遗产保护的信息构成体系要素，提取遗产信息的特征并对其归纳总结，建立澳门遗产信息资源的多层次类型分类体系。

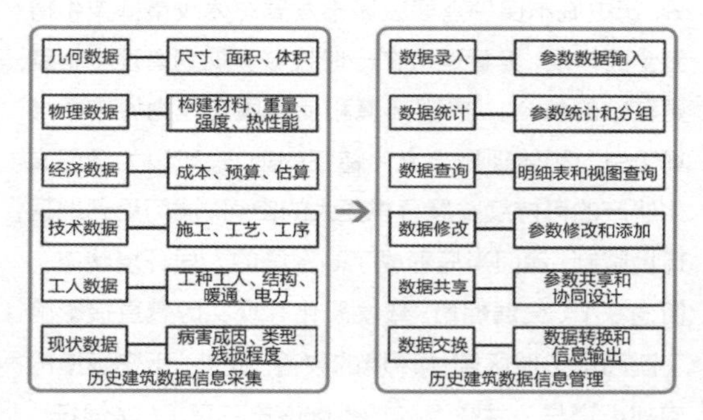

图5 历史建筑保护系统数据采集

3 澳门建筑遗产保护的数字化应用

对澳门历史遗产，它体现了社会和文化的历史传承和演变，也是其在独特的地理环境与多种文化的交融、和谐发展而整体形成的。澳门遗产的建筑信息模型的建构以及数据库的充实，奠定了其进一步应用的平台基础，更重要的是，澳门历史遗产的保护修缮产业链的上下游可借由BIM打通。结合其他新技术，如激光扫描、虚拟现实、三维打印等，可形成“BIM—VR—AR”的完整链条，全面参与从修缮施工到后期运维，再到传承研究的各个层面，大力推进整个行业的数字化和信息化。

3.1 澳门遗产的可视化

建筑信息管理平台数据的存储与访问是实现面向历史建筑生命期工程信息管理的底层数据支持，实行各种不同系统信息之间的互联互通，保障信息的有效沟通和整合，从而实现海量数据的快速获取与更新功能，同时实现真三维动态建模与可视化功能，使得澳门历史建筑向智能化、智慧化、语音化、真实化方向发展。[18]以WEBGIS、3DGIS技术为支撑，实现澳门遗产三维模型在地图场景中360° 范围的可视化浏览，同时，可以提供三维场景量算分析、可视域分析、致高点分析、水淹分析、缓冲区分析等相关服务。这些数据资源库使得规划设计、文物保护和相关管理部门能够及时掌握各种能反映现状的动态资料，并将此作为管理部门保护和管理的依据，促进澳门历史遗产保护的信息化和现代化。

根据澳门遗产保护方案建立和维护建筑信息模型，使用BIM平台汇总各项目的相关信息，将得到的信息结合三维模型进行整理和储存，以备项目在全过程中各相关方随时共享及协同。它大体分为三个阶段：第一阶段为真实建筑的三维模型制作，包括数字化建筑模型单体和建筑群，这一阶段主要注意建筑的空间定位和结构的准确；第二阶段为建筑模型的渲染工作，包括材质、照明、环境效果制作等；第三阶段为动画场景阶段，主要是模拟自然环境的物理运动，运用VRML等先进技术进行建筑遗产数字化及保护的技术研究与实现。依托VRML虚拟现实技术不仅可以永久地保存建筑遗产的现存状态，还可以动态地记录保护和研究的成果，还为保护和研究工作者提供一个可快速操作的信息资源共享平台。

3.2 澳门遗产的修缮管理

基于BIM实现澳门遗产的日常运维和修缮保护服务，也就是说借助BIM思想技术方法，根据澳门遗产保护的需求相应解决方案中的业务流程及所需的信息类型，构建澳门遗产BIM模型，再逐步展开澳门遗产数字化保护的BIM实施工作。将BIM技术应用到澳门建筑遗产修缮工作中，为遗产的修缮提供数据上的支持，使得修缮工作能够根据建筑固有的特点及结构进行，从而增加建筑的使用寿命，还原历史建筑的真实信息，还能在很大程度上提高人们对澳门遗产的保护意识。总体来说，在澳门遗产日常运行过程中实现保护、修缮的相应建筑构件信息录入、保护或修缮进度管理等相关的澳门遗产实时动态信息浏览、统计、分析等管理业务；实现建筑物对象、建筑物构件对象相应的基本信息、历史档案资料信息、日常运营维护、文物保护信息等综合数据体逻辑关联，进而为实现保护信息浏览、查询、分析等提供建筑物综合信息协同处理服务。

利用BIM记录的构件尺寸、材料、工艺做法等数据，可以对修缮过程进行数字存档；可以对残坏的构件进行修补或更换，对缺少的构件按原制进行补配；可以对已经残损严重、濒临坍毁的历史建筑进行大规模修缮或复原。通过对历史建筑信息模型和BIM技术的运用，在施工方面对物料管理、人员分配、技术交底等问题均可以提出更好的解决方案，在监理方面则可用于确认施工单位物料的真实度、施工人员责任和监管措施，以及确保文保建筑的信息准确程度等。运用BIM技术对历史建筑进行参数化建模，并根据历史建筑的结构类型、位置、材质、功能和环境设置关键监控节点，在监控节点处部署传感器，通过传感器网络信息和BIM模型的链接，将历史建筑状态信息实时、数字化、可视化地在三维模型中展示管理起来，并对超过警戒水平的属性值进行预警，从而构建历史建筑自动监测和预警体系，实现历史建筑远程24小时无人值守的精确监控，提高历史建筑的保护能力，使得历史建筑也可以享受BIM和物联网等技术带来的便利。通过BIM技术还可以进行有效的安防和消防安全管理，研发基于BIM的建筑消防管理综合应用系统，为澳门历史建筑的消防设计、防火监督、灭火救援、日常消防管理等提供充分、有效的三维可视化平台和工具，显著地提高建筑消防系统的效率和可靠性。

4 结论

在当前数字化时代，遗产数字化保护已站在一个新的历史起点，世界各国的文化遗产保护工作进入了一个新的信息时代，数字化遗产成为世界各国的共识和共同推进的目标，遗产的数字化、可视化和信息化技术正发生着巨变。历史建筑与信息技术的结合对历史建筑资源的数字化、历史建筑研究的科技化、历史建筑服务的网络化、历史建筑管理的系统化和历史建筑信息的共享化起到了积极的推动作用。尽管澳门在这一领域开展的时间不长，但具有很大的发展潜力。

数字化技术对澳门文化遗产的保护至关重要，能以全新的方式证明历史建筑对可持续发展与社会活力的贡献。通过对数字信息化技术的应用，澳门遗产保护将更好地秉承历史原物的独特风格，协调建筑形式、空间格局、材质色泽、构筑细部等，有利于控制强化历史风貌的整体保护，强调澳门遗产资源的多源性、共生性和包容性，从而体现澳门文化遗产的特殊历史价值，可以使其永久保存和保护。■

注释

2 肖玲. 澳门地理[M]. 北京：北京师范大学出版社，2015：129.

3 朱蓉. 澳门世界文化遗产保护管理研究[M]. 北京：社会科学文献出版社，2015：121.

4 陈泽成，苏建明. 保护与发展的平衡：世界遗产可持续性的管理探索——澳门经验. 中国文化遗产保护无锡论坛，2012.

5 澳门特别行政区政府文化局特别计划处的林俊强在介绍申遗工作中提及。

6 2006年澳门举办了“澳门世界遗产年”活动，2008年澳门举办了“首届世界遗产旅游博览会”和“第四届世界遗产论坛”，2009年澳门举办了“第二届世界遗产旅游博览会”。

7 袁俊，张萌. 生态旅游视野下的澳门文化遗产旅游可持续发展研究[J]. 深圳大学学报，2010（7）.

8 薛林平. 建筑遗产保护概论[M]. 北京：中国建筑工业出版社，2013：51-52.

9 希拉里·杜·克劳斯. 澳门的文化遗产价值管理[J]. 东方考古，2011（12）.

10 许政. 解读“澳门之谜”[J]. 新建筑，2006（5）.

11 吴美萍. 中国建筑遗产的预防性保护研究[M]. 南京：东南大学出版社，2014.

12 张松，镇雪锋. 澳门历史性城市景观保护策略探讨[J]. 城市规划，2014[z1].

13 张松. 城市文化遗产保护国际宪章与国内法规选编[M]. 上海：同济大学出版社，2007.

14 付文军，王元林. 中国文化遗产中央直接管理的可行性分析[J]. 东南文化，2015（3）.

15 该办事处所在建筑物，为联合国教科文组织世界文化遗产“澳门历史城区”的建筑群之一。

16 黄永林，谈国新. 中国非物质文化遗产数字化保护与开发研究[J]. 华中师范大学学报，2012.

17 李德仁，邵振峰，杨小敏. 从数字城市到智慧城市的理论与实践[J]. 地理空间信息，2011（6）.

18 周祖德，盛步云. 数字化协同与网络交互设计[M]. 北京：科学出版社，2005.

参考文献

[1] 肖玲. 澳门地理[M]. 北京：北京师范大学出版社，2015.

[2] 刘先觉，陈泽成. 澳门建筑文化遗产[M]. 南京：东南大学出版社，2005.

[3] 朱蓉. 澳门世界文化遗产保护管理研究[M]. 北京：社会科学文献出版社，2015.

[4] 张鹊桥. 文物再利用——澳门经验[N]. 中国文物报，2013（8）.

[5] 袁俊，张萌. 生态旅游视野下的澳门文化遗产旅游可持续发展研究[J]. 深圳大学学报，2010（7）.

[6] 薛林平. 建筑遗产保护概论[M]. 北京：中国建筑工业出版社，2013.

[7] 希拉里·杜·克劳斯. 澳门的文化遗产价值管理[J]. 东方考古，2011（12）.

[8] 许政. 解读“澳门之谜”[J]. 新建筑，2006（5）.

[9] 吴美萍. 中国建筑遗产的预防性保护研究[M]. 南京：东南大学出版社，2014.

[10] 张松，镇雪锋. 澳门历史性城市景观保护策略探讨[J]. 城市规划，2014[z1].

[11] 张松. 城市文化遗产保护国际宪章与国内法规选编[M]. 上海：同济大学出版社，2007.

[12] 付文军，王元林. 中国文化遗产中央直接管理的可行性分析[J]. 东南文化，2015（3）.

[13] 王凡，刘东平. 城变——澳门现场阅读[M]. 北京：人民出版社，

2009.
[14] 吴尧，樊飞豪，是永美树. 拼合记忆：澳门历史建筑的发展与保护[M]. 北京：中国电力出版社，2009.
[15] 邢昱，范张伟，吴莹. 基于GIS与三维激光扫描的古建筑保护研究[J]. 地理空间信息，2009（2）.
[16] 周祖德，盛步云. 数字化协同与网络交互设计[M]. 北京：科学出版社，2005.
[17] 谭红星，祁文文，周龙骧. 多维数据模型的比较与分析[C]. 第十六届全国数据库学术会议论文集，1999.
[18] Inmon，W H. 数据仓库[M]. 4版. 王志海，译. 北京：机械工业出版社，2006.
[19] 李德仁，邵振峰，杨小敏. 从数字城市到智慧城市的理论与实践[J]. 地理空间信息，2011（6）.
[20] 黄永林，谈国新. 中国非物质文化遗产数字化保护与开发研究[J]. 华中师范大学学报，2012.
[21] 苗放，姚丹丹，杨文晖. 基于G/S模式的空间信息云服务架构研究[J]. 计算机测量与控制，2015，23（5）：1728-1730.
[22] 黄文丽，卢碧红，杨志刚，等. VRML 语言入门与应用[M]. 北京：中国铁道出版社，2003.
[23] Frank P. Coyle. XML、Web 服务和数据革命[M]. 袁勤勇，莫青，等,译. 北京：清华大学出版社，2003.

图片来源

图1：澳门城市和新港口图1927。Ferando Louro Alves编辑;Joao Mariano摄影;Justine Wells，Rui Cascais英文翻译;王锁英（Wang Suoying），柯天莲（O tinlin）中文翻译;Eduardo Rego葡文翻译：《东方的绿洲 澳门》，Macau：社会事务暨预算政务司办公室，1999，第198页。

图2：重建后的同善堂药局，作者自摄。

图3：大西洋银行，作者自摄。

图4：玫瑰堂和新闻局的立面修缮，作者自摄。

图5：历史建筑保护系统数据采集，作者自绘。

叶　宇 | Ye Yu

同济大学建筑与城市规划学院

College of Architecture and Urban Planning，Tongji University

叶宇（1987.12），同济大学建筑与城市规划学院助理教授，硕士生导师，城科协大数据专委会委员，荷兰注册城市设计师，国家注册城市规划师；博士就读于香港大学，并在新加坡-ETH中心未来城市实验室（Future Cities Lab）开展博士后研究工作；主要研究方向为新数据与新技术环境下的城市设计，致力于将新涌现的新数据、新技术与传统设计需求相结合，推动城市设计在分析研究上的定量化分析与科学化转型；先后主持国自然青年基金项目1项，参与国自然重点和面上基金项目3项，主持省部级及国际合作项目三项；在此方向上刊发SCI/SSCI/AHCI收录的国际期刊论文十余篇，是十多个国际期刊的审稿人，也先后作为客座编辑主持《Landscape and Urban Planning》《时代建筑》《国际城市规划》等期刊的主题刊。

观　点

“人如何感知和使用空间，而物质空间环境又以何种程度、何种方式影响人的感知与行为？”这一问题一直是建筑、城市设计和景观等多学科领域的核心关注点之一，其相当程度上决定了设计正效应的高低，即什么是“好”的设计。当前，一方面，人本视角的多种新技术手段为更为深入的空间感知研究提供了新的分析工具；另一方面，以多源城市数据所代表的新数据不断涌现，为精细化的物质空间环境特征的抽象提供了新数据基础。这些新技术与新数据能否提供更为准确和适当的设计？这些兼具大尺度和高精度特征的数据和分析方法，是否能提供之前所没有的洞见？从而更新地回答我们所共同关心的一个基本问题——如何实现更有吸引力的高品质空间营造？这是一个值得探索的方向。

新技术与新数据条件下的空间感知与设计[1]

Spatial Perception and Design in the Context of New Techniques and New Data

叶 宇
Ye Yu
戴晓玲
Dai Xiaoling

摘 要：本文对近年来涌现出的以机器学习、虚拟现实、生理传感器、眼动追踪等为代表的新技术和以多源城市数据所代表的新数据进行了综述、分析与点评，提出这些新技术与新数据不仅在研究方法上提供了更精确的分析和更直观的展现，而且提供了尊重现有范式的研究视角革新的可能，从而更好地回答建筑、城市设计和景观领域的一个基本问题——人如何感知和使用空间，而物质空间环境又以何种程度、何种方式影响人的感知与行为？以此更好地与设计相衔接，助力于人本视角的研究型设计发挥更大作用。

关键词：空间感知，研究型设计，新数据，新技术，人本视角

1 引言

当前，我国公共空间建设正面临着由“速度优先”转变为“品质追求”的新形势，这一情况与西方城市空间设计与营造的发展历程相吻合，是整体建成环境步入人性化、精细化发展阶段的必然需求[1]。这一精细化的转型需要更为细致的空间感知与行为研究与分析工具，以更准确地辅助设计实践。“人如何感知和使用空间，而物质空间环境又以何种程度、何种方式影响人的感知与行为？”这一问题一直是建筑、城市设计和景观等多学科领域的核心关注点之一，其相当程度上决定了设计的正效应高低，即什么是“好”的设计。对这一问题的深入回应，需要同时对物质空间环境的特征与个人的切身感知和行为这两个方向开展量化测度和分析。

当前，空间-感知-行为研究所普遍运用的经典方法，如专家打分、公众问卷、行为注记等在20世纪七八十年代就已被提出并发展完备。这些方法虽然曾经发挥了巨大作用，但其耗时费力、数据量小的特点在一定程度上限制了相关研究的进一步深入。需要大量的时间和精力，如采用随机抽样方法、重复抽样检查信度、谨慎的设计问卷等途径，才能保障足够的研究信度。这一方面使得相关研究在更大规模和更深入的尺度来回答人-空间互动的努力面临技术壁垒；另一方面不利于为设计实践提供更为准确、全面的辅助。适时地引入“新方法”来回答这一“老问题”，能否获得新的知识？在这个过程中，“新方法”能否推动更深入的“新问题”产生？从而推动空间-感知-行为研究从描述性向预测性和指导性方向深入发展？在当下新技术、新数据层出不穷的背景下，本文尝试对最新涌现的新技术、新数据开展综述，并评述其发现新知识的优势所在。

2 空间-感知-行为研究与设计的典型范式与当前局限

设计师通过对使用者如何感知和使用设计中的

1 本文原载于《时代建筑》2017年第5期，收入本书时有改动。国家自然科学青年基金项目（51708410）。

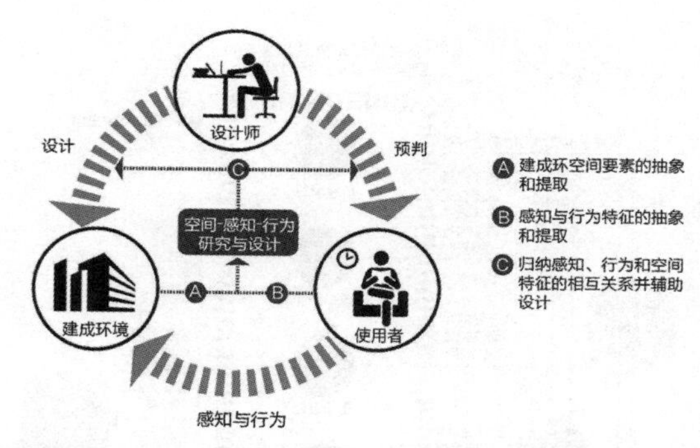

图1　空间-感知-行为研究与设计的典型范式

场所进行预判，并基于此来开展设计[2-3]。而空间-感知-行为研究则通过对建成环境以及空间感知和行为两个维度进行抽象和提取（图1，路径A和B），从而探索若干规律，预判使用者的感知和行为偏好并将其运用于设计（路径C）。20世纪一系列环境行为学者的研究发展大致可以归纳为这一范式，并已在建筑、城市设计及景观领域发挥着重要的作用[4]。分析技术与数据的限制使这一范式在设计实践中的运用情况还有很大提升空间。

具体而言，在以往的研究中，路径A“建成环境空间要素的抽象和提取”往往基于研究者的主观经验和手工分析来开展。基础数据和分析方法的限制使其分析范围比较有限，往往局限在广场、单一建筑等小规模空间中。分析视角多二维平面化，难以囊括三维建成环境中的多种要素。其进一步的深化发展往往面临精细化与大规模难以同时实现这一矛盾——若开展精细化的分析则难以同时获得大尺度上的图景，而大尺度分析则流于粗放化的特征抽取，难以开展深入研究。

路径B“感知与行为特征的抽象和提取”在以往的研究中已发展出了两类经典方法，即通过语言（文字或交谈）对使用者的行为模式和认知进行问卷或访谈调查，以及通过视觉对使用者的行为进行直接或间接的观察。这些方法在过去的研究中发挥了巨大作用，但技术的限制使单个方法的局限性比较明显。具体而言，以问卷法、访谈法和认知地图法为代表的言说类调查方法往往存在以下两个问题：第一，基于人性的特点，问卷中主观性问题的答案并不是完全可靠的。正如梁鹤年所提到的，人们回答问题的答案往往不是“对”“不对”；而是“又对又不对”“又想又不想”。因此，对封闭式问卷中的某些问题，受访者不一定能明确地做出自己的选择。第二，行为主体叙述的信息不一定是他的真实意图，其往往是受访者主动对问卷选项进行价值判断，所搜集的结论往往是社会公共意识最大化的结果，而非个人切身感受的直接体现。这样收集的意见并不一定准确地反映了客观事实，必须要求研究者仔细地推敲问题的设置，并复核测量结果的信度。而以活动注记、行人计数等为代表的观察类调查方法由于技术限制，需要耗费大量人力和时间进行实地观察和后续的资料收集与再整理，时间成本高而采样精度低。还面临观察者众多、主观因素影响较大的问题，在不同观察员之间保证统一的记录口径和标准较为困难，在一定程度上依靠研究者以及数据测量员的职业道德来保障研究的信度和效度[5]。

路径C“归纳感知、行为和空间特征的相互关系并辅助设计”包含两个部分，相互关系的归纳与设计辅助。前者目前往往依赖于简单的相关和线性回归分析，能够纳入分析的变量数量有限，难以全面囊括复杂的建成环境和感知情况。后者缺乏有效途径来实现前置式校核（Pre-Occupancy Evaluation），往往只能在建设完成后才能通过观察和访谈得出设计中的问题所在[6]。换而言之，其只能通过某一场所的经验总结为其他场所的设计提供建议。这一转化过程往往会导致研究结果信度的损失。总的来说，路径C在以小样本数据和手工分析为主导的情况下，其不仅面临耗时费力，在时间紧迫的设计实践中难以有效运用的问题，更难以发掘深入的、超出设计师主观经验判断之外的新认知，时常会面临设计者的诘问——“通过一系列复杂分析得出了众所周知的结论”[7]。

3　新技术与新数据的涌现

当下新技术与新数据的不断涌现，为上述三个关键路径提供了许多新的研究方法和可能。以机器学习、虚拟现实、生理传感器、眼动追踪等为代表的新技术和以多源城市数据所代表的新数据的相互结合能够较好地处理当前空间-感知-行为研究与设计过程中所面临的局限，提供更细致的空间表征和更准确的行为与感知记录，开展以往受制于研究方法难以完成的研究，从而更深入地回答“物质空间环境以何种程度，并以何种方式影响人的感受与行为”这一基本问题（图2）。

3.1 机器学习技术

机器学习（machine learning）是近年来兴起的通过设计和分析使得计算机能够自动“学习”的算法的总称。对空间-感知-设计方面的研究，机器学习不仅能够为建成环境的深入分析提供有力工具，还能助力于感知、行为和建成环境特征的规律分析与预测。深度学习（deep learning）作为机器学习的一个分支，是通过包含复杂结构或多重非线性变化构成的多个处理层对数据进行高层抽象的一系列算法。其近年来在图像识别和感知评价方面的技术进步为精细化、智能化的空间-感知研究展现了新的可能。

以深度全卷积神经网络构架（deep convolutional neural network architecture）为代表的深度学习技术为高效的图片空间要素识别提供了基础。例如，剑桥大学研究人员在2015年开发的Segent工具[8]，可高效、快速地有效识别人眼视角图像数据中的天空、人行道、车道、建筑、绿化等共计12种要素。在其启发下，后续还有YOLO、ImageNet、DeepLab等一系列图像识别工具被开发[9-10]。基于这类深度学习构架，可以通过相对小样本的图片训练实现研究所需的多种要素的提取，轻松实现建成环境中的多种人本尺度空间要素的量化测度[图3（A）]。

与此同时，基于深度学习技术和街景数据的空间感受研究也不断涌现。MIT研究人员基于公众选择开发了Place Pulse 和Street Score工具对城市空间的安全性、活力等感知要素开展评价与预测分析[11]，国内也有研究者开展了相应的尝试[12]［图3（B）］。机器学习不仅能为建成环境特征提取和感知分析提供

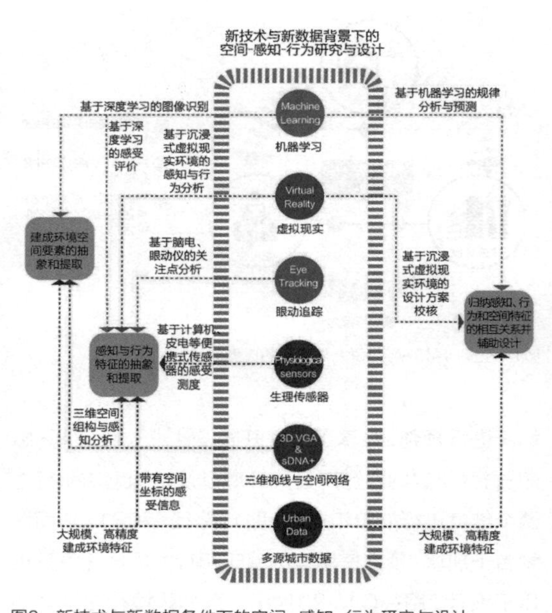

图2 新技术与新数据条件下的空间-感知-行为研究与设计

支持，还能运用于后续的规律分析与预测。支持向量机（support vector machine）、半监督学习（semi-supervised learning）等机器学习技术较之以往研究中常用的线性回归等手段能更准确、高效地处理多要素复杂关联的空间-感知-行为数据，发掘内在的深层机制。

3.2 虚拟现实技术

虚拟现实（virtual reality）是指通过计算机模拟产生一个三维的虚拟世界，为使用者提供仿佛身临其境的感受体验技术[13-14]。这一技术提供了在实验室环境中对实景的再呈现和调控可能，被广泛运用于实验心理学等领域。近年来，虚拟现实技术逐步向建筑与城市设计领域开始扩散，它不仅能够提供沉浸式的设计方案校核与成果展示，从而协助参与式的城市设计，还能够辅助环境行为学研究，在实验室环境下提供类似实地的虚拟环境，有效排除实地调研中的不可控因素，提升研究信度[15]。初步研究显示，虚拟现实环境下的行为活动与实景中的行为基本一致[16]。

随着近年来计算机硬件与图形技术的进步，虚

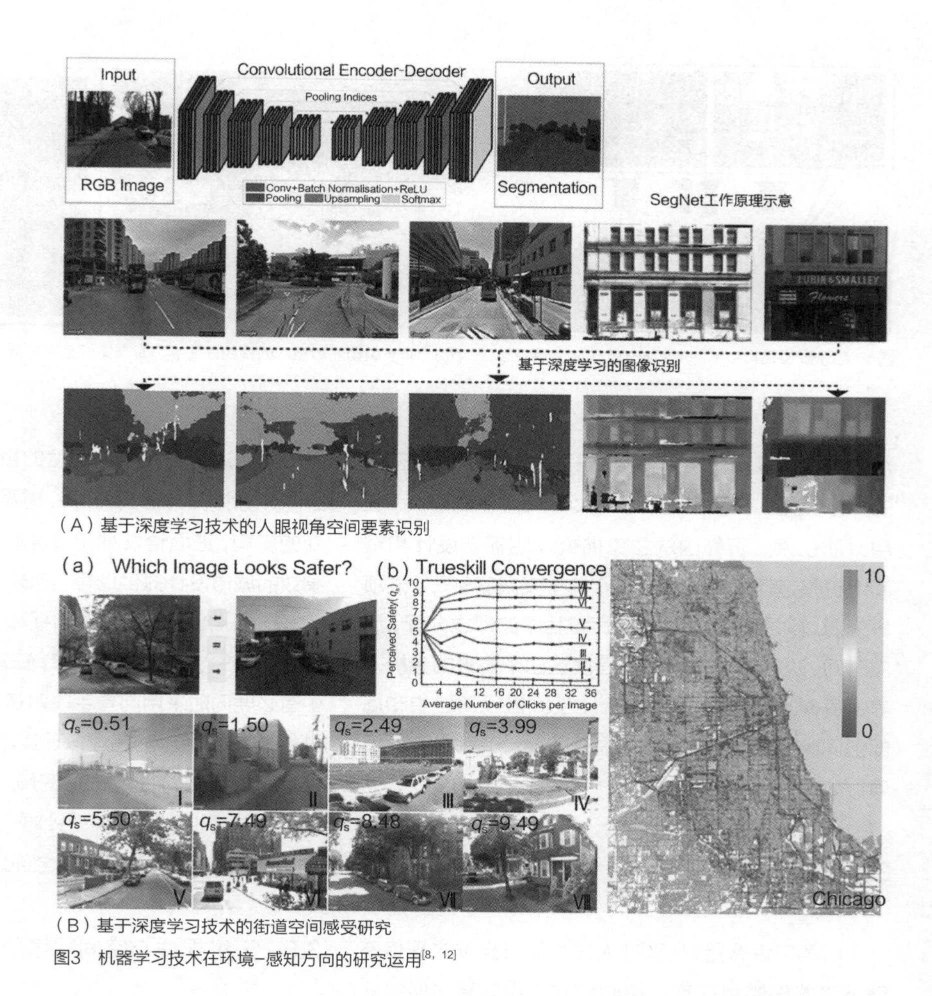

(A)基于深度学习技术的人眼视角空间要素识别

(B)基于深度学习技术的街道空间感受研究

图3 机器学习技术在环境-感知方向的研究运用[8, 12]

拟现实技术的实现不断向小型化、低成本方向发展，为建成环境领域研究提供了新的可能性。以往需要昂贵、大型的洞穴式虚拟现实展示环境（Cave Automatic Virtual Environment，CAVE）才能较好实现的沉浸式体验，现在可以由以Oculus Rift和HTC Vive等为代表的头戴式显示器（Head-Mounted Display）以低成本实现。这些技术进步都使得基于虚拟现实技术开展城市和建筑领域的空间感知研究更为简便易行，不再是大型研究中心才能负担的方法。苏黎世联邦理工学院未来城市实验室的研究人员已搭建了高拟真度的街区虚拟环境，通过自行车和头戴式VR来搜集公众对自行车导向的街道空间设计方案的感受意见，实现前置式的设计方案评价。[17]（图4）。

3.3 眼动追踪技术

相较于问卷法、访谈法等言说类经典调查方法，近年来新技术的发展提供了不基于行为主体的叙述，而是直接关注其自身生理反应的技术手段。眼动追踪（Eye Tracking）技术是指通过测量眼睛的注视点的位置或者眼球相对头部的运动而实现对视线聚焦点进行分析的技术。基于这一技术发展的眼动仪能够准确而直接地反映受试者的视线关注热点，进而对其认知和心理做出分析（图5）。这种新技术所收集到的新信息为空间认知、心理学、认知语言学等研究提供了量化测度关注点位置、关注时长等重要指标[18]，具有转而运用于空间-感知-行为研究的潜力。我们可以直

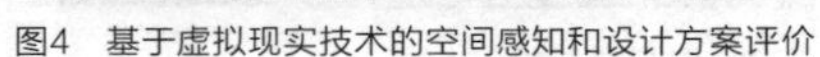

图4　基于虚拟现实技术的空间感知和设计方案评价

图5　基于眼动追踪技术的视线关注点追踪与空间感知分析

观人们如何感知和观察空间，进而协助各种公共空间的步行优化。苏黎世联邦理工大学（ETH Zurich）运用眼动仪来分析德国法兰克福机场的标志设计和空间组织是运用这一技术的一个典型实践案例[19]。该项研究通过对受试者在机场寻路过程中的视线分配、反应时间、决策错误率和自信程度这四个要素的分析来界定具有改进潜力的标志设计、空间流线再组织和局部空间感受的优化，成功地提升了行人满意度和机场通行效率。

3.4　生理传感器技术

以脑电传感器（EEG）为代表的可穿戴生理传感器技术能够避免在言说类调查方法中容易出现的信度受限问题，为客观展现行为主体的感受提供了一个可能的新途径。这些设备与能检测皮肤温度和湿度（Skin Conductance）的各种移动传感器一起提供了受试者生理数据的实时直观记录。将这些生理信息与其他可见的行为数据一起分析，能使得那些难以通过直观感知的潜意识认知与感受，如压力程度、开心与否等情绪都可以被直接检测并量化分析。基于这一手段，有研究者尝试使用受试者的地理位置及情绪信息来绘制城市的情绪地图（Emotional Cartography）［图6（a）］[20]。英国伦敦大学学院（UCL）高级空间分析中心（CASA）的一项近期研究也尝试了多种传感器在城市设计中的整合运用。通过邀请受试者穿戴上便携式EEG、皮电传感器等设备和GPS追踪器穿行于不同交通状况和绿色程度的街道，来分析不同物质空间环境特征，如交通拥挤、街景绿化等对个人情绪感受的影响，进而精准地定位问题区域和缺陷所在，为高效的城市设计提供指导［图6（b）］[21]。

需要指出的是，生理指标和人的自身感受有一定区别，存在一个转译的步骤。在环境-感知-行为研究中有必要同时采用问卷手段对各项生理指标的代表性进行校核。此外，上述虚拟现实、眼动和生理传感器技术既可以有针对性地分别使用，也可以整合穿戴，搭建沉浸式虚拟现实环境中针对个人感知的多源测度系统，实现感知和行为分析的全面测度（图7）。

3.5　三维视线与空间网络分析

在对建成环境要素进行抽象提取的过程中，建成环境的空间组构关系一直是关注的重点之一。现有的空间句法研究已在平面化的二维层面上针对建筑和城市尺度的空间组构开展了一系列分析，对空间特征对感知和行为的研究分析和设计实践指导做出了贡献[22]。但随着空间品质需求的提升和设计研究的精细化，在三维立体建成环境中运用平面化的分析方法难以准确处理复杂的空间组构关系。

基于这一理解，相当数量的研究者尝试推动这一空间分析从二维向三维的转化。伦敦大学学院空间句法实验室率先提出了开展三维空间可见性分析的可能性。其研究以人眼视高（1.7 m）为基础，在不同标高上生成一系列三维视点，运用邻近度、整合度等算法

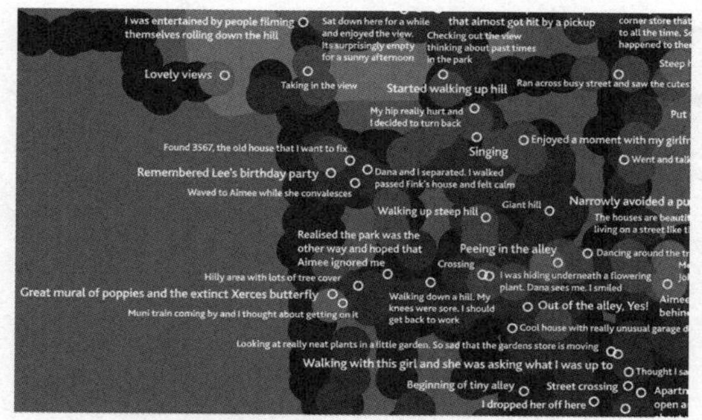

(a) 基于EEG的城市情绪地图绘制

(b) 使用多种生理传感器设备分析不同物质空间环境特征，如交通拥挤、街景绿化等，对个人情绪感受的影响

图6 脑电传感器(EEG)等可穿戴生理传感器技术在空间感知与设计中的应用[20-21]

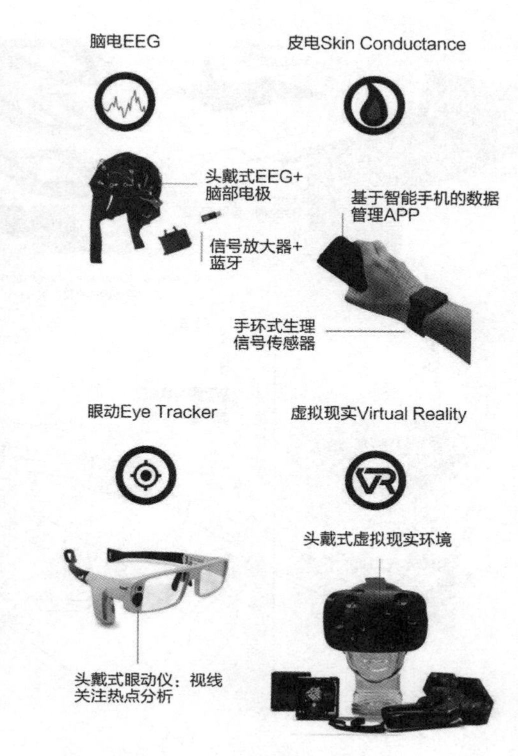

图7 沉浸式虚拟现实环境与多源感受测度系统的整合使用示意

来测度三维空间环境中的可见性，并与二维平面的传统分析进行比较[23](图8)。香港城市大学的研究则更进一步，通过在具有中庭空间的商业综合体内的参与性研究，提升了三维空间可见度分析的准确度，并对其在空间感知方面的高效性进行了校验和深化[24]。与此同时，以sDNA+为代表的空间网络分析工具也提供了在三维空间环境中对抽象的空间网络特征开展组构关系测度的可能[25]。这一系列三维环境下测度方法的进步为复杂、高密度建成环境特征分析提供了可能，有望对空间感知和行为开展更精准的分析，并基于这一结果更好地指导设计，提升整体空间绩效。

3.6 多源城市数据

在大量新技术不断涌现的同时，新出现的数据也为环境、感知与设计的研究带来了新的可能。这些数据绝不仅为相关分析提供了一个新的数据源，还在如何把握环境特征和如何观察人的行为活动这两个环境行为学的关键要素上提供了精细化与海量化的发展可能。一方面，以Open Street Map (OSM)数据、兴趣点数据(Points of Interest)、Google街景图等海量数据为从城市、片区和街道等多尺度、定量化把握场所的各种物质空间环境特征提供了可能；另一方面，以微博、大众点评等为代表的社交媒体数据与基于Wi-Fi的室内定位数据为人本视角地展现海量行为活动及其感受提供了可能[26-27]。

这使得我们能够在建成环境的分析规模和分析精度上同步取得突破，从以往小尺度的建成环境特征分析走向大尺度且兼具高精度的建成环境特征研究，之前受数据收集与分析能力所限难以进行的研究成为可能。这也使得我们能够更准确、更大规模地把握人的行为活动特征，更好地实现以人为中心的环境-

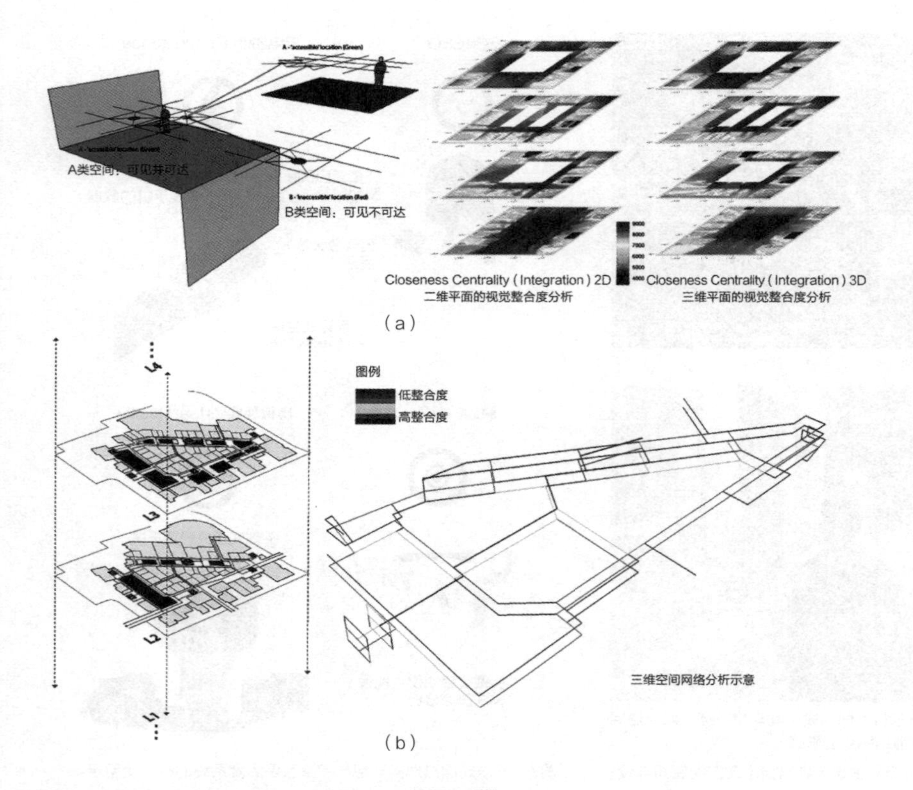

图8　三维可见性分析（a）与三维空间网络分析示意（b）[23]

感知分析。此外，这类多源城市数据还可与空间句法等多种方法结合使用，为研究和实践提供进一步指导（图9）。这类新数据的局限性也很明显，其代表性与真实性有限，在使用时最好能够与问卷和访谈方法结合，尽量减少其系统性偏差。

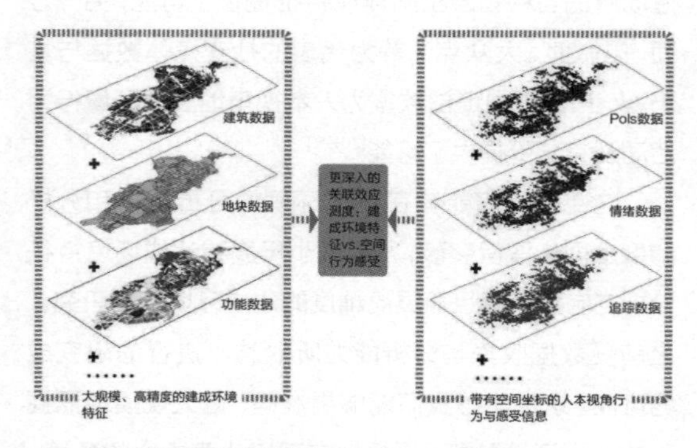

图9　多源城市数据所提供的关联效应分析新可能

4　讨论：新技术与新数据对传统研究方法的推动

以上这些新技术与新数据能够克服传统研究方法的种种局限，深入回答之前方法难以支持的研究问题。机器学习技术不仅能够提供人眼视角的图像数据提取和基于深度学习的感受评价，从而助力于建成环境以及空间感知特征的提取；还能协助分析归纳建成环境与感知及行为的关联效应。虚拟现实技术一方面提供了更为单纯可控的沉浸式研究环境，可以对原有复杂的真实场景进行适度控制，在实验室环境下提供真实场景的研究；另一方面还提供了基于沉浸式虚拟现实环境对设计方案做前置式校核的可能。眼动追踪和生理传感器技术则使得以往一些必须通过比较主观的言说类调查方法才能取得的信息可以通过更为客观的观察数据来获得，能够更为中立而直接地记录数据（不受调查人员职业素质的干扰），从而进一步揭示问题，弥补不足，使得研究在信度方面有了突破的可能。三维视线和空间网络分析技术能够更好地应对高密度、复杂建成环境下的精细化分析需求，更为准确地识别建成环境的空间组构关系并协助空间感知和行为分析研究。与此同时，涌现的新数据环境则使得环境-感知分析与设计不再必须依赖于小样本、低采样的手工数据，而能够实现长时段、全覆盖的海量数据导入，相较传统的观察类调查方法在精度和广度上有了突破的可能。这两方面的改进，使得我们能通过对更精确的空间信息与即时性的心理感受的实时记录，协助与两个维度的数据的相关性分析。

以上这些新技术和新数据对传统研究方法也并非是取代关系，而是在一定程度上的相互补充、相互增强。传统方法的局限在于，真实环境的研究变量繁多，难以找到理想的对比案例，把变量控制为常量难。而纯粹的实验室研究，则和真实环境差距太大，结论在真实世界中难以立足。新技术、新数据与传统方法的结合，能够协助其升级为“真实环境+实验室”的复合型研究，解决以上问题。

值得指出的是，这些新技术与新数据并非仅在研究方法上提供更精确的分析和更直观的展现，更重要的是提供了空间-感知-行为研究分析视角的革新可能，从而更好地回答长久以来的基本问题——人如何感知和使用空间，而物质空间环境又以何种程度、何种方式影响人的感知与行为？（图10）。

一方面，新数据和新技术有助于推动这一基本问题研究从小样本采样转变为兼具高精度和大规模的全覆盖获取，从定性讨论和定量分析兼有转变为更侧重定量测度与研究，更深入的认知和更细致的分析，

图10 四个新可能：新技术与新数据对传统研究方法的推动

能够促使相关研究更准确地助力于设计实践。这些兼具高精度和大规模的数据能够展现之前难以实现的清晰图景，有助于我们将空间-感知-行为的研究向解释乃至预见的方向上发展。换而言之，我们不仅要尝试采用“新技术”来回答“老问题”，还要尝试用这些新技术方法来回答一些传统研究上没有能力回答的问题。

另一方面，新数据和新技术也能推动相关研究从复杂的现实环境转变为针对若干控制变量的系统观察分析，从建成之后的实地观察转变为建成前的预判分析，从而保证了对设计指导的针对性和前置性，践行研究型设计。传统研究属于建成后评价模式，是通过对已建成环境的分析、观察和提炼来对其他场地的行为进行预判，从而对设计实践进行指导。这样既容易受制于现实环境的复杂性，对已建成的场所又难以在短期内进行更新优化。随着虚拟现实技术、眼动仪及生理传感器技术的进步，我们可以将方案评价前置于设计实施，在方案落实之前就在虚拟现实环境中进行测试，分析并对设计方案提出改进意见。这一技术手段的突破，使得环境行为学不仅能够在研究上更加深入，还能够构建介于设计与模拟之间的积极反馈机制，从而更好地指导设计实践，进一步密切研究与设计的关系。这使得我们可以极大地减小不当设计的纠错成本，使得空间-感知研究能够真正成为设计实践的一个重要环节。

5 结论与展望

上文回顾了近年来不断涌现的可以运用于空间感知与设计的一系列新技术和新数据。其既能实现针对个人反映的直观观测，也保持一定精度的情况下能实现对行为活动大范围分析观察。这些新技术和新数据便利了我们以个体为基本单元，同步收集高精度的空间、行为及心理感受信息，从而将多种变量的数据归于一个平台上进行分析，最终助力于以人为中心的环境-感知研究与设计，发现规律并使得环境行为学研究能够不再局限于某一变量的逐个讨论，而是构建多个变量

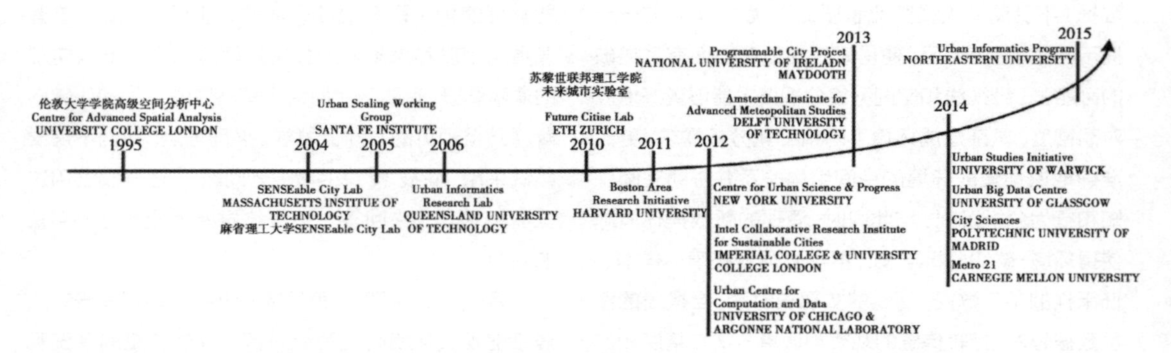

图11 新技术与新数据条件下多学科交叉的建成环境研究中心的不断涌现[28]

结合考虑的系统分析，使得我们能够整体考虑实际建成环境中的多个变量及其交互效应，从而构建相对准确的非线性模型，在设计实践中发挥更好的指导作用。

虽然这些新的技术和数据起源各异，关注点各有不同，但其技术方法的原型早在20世纪下半叶就已出现。直到近年来，伴随着各种仪器的小型化和移动化才使它们能真正运用与实证研究，收集到以往收集不到的数据。可见，这些基于量化手段的新技术和新数据并非偶然创新，而是在相关ICT技术都已成熟的情况下的一波技术扩散，必将给这一研究方向带来多样的新可能。如图11所示，从伦敦大学学院CASA（1995年）到麻省理工SENSEable City Lab（2004年）到苏黎世联邦理工学院Future Cities Lab（2010年），近年来国际上科学、工程、设计以及计算机技术的紧密和交叉已成为一个明显趋势。这类多学科交叉的研究中心正不断加速涌现，为提供更好的建成环境探索新的途径。纵观社会科学中以经济学、社会学等为代表的多个学科的发展历程，可以明显地发现随着学科发展和认识深化，普遍存在研究方法从定性表述为主到定性与定量分析相结合、关注要点从“描述”到“解释”再到“预见”的发展历程（图12）。

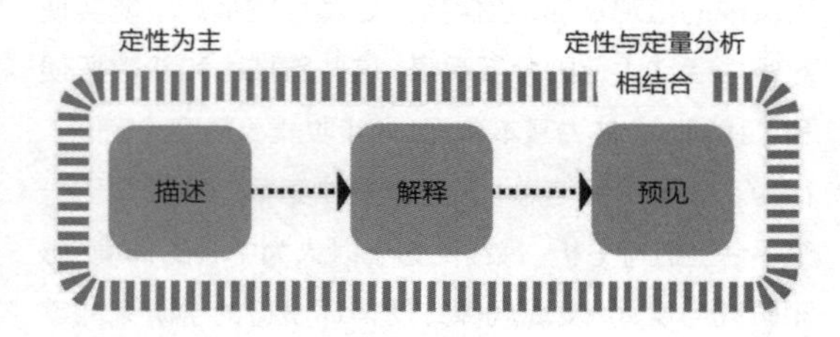

图12 整体发展趋势

总的来说，这些新技术和新数据使得我们在研究手段上具有了新的深入可能，在研究视角上具备了新的探索途径，还为研究与设计实践的结合提供了新的发展方向。更新的技术和数据所带来的精致的分析并不能绝对保证更正确的发现。正如伦敦大学学院的Alan Penn教授所指出的，新技术与数据的涌现使得我们有能力在海量数控中寻找、预判某些规律并加以利用，但很难猜测这规律到底意味着什么？[28] 我们对方法和数据的盲目崇拜要保持应有的警惕，避免对定量的过度强调而失去了对场所特征和实际问题的感知以及洞察力。只有从有意义的研究问题出发，选择合适的方法和技术来切实地解决问题，把经验知识和理论知识结合起来，把直觉判断和数据信息结合起来，才能切实地解决问题、助力于相应的研究与设计。■

参考文献

[1] 卢济威. 新时期城市设计的发展趋势[J]. 上海城市规划，2015（1）：3-4.

[2] Dalton R C，Hoelscher C，Spiers H J. Navigating complex buildings：cognition，neuroscience and architectural design[M]// Studying visual and spatial reasoning for design creativity. Springer，Dordrecht，2015：3-22.

[3] Emo B, Al-Sayed K, Varoudis T. Design, cognition & behaviour: usability in the built environment[J]. International Journal of Design Creativity and Innovation, 2016, 4(2): 63-66.

[4] 徐磊青，杨公侠. 环境心理学: 环境，知觉和行为[M]. 上海: 同济大学出版社，2002.

[5] 戴晓玲. 城市设计领域的实地调查方法——环境行为学视角下的研究[M]. 北京: 中国建工出版社，2013.

[6] Shen W, Zhang M, G. Shen Q, et al. The User Pre-Occupancy Evaluation Method in designer-client communication in early design stage: A case study [J]. Automation in Construction, 32 : 112-124.

[7] Karimi K. Special issue: Evidence-informed and analytical methods in urban design[J]. Urban Design International, 2012, 17: 253-256.

[8] Badrinarayanan V, Handa A, Cipolla R. Segnet: A deep convolutional encoder-decoder architecture for robust semantic pixel-wise labelling[J]. arXiv preprint arXiv: 1505.07293, 2015.

[9] Chen L C, Papandreou G, Kokkinos I, et al. Deeplab: Semantic image segmentation with deep convolutional nets, atrous convolution, and fully connected crfs[J]. arXiv preprint arXiv: 1606. 00915, 2016.

[10] Kundu A, Vineet V, Koltun V. Feature space optimization for semantic video segmentation[C]//Proceedings of the IEEE Conference on Computer Vision and Pattern Recognition, 2016: 3168-3175.

[11] Naik N, Kominers S D, Raskar R, et al. Computer vision uncovers predictors of physical urban change[J]. Proceedings of the National Academy of Sciences, 2017: 114(29).

[12] 唐婧娴，龙瀛. 特大城市中心区街道空间品质的测度——以北京二三环和上海内环为例[J]. 规划师，2017, 33(2): 68-73.

[13] 苑思楠，张玉坤. 基于虚拟现实技术的城市空间感知实验[J]. 天津大学学报: 社会科学版，2012(3): 36-43.

[14] Steuer J. Defining virtual reality: Dimensions determining telepresence[J]. Journal of Communication, 1992, 42(4): 73-93.

[15] Portman M E, Natapov A, Fisher-Gewirtzman D. To go where no man has gone before: Virtual reality in architecture, landscape architecture and environmental planning[J]. Computers, Environment and Urban Systems, 2015, 54: 376-384.

[16] Kuliga S F, Thrash T, Dalton R C, et al. Virtual reality as an empirical research tool—Exploring user experience in a real building and a corresponding virtual model[J]. Computers, Environment and Urban Systems, 2015, 54: 363-375.

[17] Earth A. Bike to the Future : Experiencing alternative street design options. [EB/OL]. 2016-09-12/2017-07-18.

[18] Duchowski A. Eye tracking methodology: Theory and practice[M]. Springer Science & Business Media, 2007.

[19] Büchner, S, Hölscher, C, Kallert, G, et al. Improving Airport Signage: Eye-Tracking for an Evidence-Based Design Approach[C]. Paper presented at the EDRAMOVE workshop Design Implications of Spatial Cognition Research - EDRA Annual Conference, Chicago, 2011, May 25.

[20] Nold C. Emotional cartography—technologies of the self[M]. Creative Commons, 2009.

[21] Mavros P, Austwick M Z, Smith A H. Geo-EEG: Towards the Use of EEG in the Study of Urban Behaviour[J]. Applied Spatial Analysis and Policy, 2016: 1-22.

[22] Al-Sayed K, Turner A, Hillier B, et al. Space syntax methodology[M]. Bartlett School of Architecture, UCL: London. 2014.

[23] Varoudis T, Psarra S. Beyond two dimensions: architecture through three-dimensional visibility graph analysis[J]. The Journal of Space Syntax, 2014, 5(1): 91-108.

[24] Lu Y, Ye Y. Can people memorize multilevel building as volumetric map? A study of multilevel atrium building[J]. Environment and Planning B: Urban Analytics and City Science, 2017, 4.

[25] Cooper C, Chiaradia A. 3D Network Models for Prediction of Cyclist Flows[C]. 13th Annual Transport Practitioners' Meeting, London , 1-2 July 2015.

[26] Ye Y, Yeh A, Zhuang Y, et al. "Form Syntax" as a contribution to geodesign: A morphological tool for urbanity-making in urban design[J]. URBAN DESIGN International, 2017, 22(1): 73-90.

[27] 龙瀛，叶宇. 人本尺度城市形态: 测度，效应评估及规划设计响应[J]. 南方建筑，2016 (5): 41-47.

[28] Townsend, M A. Making Sense of the New Urban Science [EB/OL]. 2015-07-07/2017-07-18.

[29] 沈尧. 新数据环境下的城市设计——Alan Penn教授访谈[J]. 北京规划建设，2016 (4): 178-195.

张　愚 | Zhang Yu

东南大学建筑学院

School of Architecture，Southeast University

张愚（1978.3），东南大学建筑学院讲师，东南大学博士；曾于荷兰代尔夫特理工大学建筑学院客座研究；主持国家自然科学基金面上项目1项，参与完成及在研国家自然科学基金重点项目、国家重点研发计划课题等国家级科研项目多项；主要研究领域为建筑学基础理论与方法、城市设计、设计支持技术与方法、空间句法研究等。

观　点

建筑学可理解为一门认知和塑造空间形态的学科。空间形态作为一种人造物，其各个方面都处于相互塑造的生成性关联之中，循环往复。人们在塑造对象的同时也因对象改变着自身，恰如埃舍尔《互绘的双手》。从进化过程的角度看，空间形态的每个部分和参与方都是未完成的，都是在相互“描绘”的过程中不断变化发展。空间形态可理解为大量或强或弱的各类“互绘”关系的累积叠加，这种动态的依存关系让空间形态成为存在诸多变数和差异性的复杂对象。知识的建构也正是在与世界循环往复的“互绘”中逐步累积、发展的过程，在大量相关的“另一只手”的帮助下形成和发展。这注定了知识仅可能是某一时间节点上依赖于既有关系的局部快照。设计理应容纳局部充分互动的时间性，把握并适度超越此时此地的社会性标准，并根据有限范围内的认知反馈，做出非完美的制宜性创造。

宜人的环境背后，往往蕴含着其局部之间以及环境与人之间广泛的密切关联。新技术和新媒体的发展，让人、物以各种新的交织方式更加紧密、偶然或短暂地联系起来，带来新的空间形态模式，也催生了新的认知可能和不确定性，通过大数据、复杂系统等工具和方法，可从更加微观和整体的视角理解和设计空间形态。

研究和设计应基于空间形态这种自然关系过程的认知、把握和有意识的再创造。与之相连的是一种不追求绝对完整的差异性审美取向，更关注由内在关系界定的动态整体结构和相对价值，更强调通过关系建构获得必要、适度、有依据的弹性，更聚焦局部价值和力量彰显的微观视角。

我们在城市三维形态引导决策方面的多年探索实践基本回应了上述认识：通过挖掘和模拟用地之间自发的动态参照关系，可建立面向整个城市的高度和强度决策模型，该模型体现出容纳现实偶然性的决策理性，为城市设计提供可调适的约束框架，并在广州、南京、芜湖、镇江等诸多城市得到推广应用。本文呈现的是该系列研究过程中的一个阶段性切片。

城市三维形态的相似参照逻辑及其模拟与应用[1]

The Similarity Reference Logic of Urban Vertical Form and Its Simulation

张 愚
Zhang Yu
王建国
Wang Jianguo

摘 要：通过阐明建成环境普遍存在的相似参照现象及其在当代城市中的变异特征，指出基于相似关系的互动参照原则是城市形态背后潜藏的一种共通逻辑。人们总是有意或无意地不断学习建设条件相似的先例，并结合自身需要经过部分调整来指导建设，而自身的建设结果也会成为未来其他类似建造的参照模板。借由对这种相似参照原则的计算机模拟，本文结合芜湖总体城市设计案例，探讨了城市三维形态的生长机制与过程，以及如何在大尺度城市设计中对三维形态作出合理决策。

关键词：城市三维形态，总体城市设计，相似参照，容积率，复杂系统

1 城市三维形态及其控制指标

城市三维形态是城市物质空间形态的关键要素之一，对塑造城市风貌和形象具有结构性意义，该要素也是城市规划管控的重要着力点。与城市三维形态直接相关的控制指标有容积率和建筑高度，在实践中对这两项指标的判定往往过于依赖主观经验，在很多情况下难以达成共识。有时会通过试做设计方案来研究在满足城市规划和建筑主要规范及使用要求的前提下，兼顾视觉空间形态效果，在某一用地上所能达到的极限指标。该方法判定结果虽然相对可信，但程序复杂且颇为耗时，只适用于个别地块的详细研究，其判定结果存在较大的主观性，主要依赖于试做方案者和项目决策者的经验和水平。

在研究中，容积率判定更加趋向一种功能性的模型建构，例如，从投资收益等经济因素出发做出“理性”决策[1]；或者仅将日照要求作为唯一理想条件进行单因子测算和研究[2-3]；或者以经济、环境、日照等条件分别约束下的极限状态为依据，取其区间交集[4]；或者通过分析地块及片区不同层面内影响容积率取值

1 本文原载于《新建筑》2016年第6期，收入本书时有改动。国家自然科学基金项目（51578126）、城市与建筑遗产保护教育部重点实验室开放课题（KUAL1510）、“北京未来城市设计高精尖创新中心——城市设计理论方法体系研究”资助项目（UDC2016010100）。

的相关因素，构建出相关因素与容积率的数理关系模型，从而得出针对不同用地类型和用地尺度的容积率值域区间[5]。应当说，该类研究对容积率生成机制的认识有着重要意义，但其基本着眼于用地本身单一视角的探索，未能考虑用地外部关联关系这一重要因素。

建筑高度判定的研究则更多地考虑视觉形态。最常用的是通过视觉辅助线、轮廓线度量、视锥分析等视线分析方法做出判定：例如，就固定视点来说，视线分析可以主要针对眺望视点的高度控制[6]，也可针对文保区或标志性风貌区周边的高度控制[7]，或者重要地段的城市天际线控制[8]；就动态视点来说，可进行互动与多维的视线分析与叠加[9-10]，从而做出高度控制判断。该类方法主要局限于可视性分析这一单项因素，完全忽略了用地可建设条件及其相互关系等整体战略考虑，分析结果难避片面之嫌。

笔者认为，容积率和建筑高度是城市三维形态问题不可分割的两个方面，都应从城市空间形态的整体逻辑出发开展研究，不应一开始就纠缠于某种单一向度的功能模型或者具体地块的个别探讨。而与城市三维形态直接相关，却被忽略的重要逻辑就是相似参照原则，即人们总是通过不断借鉴建设条件相似的先例，并结合自身需要经过部分调整来指导建设，自身的建设结果也将成为未来其他类似建造的参照模板。城市物质形态正是在这种循环往复的相互参照和调整中逐步累积和发展的。本文重在简要阐释和分析这种相似参照原则，并初步探讨通过对相似参照原则的理想化模拟来指导城市三维形态决策。

2 相似参照原则及其普遍性

城市，就其物质形态而言，是由建筑、街道、广场等人造物组成的多彩世界，而这些各不相同的人造物并非毫无联系的孤立个体，它们通常在外观或内在结构等方面有着某种相似性。作为人造物，其物质形态的相似性往往来自建造和决策中有意或无意的彼此参照行为，或者说，城市的建设过程存在着个体之间彼此参照、相互影响的现象。正是在这种相似参照原则的支配下，才形成了建成环境和谐、有机的整体形象和有序的空间结构。

相似参照原则普遍存在于城市建设过程中，它是建成环境背后的一个基本逻辑。

首先，从所处环境看，地区性往往是相似参照的基础。尤其在传统城镇建设中，相似的气候条件下往往有着约定俗成的建筑应对策略，而建造活动也往往就地取材，再加上人们惯用的环境处理方式和当地传统营造工艺，使大多数建筑或院落有着相似的外观，整个传统古镇都自然表现出和谐统一的气质和魅力。

其次，人的心理或行为方式总是存在着某种惯性，或称“思维范式”。这种范式是人们在日常生活、交流、工作等过程中无意识形成的。这与人们常说的从众心理，或效仿范例的工作方法都有着某种联系。现实的选择很可能在无意中决定了城市空间形态的走向：一方面，人们通过循序渐进的经验学习与模仿来规避风险；另一方面，可能在不知不觉中形成路径依赖与路径锁定。

再次，若从建设参与方来分析，至少可以借由以下四个方面来理解相似参照原则的存在和作用。

①使用者。城市和建筑都是为生活其中的人服务的，而人们彼此影响的生活方式、风俗习惯、审美意趣等自然引出了相似的建筑形态。仅就住宅来说，从入口选择、户型排布到居室朝向等，很多建筑均有相似之处，而这正是由当代大众共同的使用需求决定的。这种使用需求往往根深蒂固，如果居住环境不符合这些共同需求，人们会以自身的经验对环境进行改造。大量研究表明，民居的功能要求、房间排布、空间结构、建筑风格乃至文化符号的形成与认同往往在一定范围内有着相近甚至相同之处，而且在一定时间段内趋于稳定。当然在类同的结构之上，也存在因地制宜的差异性，以适应自然条件和特定的使用需求。使用者层面的相互影响正是相似参照行为的内在基础。

②施工方。这主要是指人们采用有限的材料、工艺和技术来建造房屋，类似的建造技艺带来建筑上的某些相似性。即便是形态各异的当代建筑，仅就多层住宅来说，大多采用钢筋混凝土框架结构，而外饰面

多数为涂料、面砖或石材，虽然色彩不同，但外观结构和样式因施工工艺的类同而存在很多相似性。应当说，无论是传统建筑技艺的代代传承，还是当今越来越标准化的施工技术和工艺流程，都为城市建设灌输了相似参照的基因。

③设计者。从强制性的规范沿用、合理的类型化设计套路，到无意识的个人设计气质与风格、设计思维的某种惯性……这些都让设计结果存在着密切的彼此联系。即便是创造性思维卓越的大师，其求新求变的努力也往往难以跳出固有的思维框架。例如，大家熟知的马赫（March）和斯特德曼（Steadman）于1971年出版的《环境几何学》一书中曾指出，赖特设计的赖夫住宅（1938年）、杰斯特住宅（1938年）和松特住宅（1941年）在功能上具有相同的拓扑关系[11]。这反映出一种具有共同社会基础的稳定生活方式，也体现出赖特本人对这种生活方式的一贯性理解，并无意识地呈现在其设计作品之中。

④决策者。无论是开发单位还是规划及建设管理部门，其在面对复杂的实际决策问题时，往往在参考大量历史经验的基础上做出综合判断，或者系统化地借鉴过往的成功或合理案例，这也是典型的相似参照行为，对城市建筑之间的联系具有更加直接的作用。

3 相似参照原则的当代变异

当代城市，尤其是快速发展的当代中国城市，已迥异于其传统意义上的面貌，趋于一种“爆炸性”的成长。这种“爆炸”以或强或弱的“威力”影响着我们的环境，城市空间趋向于多元、流动的状态。相似参照原则仍然可以作为理解当代城市空间形态的一把钥匙，只是与传统市镇相比，当前城市建设中的相似参照原则日益表现出新的特征。

①异质性。与传统市镇相比，当代城市中的异质元素，无论是类型还是差异度都显著增加。或者说，人们对差异性有着更强的容忍度，甚至人们的猎奇心态驱使着这种无序的异质发展。其背后蕴含着多类元素的参照共存，彼此交织，相似参照原则的广度和自由度都远大于传统城市。

②跳跃性。传统市镇的建设行为主要考虑的是邻接关系，其城市形态显示出类似方言随地理方位平滑、渐进变化的自然过渡。而当代城市的参照范围更趋向于全局，一个建筑的建造往往受地域性和周边环境的限制较小，人们通常参照城市中其他建筑或者其他城市的相关案例，甚至充斥着福柯所说的“异托邦”，直接移植在时空上毫无关系的舶来品。这种跳跃性的全局参照行为正是当代城市形态断裂、不连续的原因之一（图1）。

③动态性。与传统城市缓慢的自然传承与生长状态相比，当代城市便捷的信息沟通让建设过程在短时间内蕴含着无限的交互过程，其外在形态自然呈现出动态的流动性。类型、结构等针对相对稳定客体的研究方法对理解当代都市存在一定局限，而建筑动态交互的内在参照关系则是研究当代城市发展的重要出路。

④网络化。异质性和跳跃性的存在使当代城市建筑之间的相互关系错综复杂，形成了结果难以预测的网络。一个建筑A的建设可能会成为另一个建筑B参照的对象，但建筑B很可能通过影响C或D而间接重新影响A本身。另外，建筑B可能在高度上参照建筑A，但风格上却受到建筑C的影响，而建筑C和A之间的其他方面可能还存在着千丝万缕的联系。这种复杂的相互关系已经很难用传统建设行为的传承、演化等概念来理解和研究，但是对这一相互作用过程的模拟，则成为研究的关键。

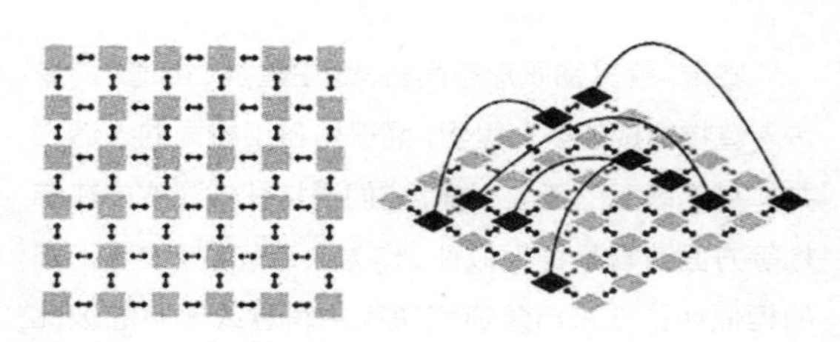

图1 相似行为的邻接关系与跳跃关系

4 城市三维形态的相似参照现象

其实，城市三维形态更加典型地体现了相似参照关系。城市规划管理和决策人员在判定某一用地的控制高度或容积率时，不会凭空臆想，往往会有意或无意地参考近期或具代表性的类似用地指标。决策者的经验正体现为这种参照用地状况在头脑中的储备和调用能力。

为验证这种猜测，笔者曾在多年前试图对实际决策结果的相似参照关系进行初步研究，即探讨用地条件的相似性与实际批出的用地开发强度相似性之间是否存在关联。我们调用了2004—2006年常州市批出的146个地块的容积率资料，其中2004年、2005年、2006年分别为71、62、13个，这些地块的容积率多为1.0~3.0。同时，我们对当时各用地的功能、交通、环境等属性进行了因子评分。这些地块的容积率与因子评分数值之间的相关性较差，显示出各地块容积率的决策比较混乱，这可能是因为干扰规划批地的影响因素太多，其容积率超出了土地合理的使用强度范围。经与常州市规划院和相关专家协商，对这些地块进行了遴选，筛除了那些容积率数值与理想规划意图差异较大的地块共53个，以余下93个地块作为研究依据，其中2004年、2005年、2006年分别为47、40、6个，从中可以发现以下规律：

①地块的容积率与因子评分总值之间有着明显的相关性，相关系数达到0.59，其中2004年、2005年、2006年的相关系数分别为0.70、0.48和0.25（2006年的相关系数低，主要是因为取样数量过少），同时得到地块容积率（Y）与因子评分总值（X）之间的换算公式为：Y=0.7023122X+0.5168163。当时项目组正是通过此公式，在GIS中直接从因子评分换算得到各地块待修正的容积率基准计算值（图2）。

②为验证这些地块容积率的接近程度与用地属性相似性之间的相关性，笔者将这些地块的容积率两两相除，得到各地块容积率的接近度（接近度小于1），同时计算各用地属性因子之间的相似度。验证发现，容积率接近度与用地属性相似度之间具有一定的相关关系，但相关系数仅为0.27，并不像想象得那么高。这主要是因为容积率接近的用地，其用地属性不一定具有很高的相似性。例如，城市和郊区都存在大量容积率为1~1.2的用地，但这些用地可能在功能、区位、景观等方面差别巨大，即其用地属性并不具有相似性。这些点集中在图3中右下角圈出的部分，它们对分析结果造成极大的干扰，如果去除这些点，则相关性会得到很大提升。我们从相似的用地属性推出相

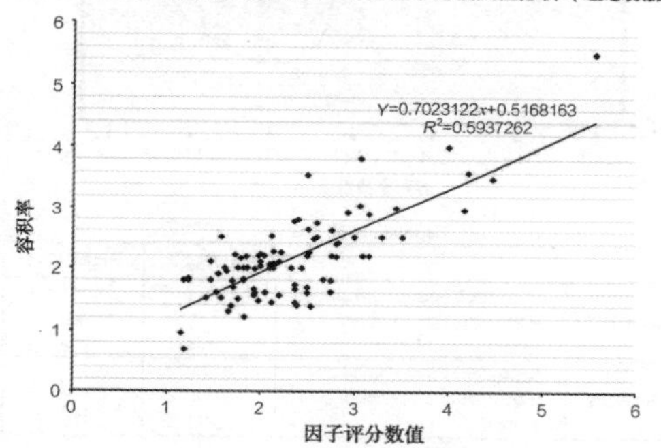

相关性 Correlations

		因子评分数值 V1	容积率 c1
因子评分数值 V1	皮尔森相关性 Pearson Correlation	1	0.771**
	显著性(双侧) Sig.（2-tailed）		0.000
	数据量 N	93	93
容积率 c1	皮尔森相关性 Pearson Correlation	0.771*	1
	显著性(双侧) Sig.（2-tailed）	0.000	
	数据量 N	93	93

* *.在0.01水平上显著相关(双侧)，Correlation is significant at the 0.01 level（2-tailed）。

总结 Model Summary

Model	复相关系数 R	判定系数 R Square	调整的判定系数 Adjusted R Square	估计的标准误差 Std. Error of the Estimate
1	0.771(a)	0.594	0.589	0.44169

预测变量：(常量) Predictors：(Constant)，v1。

回归系数 Coefficients[a]

Model		非标准化系数 Unstandardized Coefficients		标准化系数 Standardized Coefficients	t	显著性水平 Sig.
		变量系数值 B	标准差 Std. Error	Beta		
1	常数项 (Constant)	0.517	0.148		3.496	0.001
	V1	0.702	0.061	0.771	11.532	0.000

a.因变量 Dependent Variable：c1。

图2 常州市2004—2006年已批理想地块的用地属性因子总值与容积率的相关性分析

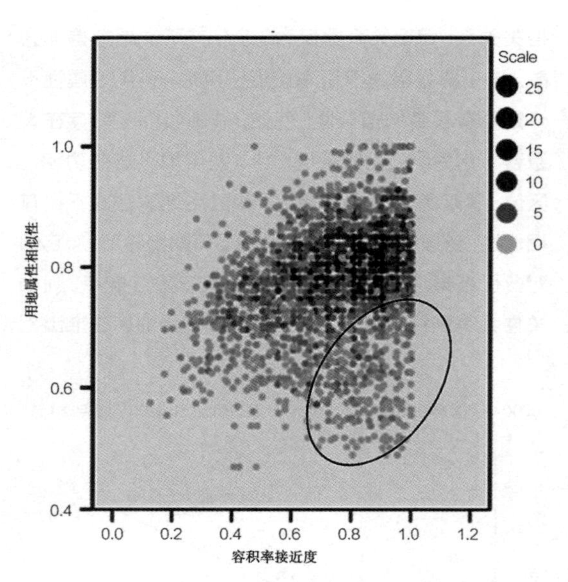

Correlations 相关性

		容积率接近度	用地属性相似性
容积率接近度	皮尔森相关性 Pearson Correlation	1	0.271**
	显著性（双侧）Sig. (2-tailed)		0.000
	数据量 N	3741	3741
用地属性相似性	皮尔森相关性 Pearson Correlation	0.271*	1
	显著性（双侧）Sig. (2-tailed)	0.000	
	数据量 N	3741	3741

**. 在0.01水平下显著相关（双侧），Correlation is significant at the 0.01 level (2-tailed)。

图3　常州市2004—2006年已批理想地块的用地属性相似度与容积率接近度的相关性分析

似的用地开发强度，但不能从相似的用地开发强度反推出相似的用地属性。笔者目前正在探索更好的方法来剔除上述“干扰”数据，从而取得更合理的验证结果，但无论是从本文前面的逻辑分析上说，还是从主要验证数据看（图3中除了右下角之外的部分），这并未否定相似的用地属性趋向于相似的开发强度。

通过对用地属性相似关系的模拟，可以建立起用地之间的关联关系，从而根据已有的合理用地情况推算出待定用地的指标。

5　芜湖案例计算模拟

“三维形态控制引导”是芜湖总体城市设计项目的一个分项研究专题。研究依据《芜湖市城市总体规划（2012—2030年）》的规划路网划定地块，从中去除山体、水体及绿地等非集中开发用地，得到共1 925个地块作为计算单元，研究范围超过300 km²。

研究以容积量作为三维形态的基本指标（容积量=用地上建筑的三维体积/用地面积）。相较容积率和建筑高度，容积量更偏重三维形态概念，便于从形态控制的角度展开城市设计研究。同时，容积量指标更具有综合性，可以在具体条件下，换算成城市规划常用的建筑高度、容积率、建筑密度等指标[12]。此次研究根据居住、商业、办公等不同用地性质和建筑密度经验数值，建立了容积量与容积率、建筑高度之间的换算菜单。

系统计算模拟与决策支持步骤如下:

第一步，根据城市现状分析、调查访谈、现有规划成果以及总体城市设计的前期成果，对每一计算单元分别以9个因子进行评价。这9个因子分为控制因子和关系因子两类。控制因子包括道路交通因子、土地价格因子、轨道站点因子、城市中心因子、历史保护因子。这五个因子与用地可建设潜力直接相关，其按照权重叠加后的数值直接影响各地块三维形态的判定。这些因子与关系因子共同描述了用地之间的差别和联系。关系因子包括山体景观因子、水体景观因子、绿地景观因子、用地性质因子。这四个因子的数值大小不直接决定各地块容积量的高低，但参与界定各用地的差别和联系，成为构建整个参照运算体系的基本因素。两两比较用地之间的各项因子，便可筛选出相似度最高的地块组，建立起这些地块之间的参照联结关系。其中，优先选择邻近地块和同种用地性质地块之间的相互参照关系。

第二步，研究调取了芜湖市2011—2015年批出用地的数据，从中剔除了个别特殊用地和明显不合理的地块，剩余136块作为参照用地。这些参照地块的开发强度绝对数值并不具有可信的参照价值，但其开发强度的差异较真实地还原了用地条件之间的关系。这些参照用地数据是诠释用地差异和特点的样本集合，并成为锚固整个系统运行的基本参照。

第三步，容积量未知用地的初始值都设为0。系统运行时，每一地块总是选择与其用地条件相似度较高的地块作为参照。但并非总是参照相似度最高的唯一地块，而是具有一定自由度，即在与自身用地条件最为相似的诸多地块中以相似系数为概率随机选择参照对象，与自身相似度较高的地块都有一定的参考价值。当自身容积量确定后，又会影响与之关联的其他地块数据。各地块容积量一开始会在剧烈波动中逐步增加，经过了数十次迭代计算后，各地块之间大致满足基于相似参照原则的联结关系，系统在一定程度上达到动态平衡。这时便可得到待定地块的合理容积量波动区间。此时相对稳定的城市三维形态便是依据相似参照原则而自发生成的合理结果（图4）。

通过用地因子权重、相似系数阈值、参照次数、总量控制、振幅等参数的调节，总体城市设计可以在受控范围内间接影响系统运算结果。研究通过参数调节分别尝试了历史保护优先、交通效率优先、中心集聚优先等可能形态，最终以相对均衡的用地权重配置回应总体城市设计构思中发展出的城东、城南及江北中心向老城集聚的“三心聚核”发展模式。同时，通过视线通廊修正、标志轮廓体系修正等感知层面的局部主观调整，结合外围的蛟矶、凤鸣湖、三山簇群，最终形成多组团、多中心的发展格局，与自然山水元素结合，全面彰显芜湖“千湖点丘”的城市风貌特点（图5）。

笔者曾初步探索了基于用地相似关系来判定开发强度[12]，此次针对芜湖三维形态的研究在方法上有了新的突破：①区分可建设潜力因子与单纯体现用地关系属性的因子，前者可沿用因子叠加方法，而后者与用地开发强度没有正相关的联系，只表达用地属性的差别，从而更全面、准确地描述用地属性及其参照关系；②在用地参照选择时不是简单地将各相似用地取平均值作为参照目标，而是考虑实际决策中必要的概率偶然性及各用地不同的参照权衡状态；③每块用地的计算结果不是固定数值，而是体现该用地特点的不同值域区间，更符合实际管控中不同用地的差异性条件和指标范围，即有些用地的三维形态相对明确，波动区间较小，而有些用地由于存在较大争议等原因具有较大波动区间。

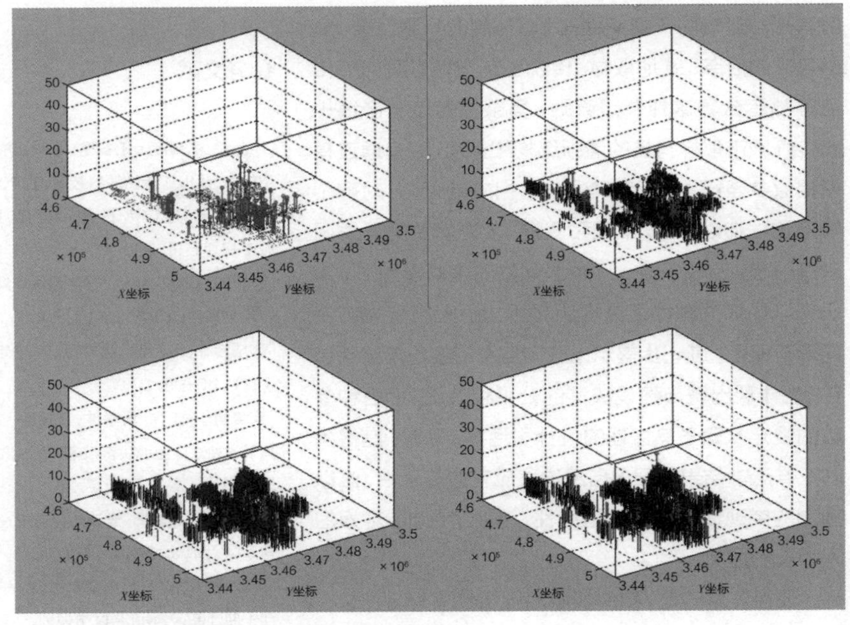

图4　芜湖市各用地相互参照、协调成长直至趋于稳定的过程

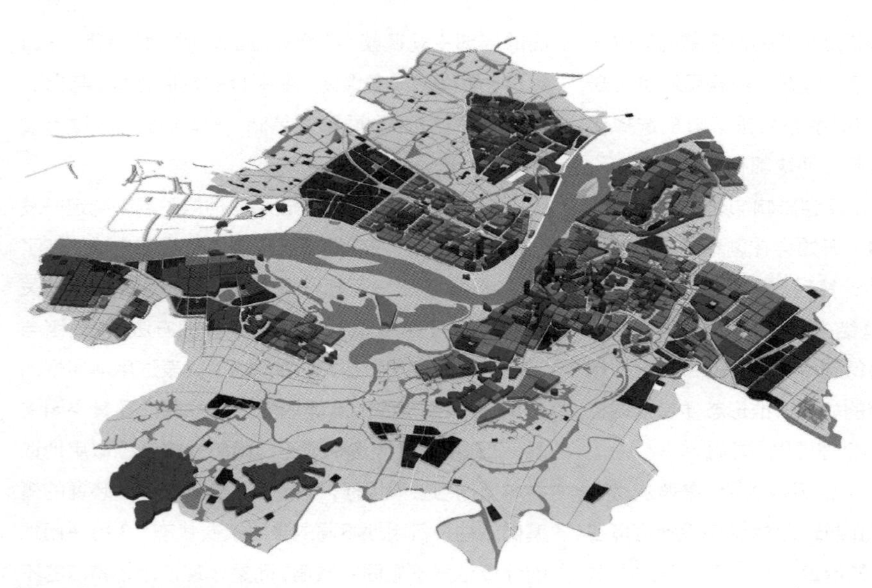

图5　芜湖城市三维形态模拟计算结果

6　讨论

可以说，相似参照是人类扩展知识、认识世界以至构筑世界的基本方式之一。就建筑学科来说，无论是传统城镇还是现代都市，相似参照原则都可看作理解其形态逻辑的一把钥匙。既有环境的耳濡目染、风俗习惯的沿袭、就地取材、传统工艺与地方风格的传承等都暗含着这种参照原则。复杂的当代城市很少有传统城市那样有机的清晰结构和外观，只有通过模拟相似参照行为，研究其生成的相应结果，并对整个模拟过程加以分析、干预和调整，才能解释其异质混杂的形态。相较于第一版稍显刚性的运算模型[12]，本研究以计算机编程工具构建起新一版大尺度城市空间形态模型，进一步揭示出城市自发的生长与波动过程，也体现出城市建设决策的公平和公正，而各种参数的设定又赋予其合理的设计灵活性；同时，其得到的三维形态结果体现出自然过程应有的复杂性、难以预测的突现性和进化的适应性，避免了武断、刻板的人为规划控制。

值得注意的是，相似参照原则虽然具有普遍性，反映了城市空间形态的现实，但并非一定合理，应警惕其可能导致的空间形态从众效应，避免走向平庸和偏向的路径锁定。研究中多种参数接口的设置，正是为了适当控制相似参照原则的滥用。但城市空间形态研究需在多大程度上以何种方式来运用相似参照原则，仍有待进一步深化探讨。■

参考文献

[1] 赵奎涛，胡克，王冬艳，等. 经济容积率在城镇土地利用潜力评价中的思考[J]. 国土资源科技管理，2005，22（3）：18-20.

[2] 宋小冬，孙澄宇. 日照标准约束下的建筑容积率估算方法探讨[J]. 城市规划汇刊，2004（6）：70-73.

[3] 张方，田鑫. 用人工神经网络求解最大容积率估算问题[J]. 计算机应用与软件，2008，25（7）：163-164.

[4] 咸宝林，陈晓键. 合理容积率确定方法探讨[J]. 规划师，2008，24（11）：60-65.

[5] 黄明华，丁亮. 科学性、合理性、操作性：经济利益和公共利益双视角下的独立商业地块容积率“值域化”研究[J]. 城市规划，2014（6）：50-58.

[6] 苏东宾，聂志勇. 浅谈如何通过建筑物高度控制来形成良好的城市景观[J]. 国际城市规划，2007（2）：104-108.

[7] 谢晖，周庆华. 历史文物古迹保护区外围空间高度控制初探——以西安曲江新区为例[J].城市规划，2014（3）：60-64.

[8] 纽心毅，李凯克. 基于视觉影响的城市天际线定量分析方法[J]. 城市规划学刊，2013（3）：99-105.
[9] 胡一可，胡鸿睿，邵迪. 基于互动式眺望模型的风景区边缘区建筑高度控制研究[J]. 中国园林，2014（6）：22-27.
[10] 彭建东，丁叶，张建召. 多维视线分析：人行动态视感分析维度下的高度控制新方法[J]. 规划师，2015（3）：57-63.
[11] Azimzadeh M. Evolving Urban Culture in Transforming Cities: Architecture and Urban Design in a Fluid Context[D]. Goteborg: Chalmers University of Technology, 2003.
[12] Wang J G, Zhang Y, Feng H. A Decision-making Model of Development Intensity Based on Similarity Relationship between Land Attributes Intervened by Urban Design[J]. Science China: Technological Sciences, 2010, 53（7）：1743-1754.

图片来源

图1：引自Winny Maas, Arie Graafland, Brent Batstra eds, Space Fighter: The Evolutionary City（Game）, 2007.
其余图片均由作者绘制。

徐　燊 | Xu Shen

华中科技大学建筑与城市规划学院

School of Architecture and Urban Planning,
Huazhong University of Science and Technology

徐燊，华中科技大学建筑与城市规划学院教授，博士生导师。可持续建筑与城市设计中心主任，国家一级注册建筑师，国家注册规划师。清华大学硕士，英国谢菲尔德大学博士。中国建筑学会建筑师分会委员，中国绿色建筑与节能委员会绿色校园学组委员，中国绿色建筑与节能青年委员会委员。主要研究领域为绿色建筑设计、可持续城市设计、建筑节能、低碳城市等。

主持国家自然科学基金课题两项，主持省市级科研课题五项，主持各类工程设计项目30余项。获湖北省科技进步奖三等奖，湖北省住建厅设计竞赛一等奖。主编建筑学“十二五”规划教材，参编国家标准和行业标准各一部。发表中英文期刊和会议论文50余篇。

观　点

建筑设计需和研究结合，设计教学中实践研究引导的设计。研究需要立足本土问题，借鉴国内外先进的技术方法结合本土的城市环境、城市形态特征和建筑特色。行业发展的痛点就是设计和研究的需求点。

基于人工智能技术的城市太阳能光伏利用潜力研究[1]

Study on The Utilization Potential of Urban Solar Based on Deep Learning Technology

徐 燊[2]
Xu Shen
黄昭键[3]
Huang Zhaojian

摘 要：在城市尺度研究太阳能潜力需统计建筑表面可用于接收太阳辐射的屋面面积，由所在地气象条件和屋面面积计算太阳辐射量，并结合光伏组件效率计算城市太阳能光伏潜力，其难点在于获得城市总体的屋面面积。本研究利用人工智能技术中的U-Net网络，实现了在卫星图中大范围识别建筑屋面，实现了全市范围的太阳能潜力评估，经过计算，武汉市全市屋面的年光伏发电量可达到504.04 GW · h。

关键词：人工智能，神经网络，太阳能光伏利用潜力，武汉市

1 引言

能源是维系城市发展的重要物质基础，在当前能源危机和环境问题的背景下，屋面太阳能光伏技术是解决城市能源和环境问题的有效手段。根据我国《能源发展“十三五”规划》，2020年，我国太阳能发电规模将达到1.1亿 kW以上（发改能源〔2016〕2744号），其中超过半数是分布式光伏，而城市中太阳能屋顶的规模化应用又是分布式光伏系统的主要载体。

在欧美发达国家，城市规模的太阳能潜力研究和实践已经出现。柏林的太阳能城市规划（Solar Urban Planning Berlin，2004）是最早的光伏能源总体规划[1]，其通过多因子评价的方式，对城市片区改造利用潜力进行了评价，但受限于当时的技术条件，未能对城市整体太阳能光伏利用潜力进行评价。欧洲另外一些研究团队对城市片区的太阳能利用潜力进行了评价。这些研究通过LiDAR技术获取城市三维模型[2][3]，从而通过辐射仿真的方式获得城市片区的太阳能光伏利用潜力，这种方式耗时昂贵，难以获得整个城市的太阳能利用潜力。

本文基于深度学习技术对城市太阳能光伏利用潜力进行测算，实现了测算大规模区域的太阳能光伏利用潜力，并以武汉市为例，计算了武汉市中心城区的太阳能利用潜力，绘制出相应的太阳能光伏利用潜力分布地图，为今后的太阳能光伏利用整体规划提供依据。

2 深度学习技术应用

在城市尺度研究太阳能光伏潜力需要三个步骤：①获得城市建筑屋面总体可利用面积；②根据第一步

1 原文发表于第十三届建筑物理学术会议，略有改编。基金资助：国家自然科学基金（51678261）；亚热带建筑科学国家重点实验课题（2017ZB08）；武汉市城乡建设委员会科技计划项目（201726）。

2 徐燊（1977—），男，湖北武汉，博士，华中科技大学建筑与城市规划学院教授、博士生导师。

3 黄昭键（1992—），男，福建古田，华中科技大学建筑与城市规划学院硕士研究生。

获得的面积和所在地区的气象条件计算单位面积年辐射量即辐射潜力；③根据太阳辐射潜力结合光伏组件效率、光伏板效率计算太阳能光伏潜力。城市尺度太阳能光伏潜力研究的难点在于获得城市尺度的建筑屋面可利用面积。

深度学习技术在本文中被应用于获得大范围的建筑屋面可利用面积，本文通过深度学习技术训练机器从卫星图片中识别和分割出建筑物，并计算出建筑屋面太阳能光伏可利用面积，从而获得城市尺度下的太阳能光伏利用潜力。

U-Net网络实现

本研究利用图像语义分割的方式自动识别分割出建筑可利用范围，从而测算出全市范围的太阳能利用潜力。传统的图像分割算法需要编程者将需要分割的物体的特征参数输入程序，卫星图中的城市屋面形态各异，色彩繁多，难以通过输入特征参数的方式将分割卫星图建筑物加以分割。深度学习技术属于人工智能技术的分支，该技术可以通过既有的样本进行自我学习、自我优化，在不给定特征参数的情况下对复杂物体进行识别和分割。

U-Net网络是深度学习技术的实现方法之一。U-Net网络的基础框架最早由Olaf Ronneberger等人于2015年提出[4]，是为了解决图像分割问题而设计。它最早应用在医学影像处理中，实现对医学影像中细胞图像或肿瘤的识别和分割。该网络可在较少的数据集下训练出高精度的结果，是目前图像分割中识别准确率最高的神经网络。

本文在已有的U-Net基础框架的基础上，编写适用于城市建筑物屋面的深度学习实现程序，本文所编写的用python脚本语言为编程语言，利用Facebook公司开源的pytorch框架实现深度学习，在交互式编程环境Jupyter Notebook中编写程序。程序编写的界面如图1所示，该程序深度学习实现由五个模块组成：数据集载入器、神经网络、损失函数、训练器和测试器，程序实现的流程如图2所示。

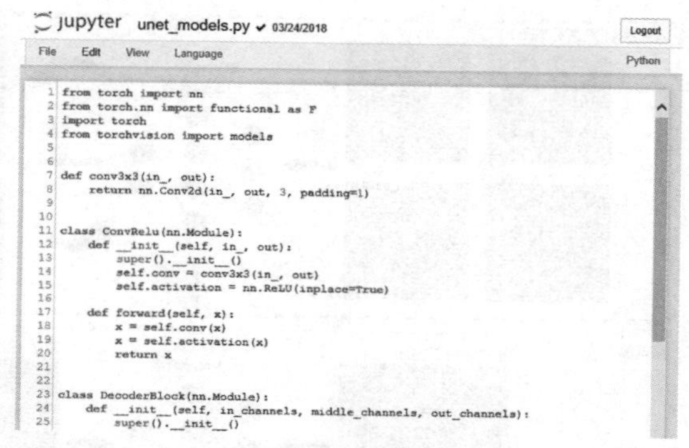

图1　Jupyter Notebook编程环境

在上述五个模块中，数据集载入器实现了载入用于训练的数据库，因为深度学习技术需要有一定量的数据用于机器的自我学习、自我优化，所以数据集的数量和精度尤为重要。本研究终止用于训练的数据集来自法国国家信息及自动化研究院（Inria）的航空影像标记数据集（Aerial Image Labeling Dataset）[5]。该数据集提供了航空影像及其对应的单独标记出建筑物和非建筑物的图片，数据集涵盖了来自全球各地不同城市的180组高分辨率影像，提供了对U-Net架构足量和足够准确的数据集。神经网络模块是用于U-Net架构算法的实现，损失函数模块是机器在学习已有数据库的过程中，对识别结果的自我修正，即实现自我学习、自我优化的步骤。训练器是串联上述模块实现神经网络训练的模块，在训练过程中，神经网络对图片的处理需要大规模并行计算，目前的CPU无法适应，本研究利用NVIDIA的图形处理器基于通用计算引擎CUDA 9.0实现大规模并行计算加速训练。程序的测试器模块利用上述步骤训练得到的权重，从给定的未标记的卫星图片中识别和分割出建筑物的屋面。

3　武汉市中心城区太阳能利用潜力

3.1　太阳能利用潜力计算

太阳能光伏利用潜力需综合考虑辐射潜力和光伏技术潜力。辐射潜力是研究区域单位面积辐射量

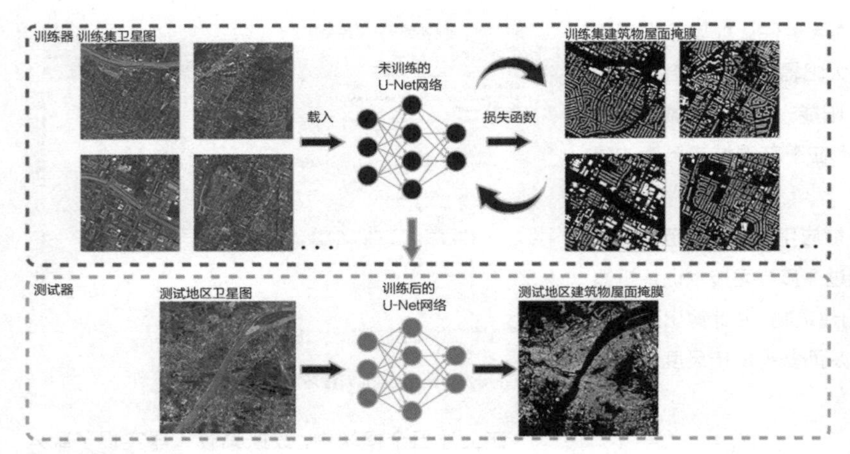

图2 神经网络运行流程

图3 研究区域卫星航拍图

的多少，是太阳能光伏潜力的基础，利用深度学习技术从卫星图中识别出的建筑物屋面图像掩膜，可以通过逐个统计像素点的方式计算屋面总体面积，进而计算全年总辐射量，即得到辐射潜力（R_{Total}）。光伏利用潜力是综合考虑辐射潜力和光伏组件系统效率、光伏板效率而得到的全年总发电量，即光伏技术潜力（PV_{yield}）（式1）。

$$\begin{cases} R_{\text{Total}} = \dfrac{Px_{\text{Roof}}}{Px_{\text{Total}}} \cdot S_{\text{Total}} \cdot R_{\text{yr}} \\ PV_{\text{yield}} = R_{\text{Total}} \cdot PR \cdot \eta_{\text{pv}} \end{cases} \tag{1}$$

式中，Px_{Roof}、Px_{Total}分别为屋面和全图的像素个数；S_{Total}为研究区域总面积；PR为系统效率，%；η_{pv}为太阳能电池效率，%。

本文以武汉市为例，测算武汉市主城区太阳能光伏利用潜力，研究区域如图3所示，其中红线部分为武汉市总体规划（2006—2020）所划定的武汉市主城区范围，研究区域是以武汉市主城区范围为基础的矩形区域，长宽分别为31.km，测算所用的卫星图从谷歌地球中获得。本文设定光伏系统效率为目前光伏系统平均效率的85%[6]，光伏板效率设定为目前最广为应用的多晶硅光伏板效率的15%[7]。

城市尺度的太阳能光伏潜力研究可以得到全市范围的太阳能光伏发电量，及其在全市的分布情况，并以光伏利用潜力地图的形式呈现。本文以1 km^{2}为一个单元，将研究区域以31×31的网格划分成961个计算单元，并逐一对每个网格中的太阳辐射量和光伏利用潜力进行计算。对每个格点通过式（1）计算光伏技术潜力，并将计算结果写入一个31×31的矩阵，通过python编程语言中的matplotlib库对计算结果进行可视化，可视化的结果如图4所示，其中，每个格点表示1 km^{2}的屋面太阳能总体年发电量，深色区域发电量低，浅色区域发电量高。经过测算，武汉市主城区总体太阳辐射为3 953.267 5 GW·h，总体年光伏发电量为504.04 GW·h。武汉市太阳能光伏利用潜力的整体分布趋势为中心向外递减，最高值为箭头所指区域，为218 GW·h，该处为一处工业用地，建筑性质为具有大面积屋面的厂房。

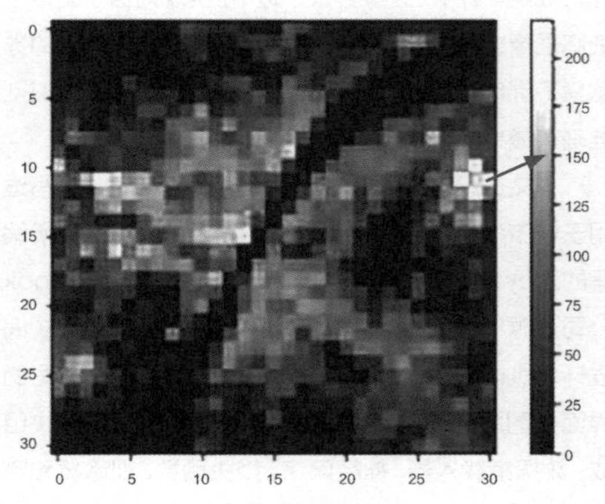

图4 武汉市主城区每km^{2}光伏利用潜力地图（GW·h/km^2）

3.2 结果验证与误差分析

本研究在太阳能利用潜力的计算中，尚未计入因高层建筑之间的相互遮挡而产生的误差，本文需对图像分割方法计算的城市太阳能利用潜力进行验证。本文测算的研究区域涵盖961 km^2的城市主城区，难以逐一进行验证，本文随机选取格点[22，24]进行验证，该区域建有体育馆、高层住宅、写字楼、多层住宅、办公楼等建筑，能较好地验证不同建筑之间的遮挡和反射对本文屋面太阳能发电量计算的误差。

对比验证是比较本研究中获取的该地块太阳能发电量和通过传统方法测算该地区太阳能发电量之间的差异，太阳能光伏发电量的传统测算方法是通过建模并仿真的方式实现。本文通过实地调研结合街景地图建立验证区域三维模型，使用Radiance模拟工具对三维模型进行辐射仿真模拟，模拟的结果如图5所示。经过测算，该区域年总太阳能辐射量为342.34 GW·h，年总太阳能光伏发电量为43.65 GW·h，与本研究中获取的格点[22, 24]太阳能辐射量428.35 GW·h，年总太阳能光伏发电量54.62 GW·h相比，误差为25.12%。这种误差来自高层建筑对周边建筑屋面的遮挡，以往对屋面光伏可利用系数的研究表明，遮挡系数为0.3~1.0[8]，本次实验的误差在该遮挡系数的范围之内。在后续研究中，可通过研究不同区域的遮挡系数来降低因高层建筑遮挡所产生的误差。

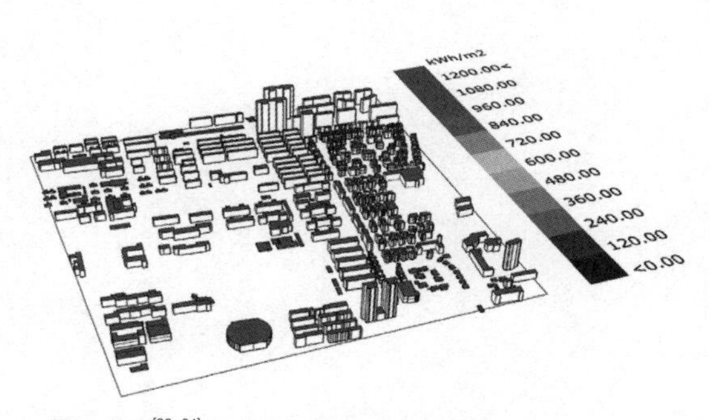

图5　格点[22, 24]屋面辐射仿真模拟结果

4 结语

本研究提出一种新的方法来测算城市尺度总体屋面太阳能光伏利用潜力，该方法具有成本低、快速、结果直观的特点。该方法解决了以往建模并仿真的方法难以应对城市尺度大规模运算的瓶颈。该方法依然存在不足，在实际应用中，应考虑建筑的遮挡、太阳能阈值、屋面是否可利用等因素对太阳能发电量的影响。该方法可以评估城市尺度的总体太阳能利用潜力及其分布，所获得的城市太阳能发电量数据可为政府部门制订区域能源发展目标提供数据支撑。■

参考文献

[1] Lindner, S. Solar Urban Planning Berlin[EB/OL].

[2] Santamaria J, Sanz-Adan F, Martinez-Rubio A, Valbuena M. Use of LiDAR technology for detecting energy efficient roofs in urban areas. DyNA Spain, 2015(90): 636-642.

[3] Gooding J, Crook R, Tomlin AS. Modelling of roof geometries from lowresolution LiDAR data for city-scale solar energy applications using a neighbouring buildings method. Appl Energy, 2015(148): 93-104.

[4] O. Ronneberger, P. Fischer and T. Brox, U-Net: Convolutional Networks for Biomedical Image Segmentation, arXiv: 1505.04597, 2015.

[5] Emmanuel Maggiori, Yuliya Tarabalka, Guillaume Charpiat, Pierre Alliez. Can Semantic Labeling Methods Generalize to Any City? The Inria Aerial Image Labeling Benchmark. IEEE International Symposium on Geoscience and Remote Sensing (IGARSS), Jul 2017, Fort Worth, United States.

[6] Kumar M., Kumar A. Performance assessment and degradation analysis of solar photovoltaic technologies: A review. Renewable & Sustainable Energy Reviews, 2017, 78: 554-587.

[7] Lv, F., Xu, H., Wang, S. National Survey Report of PV Power Applications in CHINA 2016 [EB/OL]. [2017-10-24].

[8] Bergamasco L., Asinari P. Scalable methodology for the photovoltaic solar energy potential assessment based on available roof surface area: Application to Piedmont Region (Italy) [J]. Solar Energy, 2011(85): 1041-1055.

梁树英 | Liang Shuying
重庆大学建筑城规学院

School of Architecture and Urban Planning,
Chongqing University

梁树英（1984.4），重庆大学建筑城规学院讲师，重庆大学博士/博士后，重庆照明学会副秘书长/常务理事。

观　点

建筑技术科学主要针对建筑热工、声学、光学的基本问题进行研究，研究的内容和手段更有“技术”含量。随着学科自身的发展和研究条件的进步，建筑技术科学的研究领域逐渐向外拓展。近年来，健康热环境、声景观、健康照明、光生物效应等研究热点不断涌现，但研究的核心仍然是“人”的需求。“壹江肆城”建筑院校青年学者论坛给沿长江分布的各个建筑院校青年学者提供了一个学术交流、观点探讨和思想碰撞的平台。希望通过本论坛，有更多的青年学者加入进来，共同促进我国建筑技术科学的发展。

基于青少年视觉发育的多媒体教室光环境研究动态综述[1]

Review on the research of Multimedia Classroom Light Environment based on Adolescent Visual Development

梁树英
Liang Shuying

摘　要：我国青少年视力不良检出率持续上升，多媒体教室（普及率已达80%）是青少年学习和进行各种活动的主要场所，其光环境质量的好坏直接影响学生的眼部健康。文章通过分析青少年的视觉发育特征，整理国内外相关研究和前沿动态，梳理和总结了多媒体教室光环境与青少年眼部健康之间的研究重点和难点问题。

关键词：青少年，室内光环境，多媒体教室，视觉发育

2010年第六次全国学生体质健康调查报告[1]表明：我国学生视力不良检出率继续上升，并出现低龄化倾向，小学、初中、高中和大学生的近视率分别为40.89%、67.33%、79.20%、84.72%，同2005年相比，分别增长了9.22%、9.26%、3.18%、2.04%，小学年龄段近视检出率明显升高。预计2020年我国学生视力不良总数为1.524亿人，至2030年约为1.804亿人[2]。近视是我国学生最常见的眼病，它不仅会给青少年的学习和生活造成诸多不便，随着近视度数的进一步加深，还可能带来更多更严重的眼部并发症，如高度近视性视网膜脱离、黄斑裂孔、巩膜葡萄肿等，并可能致盲[3]。

近视的发病原因主要有遗传和环境因素。在环境因素中，光照环境是不可忽视的重要因素。近年来，随着多媒体设备和软件的发展，教育信息化的大力推动，多媒体教室得到越来越普遍的运用。2010

1　本文原载于《照明工程学报》2018年第6期，收入本书时有改动。国家重点研发计划资助（2018YFC0705100），国家自然科学青年基金项目资助（51708055），重庆市基础研究与前沿探索项目资助（cstc2018jcyjAX0681），中国博士后科学基金项目资助（2017M610591），重庆市博士后科研项目特别资助项目资助（Xm2017096）。

年，《国家中长期教育改革和发展规划纲要（2010—2020年）》第19章专门论述了要加快教育信息化进程。2016年2月，教育部办公厅在《2016年教育信息化工作要点》（教技厅〔2016〕1号）中指出，其“核心目标”是基本实现全国中小学都拥有多媒体教学条件，学校普通教室全部配备多媒体教学设备的城镇和农村中小学比例分别达到80%和50%[4]。2016年6月，教育部在《教育信息化“十三五”规划》中提到，全国多媒体教室普及率达到了80%[5]。研究表明[6],城市学校的学生平均每天在校时间长达7~8 h，有的农村学校甚至超过了10 h，多媒体教室已经成为学生学习和进行各种活动的主要场所，其光环境质量的好坏直接影响学生的眼部健康。

本文通过分析青少年的视觉发育特征，整理国内外相关研究和前沿动态，梳理和总结出多媒体教室光环境与学生眼部健康之间的研究重点和难点问题。

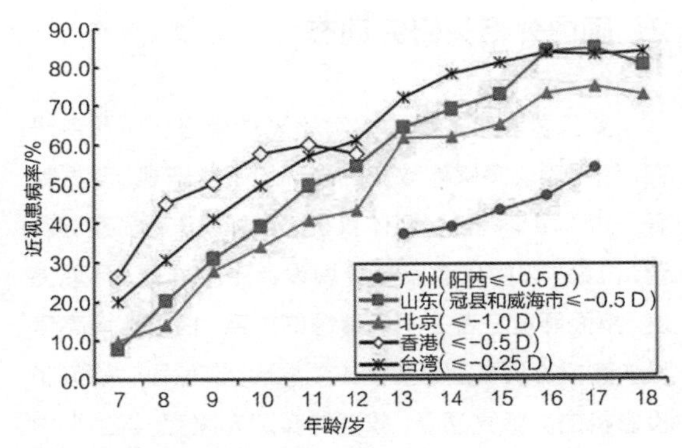

图1　中国部分地区青少年近视患病率

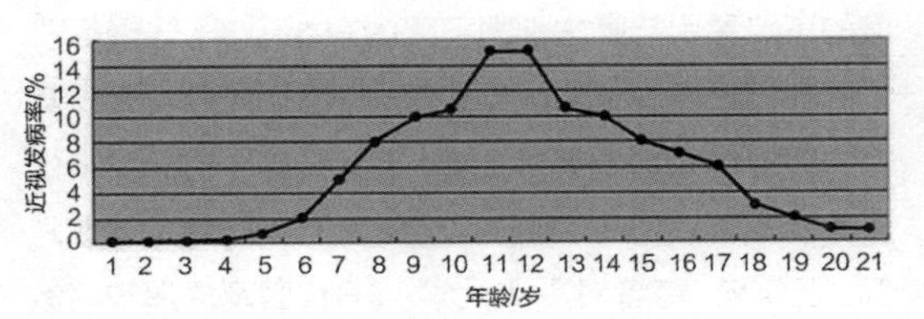

图2　年龄与近视发病率的关系曲线

1　青少年视觉发育特征

青少年眼球发育和视觉发育具有其自身的特点，它是一个远视屈光逐渐下降的过程，也就是说眼球有一个“正视化”的趋势。刚出生的婴儿，视力很差，仅有光感，眼球直径比成人短，属于生理性远视眼（不包括少数先天性近视眼）；0~6岁的儿童，远视眼（生理性远视眼）比例仍较大，3~6岁儿童眼轴平均长度为（21.79±0.68）mm；7~15岁的少儿，随着年龄的增长，眼球逐渐增大，眼轴也逐渐增长，远视的情况相应减轻，逐渐由远视变为正视，眼轴平均长度为（22.75±0.87）mm[7]，同时近视明显增多，是新发近视的高发期；16~25岁的青少年，主要表现不是新发近视的增加，而是近视度数的不断升高，20岁以后视力逐渐趋于稳定。总体而言，青少年近视多发生在中小学阶段（图1），最突出的变化发生在10~14岁，20岁以后屈光变化很小（图2）。

在人眼正视化过程中，眼球各结构随年龄发生精细改变，其中与屈光状态有关的三个主要因素是角膜曲率、晶体调节力和玻璃体腔长度[8]。新生儿眼轴长度为17.20 mm，玻璃体腔长度为12.58 mm，晶状体厚度为2.98 mm，前房深度为2.62 mm[9]；出生1个月的婴儿眼轴长度为19.82 mm，玻璃体腔长度为13.01 mm，晶状体厚度为3.90 mm，前房深度为2.84 mm，均有所增加[10]；出生后3~9个月眼球迅速增长，眼轴长度在6个月内增加了1.2 mm，玻璃体腔长度和前房深度增加，与年龄增长呈正相关，晶状体厚度变小，与年龄增长呈负相关[11]；6~18岁的青少年在未形成近视前，晶状体最初是厚的、凸的，并且玻璃体腔是短的，随着年龄的增加，近视组较非近视组晶状体变得更薄、更平，玻璃体腔更深，这些变化为前房深度年0.012 mm，晶状体厚度年-0.005 mm，玻璃体腔年0.084 mm[12]。

青少年在不同年龄段各种视功能形成和发育成熟的过程中，视觉系统有相当大的可塑性，环境因素对视觉的刺激可以调整和改变视皮质的突触结构，进而影响神经元之间的信号传导[13]。多媒体教室的光环境对青少年的眼部健康至关重要。

2 国内外相关研究动态

多名学者对多媒体教室的光环境进行了调查研究，结果表明多媒体教室的光环境不容乐观。李振霞等[14]对天津某高校多媒体教室的光环境进行了实测调查，讨论了多媒体教室光环境设计中大屏幕、环境亮度、桌面照度三者之间应遵循的关系，指出环境亮度是决定投影屏幕清晰度的主要原因。艾伦等[15]研究了投影机的实际光通量、教室的实际光照度、学生视力下降的趋势等问题。结果表明，多媒体教室室内光照度的不足是引起师生视力下降的重要因素。张泽等[16]分别在白天和晚上对大学多媒体教室进行了测量，其室内照度均未达到规范要求。毛万红等[17]对高校多媒体教室光环境进行了测试，结果表明其视觉满意度较低。近年来，笔者对重庆大学A、B校区及虎溪校区教学楼多媒体教室进行了随机抽样测量和主观问卷调查，测试过程中分别设计黑色、灰色（50%）和白色三种图片，通过投影设备投影于幕布上，在不同工况条件下（①开启全部灯具和全部窗帘，②关闭第1排灯具和靠黑板窗户窗帘，③关闭第1排、第2排灯具和教室前部窗户窗帘，④关闭全部灯具和全部窗帘）测试投影幕布、黑板、讲台和课桌面的亮度和照度，并投影PPT课件，评价其在不同工况下的清晰度，结果显示：不同工况条件下测试结果差异很大，投影幕布亮度范围166~0.17 cd/m^2，照度范围411~0.72 lx，黑板亮度范围8~0.03 cd/m^2，照度范围511~0.7 lx，讲台照度范围315~1.06 lx，课桌面照度范围352~0.41 lx；在同一工况条件下，不同灰度图片的投影效果也有较大差异，白色图片投影幕布的亮度和照度最大，灰色图片次之（为白色图片的22%~29%），黑色图片的亮度和照度最低（为白色图片的0.2%~8%），当关闭全部灯具和全部窗帘时图片灰度导致的差异最为明显；工况①至工况④，PPT课件投影的主观清晰度评价由低到高，当开启全部灯具和全部窗帘时，黑板、讲台和课桌面的照度为511 lx、315 lx和352 lx，满足国家相关标准和规范（500 lx、300 lx和300 lx），但投影仪的清晰度很低，学生长时间观看易产生视觉疲劳，当关闭第1排灯具和靠黑板窗户窗帘时，黑板、讲台和第一排课桌面的照度分别为150 lx、126 lx和108 lx，已大大低于国家相关标准和规范，进行阅读和书写活动变得困难。在测试中，笔者还发现不同多媒体教室投影幕布的亮度和照度也不尽相同，一方面是因为投影仪的型号功率和投影模式不同；另一方面是因为投影仪的光衰，采用相同型号功率和投影模式投影仪的多媒体教室，使用时间较长的投影幕布亮度和照度偏低，而采用高功率投影仪的多媒体教室，投影幕布较为刺眼，不利于视觉健康。

多媒体教室的光环境主要受天然光、人工照明和多媒体视频光源的影响。多媒体教室的视频系统主要有投影显示系统、背投影电视、大屏幕平板电视、交互式电子白板等，目前使用较为普遍的是投影仪、投影幕布和信号源设备组成的投影显示系统，其对教室光环境提出了新的更高的要求。目前，多媒体教室还基本按照普通教室的光环境进行设计，这导致了现实使用中的一系列问题。投影仪的功率是一定的，为了保证投影幕布的清晰度，提高投影幕布与环境的对比度，达到较好的投影效果，往往需要降低教室的环境亮度（拉上遮光窗帘、关闭教室部分或全部灯具等），如此一来，必然导致投影幕布较亮，而黑板、讲台和课桌面的照度过低（特别是教室前部靠近幕布处的课桌面照度过低，无法满足正常的阅读和书写需求）。学生在投影幕布、黑板、讲台和课桌面四者之间频繁变动注视对象和注视方向，导致明暗视觉器官频繁调节（锥状细胞和杆体细胞不断适应明暗环境），眼部肌肉过度紧张，长期在这样的光环境下学习，会引起眼胀痛、眼部充血、视物模糊、眼干涩及眼皮沉重等视疲劳，进而引发近视，这是导致我国学生视力不良发生率居高不下的原因之一。

人眼视网膜的视锥细胞和视杆细胞对环境明暗的响应灵敏度不同，正常情况下人眼从暗环境到亮环境的适应时间较快，约为1 min，而从亮环境到暗环境的适应时间较慢，约为30 min（图3）。人眼虽有适应性的特点，但当视野内明暗急剧变化时，眼睛却不能很好地适应，从而引起视觉疲劳和视力下降。1931

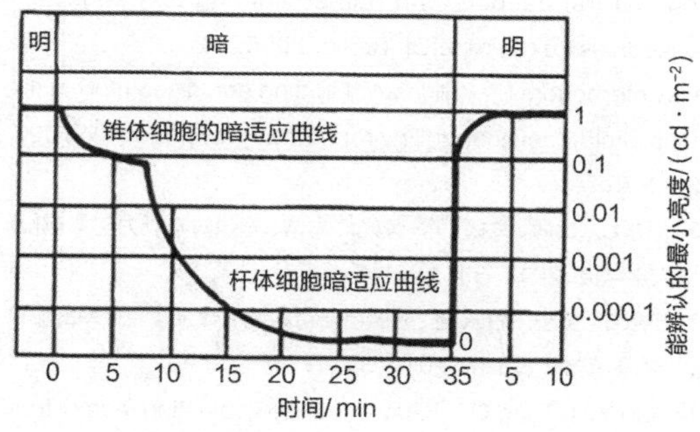

图3 人眼的明暗适应过程

年，Blanchard用阈限法证明，在极端黑暗转入极亮的情况下，杆状细胞的感受性下降了100万倍。根据所含视色素对不同波长的相对吸收特性，视锥细胞又分为红锥、绿锥和蓝锥，Schuber EF[18]的研究表明，视杆细胞和红锥、绿锥、蓝锥三种视锥细胞的峰值吸收波长分别为498 nm、564 nm、533 nm和437 nm。同济大学郝洛西课题组[19]对上海市中小学视力健康与光照环境进行了实验研究，结果显示，色温、照度和环境对比度对视觉疲劳程度有直接影响。荷兰埃因霍温技术大学TU/e的研究表明，人眼垂直面的照度水平与疲劳有相当大的关系，垂直面的高照度值可减缓疲劳[20]。Winterbottm M等[21]的研究表明，教室闪烁频率的荧光灯照明和交互式电子白板会使学生感到不适，引发头痛，降低认知能力，甚至损害视力。

国内许多学者还对光生物效应（非视觉感光细胞）进行了研究，并应用于教室照明中。重庆大学严永红课题组[22-25]对视觉功效、识别率差异及荧光灯、LED 色温对学习效率、视／脑疲劳的综合影响等进行了研究。重庆大学黄海静等[26]研究了光生物效应下光源色温及照度水平差异对学生视觉功效、心理/生理健康和学习效率的影响。重庆大学杨春宇、梁树英等[27-28]从光谱、光照强度、时间和周期等方面对大学生季节性抑郁情绪和光照治疗进行了研究。杨彪等[6]研究了中小学教室光环境综合评价指标体系。游杰等[29]探讨了多媒体教室光环境评价模型，建立了光源、桌面照明质量、黑板照明质量和投影性能等18项指标，但对自然光、讲台、投影幕布亮度与环境亮度比值、围合材料反射增量等均未涉及。目前，针对多媒体教室光环境深入系统的研究还未见报道。

3 总结和展望

视觉发育离不开正常的光信号刺激，青少年正处于眼部快速发育和养成正确用眼习惯的重要阶段，科学合理的多媒体教室光环境对预防近视发生和延缓近视发展具有重要意义。目前，多媒体教室光环境还缺乏深入系统的研究和科学指导。多媒体教室的视觉识别对象主要包括投影幕布、黑板、讲台和课桌面，四者的视觉物理条件存在一定的差异。其中，课桌面为水平面，黑板和幕布为垂直面，讲台（兼多媒体操控台）既有水平面也有垂直面（水平照度要求教师能看清讲义和便于操控多媒体设备，垂直照度要求学生能看清教师的面部表情和肢体语言），幕布上的文字、图片是通过投影设备成像，本身具有一定的亮度，物理条件更为复杂。如何在同一室内空间中创造出尽量满足投影幕布、黑板、讲台和课桌面四者的光环境，有利于青少年的眼部健康，正是多媒体教室光环境研究的重点和难点，而这需要从全新的视角进行深入研究和探讨。■

参考文献

[1] 中国学生体质与健康研究组. 2010年全国学生体质与健康调研结果[J]. 中国学校卫生，2011，32（9）：1024，1026.

[2] Sun HP, Li A, Xu Y, et al. Secular Trends of Reduced Visual Acuity From 1985 to 2010 and Disease Burden Projection for 2020 and 2030 Among Primary and Secondary School Students in China[J]. JAMA Ophthalmol, 2014: Epub ahead of print.

[3] 高凡，徐燕，叶剑. 重庆市城区1880名小学生近视状况及其影响因素分析[J]. 第三军医大学学报，2013，35（11）：1137-1114.

[4] 教育部办公厅. 2016年教育信息化工作重点[Z]. 2016-2-2.

[5] 教育部. 教育信息化“十三五”规划[Z]. 2016-6-7.

[6] 杨彪，马磊，林燕丹，等. 中小学教室光环境的模糊综合评价[J]. 照明工程学报，2009，20（4）：14-18，37.

[7] 李德胜，朱淑琴，葛春英. 612例儿童眼轴与屈光状态调查[J]. 局

解手术学杂志，2007, 16（2）: 131.
[8] 吴含春，付玲玲. 儿童视觉发育的研究进展[J]. 中国实用眼科杂志，2012, 30（1）: 12-15.
[9] Pennie Fc, Wood IC, Olsen C, et al. A longitudinal study of the biometric and refractive changes in full—term infants during the first year of life[J]. Vision Res, 2001, 41: 2799.
[10] 王平，陶利娟，杨俊芳，等. 婴儿眼球发育及屈光状态变化[J]. 中国斜视与小儿眼科杂志，2009, 17（1）: 12-13.
[11] Donald O, Mutti G, Mitchell L, et al. Axial growth and changes in lenticular and corneal power during emmetropization in infants[J]. Investigative Ophthalmology and Visual Science, 2005, 46: 3074.
[12] Garner L F. Stewart AW. Owens H, et a1. The Nepal Longitudinal Study biometric characteristics of developing eyes [J]. Optom Vis Sci, 2006, 83（5）: 274-280.
[13] 胡小凤，吴夕，鲍永珍，等. 学龄前儿童视觉发育的研究进展[J]. 眼视光学杂志，2006, 8（4）: 269-272.
[14] 李振霞，沈天行. 多媒体教室的光环境实测调查[J]. 照明工程学报，2009, 20（2）: 46-50.
[15] 艾伦，薛鹏，何智. 多媒体教室光环境对师生视力影响的探讨[J]. 中国教育技术装备，2010, 5: 3-6.
[16] 张泽、王立鑫. 多媒体教室视觉功效及舒适性评价研究[C]. 海峡两岸第二十二届照明科技与营销研讨会，2015: 98-104.
[17] 毛万红，麻欣瑶，周红燕. 高校多媒体教室光环境测试与视觉实验研究[J]. 华中建筑，2012（2）: 49-51.
[18] Schuber EF. Light Emitting Diodes[M]. Second edition. London: Cambridge University Press, 2006.
[19] 林丹丹，郝洛西. 关于中小学生视力健康与光照环境关系的实验研究[J]. 照明工程学报，2007, 18（4）: 38-42.
[20] Aries MBC, Begemann SHA, Zonneveldt L, Tenner AD. Architectural asepcts and human lighting demands[A]. Proceedings Lux Europe[C]. Berlin, 2005.
[21] Winterbottom M, Wilkins A. Lighting and discomfort in the classroom[J]. Journal of Environmental Psychology, 2009, 29: 63-75.
[22] 严永红，田海，关杨，等. 荧光灯光谱、光强对辨别力的影响[J]. 重庆大学学报，2012, 35（1）: 141-146.
[23] 严永红，晏宁，关杨，等. 光源色温对脑波节律及学习效率的影响[J]. 土木建筑与环境工程，2012, 34（1）: 76-79, 90.
[24] Yan Y H, Tang G L, Guan Y, et al. Evaluation index study of students’ physiological rhythm effects under fluorescent lamp and LED [J]. Advanced Materials Research, 2012: 433-440, 4757-4764.
[25] 高帅. 教室光环境研究综述[J]. 照明工程学报，2013, 24: 94-100.
[26] 黄海静，陈纲. 教室光环境下的照度与节能[J]. 中南大学学报: 自然科学版，2012, 43（12）: 4974-4977.
[27] 杨春宇，梁树英，张青文. 调节人体生理节律的光照治疗[J]. 照明工程学报，2012, 23（5）: 4-7, 17.
[28] 杨春宇，梁树英，张青文. 调节和预防大学生季节性抑郁情绪的光照研究[J]. 灯与照明，2013, 37（1）: 1-3, 11.
[29] 游杰，夏伟，陈伟峰，等. 基于模糊综合评判法的学校多媒体教室光环境评估[J]. 中国学校卫生，2016, 37（3）: 428-431.

图片来源

图1: 华文娟. 教室光环境改善对中小学近视保护效应的干预研究[D]. 合肥: 安徽医科大学，2015.
图2: 作者改绘。
图3: 刘加平. 建筑物理[M]. 北京: 中国建筑工业出版社，2000.

上海　摄影/王伟强

李　波 | Li Bo

重庆大学建筑城规学院

School of Architecture and Urban Planning, Chongqing University

李波（1982.4），重庆大学建筑城规学院副教授，硕士生导师，学科骨干，重庆市风景园林学会专家库专家。

观 点

“壹江肆城”论坛为长江流域青年学者提供了非常好的学术交流平台，来自建筑、规划和风景园林学科的青年学者在交流过程中不但可以相互学习，还可以用同龄人的成就激励自己不断进步。如果“壹江肆城”论坛能够吸收更多相关学科加入，形成多个分论坛，必将产生更大的学术影响。祝论坛越办越好！

反季节水位变动背景下的功能型生态护岸结构设计研究[1]

Functional Ecological Structure Design of Urban Revetment against the background of Counter-seasonal Water Level Fluctuation

李 波
Li Bo
杜春兰
Du Chunlan
袁兴中
Yuan Xingzhong
肖红艳
Xiao Hongyan

摘 要：三峡大坝的修建在产生航运、防洪、发电等社会经济效益的同时，也给库区消落带生态环境造成了不利影响。以生态学思想为指导的景观基塘系统、湖岸生态缓冲带、林泽系统和生境岛屿结构设计，有助于汉丰湖城市护岸水质净化、景观优化、生物生境等综合生态服务功能的实现，并促进汉丰湖湿地景观建设与人居环境的协同共生。本文以重庆开县（现开州区）汉丰湖消落带为对象，研究了反季节水位变动背景下的湖城共生复合生态系统的恢复重建模式与方法。本研究是对城市消落带生态护岸结构设计思路与方法的全新探索，将为库区沿岸其他城市消落带相关研究和工程实践提供参考。

关键词：护岸，水敏性，生境，生态工程，反季节

三峡大坝是目前世界上最大的水利枢纽工程，它在防洪、发电以及航运等方面发挥着巨大的社会效益和经济效益。然而它的兴建不可避免地给库区生态环境带来了诸多不利影响，其中水库消落带的生态环境问题最为引人注目。消落带（Water-level-fluctuation zone）是由建坝蓄水形成具有周期性水位涨落的水陆交错带，其水陆交错的特性与自然河岸带（Riparian zone）或河漫滩（Flood plain）具有一定的相通性[1]。由于采取“蓄清排浑”的运行机制，三峡水库水位变动规律（夏消冬涨）与天然河流涨落节律（冬消夏涨）截然相反，其涨落幅度达30 m、长时间冬季水淹之后伴随着长期的夏季干旱，对消落带生态系统健康形成了严峻挑战[2]。滑坡、富营养化、生物多样性减少等问题使得对三峡水库消落带的修复工作变得极为迫切[3]。针对库区消落带的生态修复，目前的研究重点主要集中在耐淹植物物种筛选[4-6]，植被修复技术研发[7]，以及对消落带湿地资源进行友好利用的模式探索[8-9]等方面。对于具体的生态修复工程而言，关键在于如何通过合理的生态结构设计以实现具体的生态功能。

对于库区沿岸城市而言，应统筹考虑消落带与城市发展之间的关系，使消落带的治理与城市整体功能相融合[10]。开县是库区所有区县中消落带面积最大的一个，而汉丰湖则是开县人民政府在权衡消落带所形成的不利影响和生态机遇的前提下，通过组织修建乌杨水位调节坝而形成的一个“城市内湖”。2010年12月，汉丰湖获批成为国家湿地公园建设试点，由此成为开县三色旅游发展战略中的“蓝宝石”。对于开县这样一座典型的水敏性城市而言，水是城市发展的重要影响因子，城市因水而生，也可能因水而衰；对于三峡库区而言，汉丰湖成为其重要的生态屏障，在维护库区生态安全方面发挥着重要作用。本研究旨在基于对

1 本文原载于《风景园林》2014年第六期，收入本书时有改动。国家自然科学青年基金项目（51608064）。

生态系统结构和功能的认识，探寻反季节水位变动影响下的城市生态护岸结构设计方法，从而解决城市发展所面临的以下难题：①如何保障其水质不会因大量城市面源污染物的汇入而恶化？②如何改善反季节长时间淹水影响下的湖岸景观质量，促进湿地与城市人居环境的和谐发展？③如何通过湖岸消落带生态缓冲区的营建，发挥其水质净化、景观优化和生物生境等综合生态服务功能，促进“湖—城”共生复合生态系统的形成？

1 场地解读

1.1 地理区位

汉丰湖国家湿地公园位于重庆开县城区内东河与南河交汇处（北纬31° 11′，东经108° 25′），东起乌杨桥水位调节坝，西至南河大邱坝，南以新城防护堤为界，北到老县城所在的汉丰坝—乌杨坝一线（图1）。公园规划总面积1303 hm^2，高水位运行时水域面积达1089 hm^2。

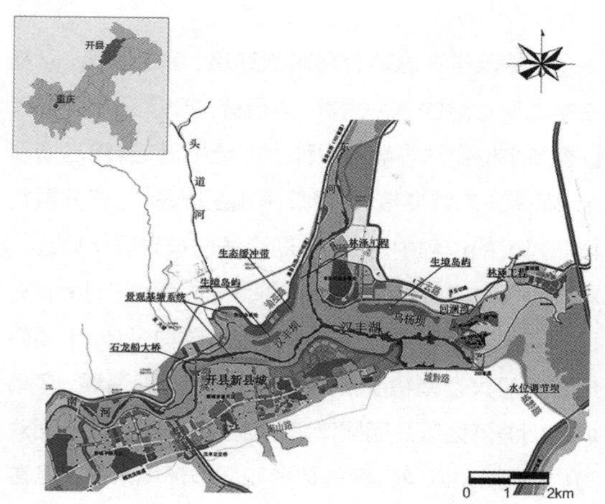

图1 研究区域总平面图

1.2 自然概况

研究区所在地开县属亚热带湿润季风气候，多年平均气温18.5 ℃，无霜期306天，多年平均降水量1385 mm。汉丰湖所在区域属丘陵河谷地貌区，近东—西走向，河床两侧为宽缓的河谷，河漫滩发育，地形起伏小。汉丰湖主要支流为东河、南河和头道河，多年平均流量为76.6 m^3/s。湖周低海拔区域主要土壤类型为沙质土，较高海拔区域主要为黄壤和黄棕壤。

公园范围内共有高等维管植物143科479属548种，其中，自然植被以狗牙根（Cynodon dactylon）、香附子（Cyperus rotundus）、西来稗（Echinochloa crusgalli）等耐水淹草本植物群落为主；公园范围内共有脊椎动物210种，其中，鱼类74种，两栖动物12种，爬行动物19种，鸟类144种，哺乳动物23种[11]。

1.3 水位变动

汉丰湖是三峡水库的前置库，其水位变动受三峡大坝和汉丰湖水位调节坝双重水位调节影响（图2）。冬季三峡水库进入蓄水期，当水位上升至172.28 m时，水位调节坝开启以保持汉丰湖水位与三峡水库水位同步运行；次年1月左右，三峡水库水位逐渐下降，当水位降至172.28 m时，水位调节坝下闸挡水；夏季进入汛期后，水位调节坝根据上游来水量进行调度，以保证汉丰湖水位保持在172.28 m，仅当上游来水量大于等于800 m^3/s时，调节坝闸门全开以敞泄冲沙，洪水之后再次下闸蓄水。在三峡大坝和水位调节坝的共同作用下，汉丰湖水位涨幅由原来的22.5 m下降为2.72 m。湖周消落带区域在冬季被水淹没形成的浅水区为鸟类生境的营造提供了契机，而在夏季出露又为其作为水陆交错区的生态缓冲带功能和休闲娱乐功能的实现提供了平台。

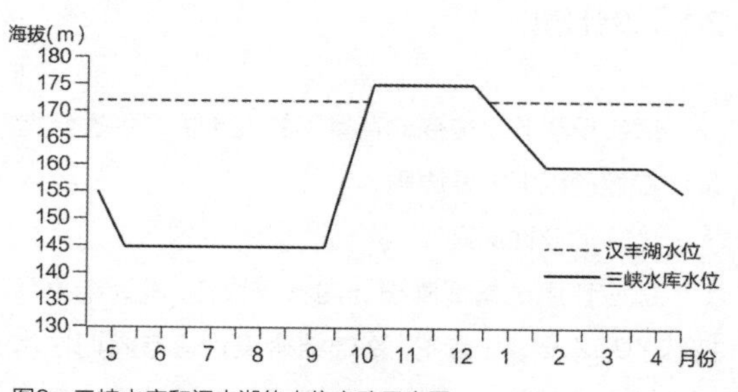

图2 三峡水库和汉丰湖的水位变动示意图

1.4 生态护岸设计重难点分析

面向水质净化、景观优化和生物生境等综合生态服务功能的需要，汉丰湖护岸生态结构设计重点及难点在于以下几个方面：

①尽管汉丰湖水位变动已由22.5 m下降至2.72 m，但长达3个月的冬季水下淹没及随后长期的干旱暴露仍对消落带内植物的生长提出了严峻考验，这不仅影响湖岸景观质量，还不利于消落带生态系统结构的稳定及其功能的有效发挥。汉丰湖护岸生态结构设计首先要注意对该区域反季节水位变动适生植物物种的筛选。

②汉丰湖作为城市内湖，其地形位于整个城市的最低点，湖周城市硬化地表大量的面源污染物质将随地表径流散排或通过雨水管道集中排入湖中，导致水环境质量下降。另外，开县新县城污水管网尚不健全，部分偷排、漏排的生活污水，以及污水处理站未经深度处理的出水直接排入汉丰湖，势必加剧湖体水质进一步恶化的风险。需要通过科学合理的护岸结构设计，发挥其重要的生态屏障功能，以有效阻止城市陆域污染物质直接进入汉丰湖，从而维持汉丰湖健康的水质状况。

③汉丰湖湿地公园综合服务功能定位包括水质净化、景观优化和生物生境等多个方面。只有以生态系统学原理为基础，结合环境科学、景观设计等专业知识，通过适当微地貌改造和合理植物配置等手段，才能促进一个“湖—城”共生的湿地复合生态系统的形成。

2 生态护岸结构设计

2.1 设计原则

适应反季节水位变动背景下的城市护岸生态结构设计应遵循以下主要原则：

（1）适应性原则

适应性原则是保障设计内容可操作，设计结果可持续的基本要求。首先，基础结构设计应与周期性水位波动的客观条件，以及局部区域地形地貌特征相适应；其次，植物的选择应与冬季长时间淹没和夏季长期干旱的生长条件相适应；最后，植物配置及微地貌改造应与具体的功能需求相适应。

（2）自然为母，时间为父

自然界是人类学习的最佳模板，设计应该立足于对自然界客观现象和规律的认识。对生态结构的设计不可能一蹴而就，应始终坚持人工设计和生态系统自我设计相结合的方式，通过人工设计营造特殊的地形、水文条件，诱导生态系统随时间演替、变化，直至最稳定的状态。

（3）重形态，更重功能

结构是功能的依托，而功能才是结构设计的终极目的。形态结构是设计表观上的体现，主要是满足景观功能的需要，而面对水质净化、生物生境等综合生态服务功能的需要，应该对形态结构进行更加科学合理的设计。设计结合自然，是指设计应该结合自然气候、地形、地貌等环境特征，更要求我们清楚地认识生态系统结构和功能之间的相互关系。

2.2 重点结构设计

根据汉丰湖湿地公园对水环境、滨水景观，以及生物生境功能的综合需求，本研究提出了适应该区域反季节水位变动影响的四种生态结构，即景观基塘系统、湖岸生态缓冲带、林泽系统和生境岛屿。在开县新县城建设的过程中，大部分湖岸线已被硬质化处理，本研究暂时仅对尚未硬质化的岸线或滨水一侧尚有充足空间的消落带区域进行护岸生态结构设计，主要包括石龙船大桥南桥头护岸带、北岸汉丰坝沿线、乌杨坝外侧消落区以及回澜湾等区域。各研究点位所面对的功能需求，以及实际的地形和周边环境条件是各重点结构设计选址的主要依据。

2.2.1 景观基塘系统

基塘系统源于中国“桑基鱼塘”这一传统农业文化遗产理念，“塘”就是池塘，“基”就是分隔池塘的土埂，基上种植桑树便称为“桑基鱼塘”[12]。“塘以养鱼，基以树桑，蚕沙肥田，塘泥雍桑。”桑基鱼塘是一种健康的可持续的人工生态系统。受桑基鱼塘理念的启发，重庆大学湿地研究团队在澎溪河开展了消落带基塘工程研究，初步确定了基塘系统在消落带区域实施的可行性[9]。在此基础上，本研究将基塘系统理念进一步应用于具有反季节水位变动影响的城市滨湖区域景观及生态系统修复，提出了城市景观基塘系统结构。

景观基塘系统由一系列相互串联的塘块组成，其选址要求地形相对平坦且具有足够的面积。本研究选择在汉丰湖南岸石龙船大桥附近172.0~175.0 m海拔范围内地势较为平坦的湖岸，以及汉丰湖北岸头道河河口左侧的旧城拆迁回填区设计景观基塘系统。这两个区域一个接近新县城，一个紧邻汉丰街道及规划的住宅区，均为市民能够快速到达的区域，这将提高基塘系统的展示度，增强其休闲游憩功能和宣传教育功能。南岸景观基塘塘基顶部设计宽度1.0 m，可供市民观赏游览；基塘平均设计水深30 cm，水流通过重力作用在塘与塘之间逐级流动。城市地表径流通过雨水管道排入基塘系统（图3），在经过沉淀、微生物降解和植物吸收等净化过程后进入汉丰湖，一方面实现了对面源污染的拦截；另一方面也有助于削弱洪峰流量。南面景观基塘均位于175.0 m水位线以下，植物配置以太空飞天荷花（Nelumbo nucifera（space-bred））、再力花（Thalia dealbata）、黄花鸢尾（Iris wilsonii）、芦苇（Phragmites australis）、香蒲（Typha orientalis）、菖蒲（Acorus calamus）等兼具良好水质净化功能和景观效果的耐水淹植物为主，塘基之上则以自然生长的狗牙根（C. dactylon）、香附子（C. rotundus）等植物为主。

头道河河口景观基塘系统（图4）位于175.0 m水位线以上，虽然不受水位波动的影响，但对汉丰湖水质的维护起着重要作用。场地东北角为一小型污水处理站，负责处理汉丰坝附近居民排放的生活污水，污水处理站设计出水水质要远高于地表水环境质量标准要求，经污水处理站处理后的生活污水直接排入汉丰湖将对湖体水质造成一定影响。本设计利用景观基塘系统构建表流型人工湿地25亩（约16667m^2）以对污水处理站出水进行深度处理，预计BOD5、CODcr和SS的去除率均可达50%以上[13]，水流在经过逐级净化之后最终排入汉丰湖。基塘内湿地植物物种多以乡土植物为主，其配置综合考虑了景观需要和植物对不同浓度污染物的净化能力和耐受能力：从入水口到出水口，水质逐渐改善，依次配置挺水植物区[如荷花（N. nucifera）、香蒲（T. orientalis）、风车草（Clinopodium urticifolium）、芦苇（P. australis）、千屈菜等]→浮水植物区[如睡莲（Nymphaea tetragona）、荇菜（Nymphoides peltatum）、眼子菜（Potamogeton distinctus）、菱角（Trapa bispinosa）等]→沉水植物区[如菹草（Potamogeton

图3　汉丰湖南岸景观基塘系统

图4　头道河河口景观基塘系统

crispus）、黑藻（Hydrilla verticillata）、金鱼藻（Ceratophyllum demersum）等]，植物布局或疏或密，或高或低，或呈团块状，或呈片状，塘基之上丛植蒲苇（Cortaderia selloana）、芦竹（Arundo donax）等高草灌丛植物，由此以增强湿地景观层次感。大小各异、深浅不一的景观基塘经过流水的串联形成塘链，增强了其景观价值。基塘系统内铺设木质栈道供市民游憩，通过对栈道走向的精心设计，辅以各种大小标志牌构成的解说系统，不仅向游人展示了湿地作为“地球之肾”发挥的水质净化功能，同时也讲述了湿地植物群落发育演替的完整历程。因此，头道河河口景观基塘系统不但具有水质净化功能和景观功能，还具有重要的科普宣教功能。

在景观基塘系统结构设计上需要注意底部的防渗和驳岸的生态化处理。由于该区域底质以河沙和回填弃土为主，防渗性能较差，因此，在基塘底部应先铺设一层土工布防渗，再回填种植土。驳岸则以自然的土质边岸或具有多孔隙空间的干砌块石护岸为主，从而为湿地动植物提供更加优质的栖息空间。

2.2.2 湖岸生态缓冲带

自然河岸带通常由河岸草甸、河岸灌丛，以及河岸乔木林构成具有带状结构特征的缓冲区（Riparian buffer zone）[14]，它对河流生态系统健康的维持具有重要作用。研究表明，当植被缓冲带宽度达5 m以上时，能够有效减少地表径流中的氮和泥沙含量，拦截效率达42%以上；当缓冲带宽度达9 m以上时，能进一步减少径流中磷的含量[15]。河岸缓冲带具有重要的生境功能。Pearson和Manuwal通过研究发现河岸缓冲带作为繁殖鸟生境的功能与其宽度存在一定联系，当其宽度达到45 m时，将维持河岸鸟类种群的稳定性[16]。Richardso等认为河岸缓冲带植被具有拦截泥沙，为温度敏感性鱼类提供遮阴庇护条件，以及通过枯枝落叶分解提供水生动物所需的营养盐等作用，对水生态系统中鱼类及其他生物生境的维持具有重要作用[17]。除此之外，缓冲带植物地下交织的根系能够有效防止水土流失，而由乔灌草形成的复杂垂直结构能够通过枝叶拦截、蒸发、蒸腾等作用有效阻止降雨以地表径流的形式直接进入地表水体，从而起到削峰滞洪的作用[18]。因此，构建河岸缓冲带已经成为一种常用的岸线生态修复手段，而三带缓冲系统也常用于湖泊水库等岸线的生态结构重建（图5）[19-21]。

汉丰湖湖岸生态缓冲带建设地点位于头道河河口至东河河口之间的汉丰坝外缘消落带区域。该区域为开县老县城政府所在地，场地拆迁回填后平均边坡系数为1：8，海拔172.28~175.0 m的平均坡面宽度约22 m。汉丰湖沿岸消落带夏消冬涨的水位变化规律与多数植物冬季休眠夏季生长的节律相吻合，这为消落带缓冲区植物生存提供了机会。设计所选用的植物品种多为在消落带实地考察或试验研究中筛选出的本地宿根植物，它们既耐冬季水淹，也耐夏季干旱。植物配置则主要考虑不同高程水位变动对植物生长的影响。在深水区所配置的植物宜为对夏季洪水具有一定抵抗能力的灌丛或草本，它们能够通过无性繁殖[22]或调整物候期以保持繁殖能力[6]；在浅水区则配置既耐水湿又耐干旱的观赏性两栖植物。结合汉丰湖反季节水位变化特征和消落带适生植物生长特性，本研究对湖岸生态缓冲带进行以下植物配置：在外缘带水深1.2 m以上区域（海拔172.28~173.8 m），片植狗牙根（C. dactylon）、牛鞭草（Hemarthria altissima）、香附子（C. rotundus）等耐淹乡土植物，其间丛植秋华柳（Salix variegata）、南川柳（Salix rosthornii）、小叶蚊母（Distylium buxifolium）、芦苇（P. australis）、水巴茅（Miscanthus floridulus）等耐水淹灌丛（或高草）以丰富生境类型；在内缘带水深1.2 m以下区域（海拔173.8~175 m），片植美人蕉（Canna indica）、风车草（C. urticifolium）、黄花鸢尾（I. wilsonii）等既耐水淹又耐干旱的两栖植物，3~5株小规模种植落羽杉（Taxodium distichum）、池杉（Taxodium ascendens）、水松（Glyptostrobus pensilis）等湿地乔木，以增强湖岸带景观层次感，其间丛植芦苇（P. australis）和水巴茅（M. floridulus）以增添城市自然野趣（图6）。

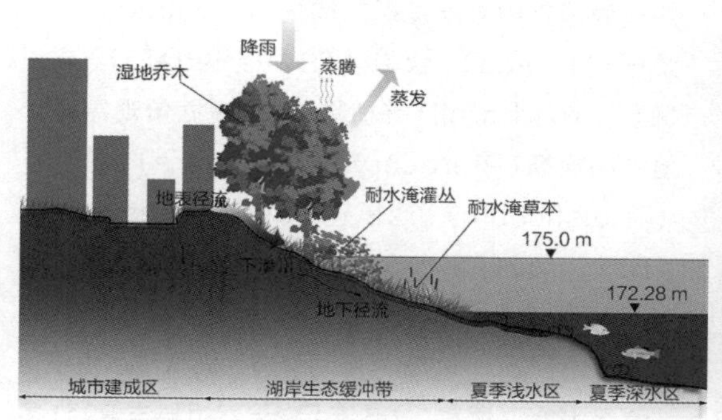

图5 库岸生态缓冲系统示意图

图6 汉丰湖北岸生态缓冲带工程效果

2.2.3 林泽系统

为了保证三峡水库行洪通畅，保障航运安全，并防止蓄水造成库区水质迅速恶化，长江三峡集团公司早在大坝修建过程中便组织实施了175 m水位线以下区域的清库工作，几乎所有该区域内的乔木和绝大部分灌木都被砍伐殆尽。国外大量相关研究及国内部分实践表明，实际上存在着很多耐水淹的乔灌木树种，如池杉（T. ascendens）、落羽杉（T. distichum）、中山杉（Taxodium hybrid ‘zhongshanshan’）、桑树（Morus alba）、乌桕（Sapium sebiferum）、水桦（Betula nigra）、秋华柳（S. variegata）、南川柳（S. rosthornii）、旱柳等，这些树种在经历冬季蓄水淹没后仍能良好生长，落羽杉（T. distichum）、池杉（T. ascendens）等树种甚至能常年浸泡在水中形成水上森林，即林泽系统（Swamp Forest）[23]。

在三峡水库支流的湖汉库湾等区域实施消落带林泽工程（Littoral woodland），不但能丰富消落带单调的草甸景观，还具有重要的生态学意义。林泽系统是对三带缓冲系统的外延，它将河岸林地对河流生态系统的影响直接延伸到水中：第一，通过林泽系统能够进一步增强对湖岸的稳固；第二，林泽树木产生的枯枝落叶等凋落物进入水中并缓慢释放营养盐，对维持水生态系统的稳定具有重要意义；第三，树冠形成的阴影能够促使水体温度呈现出局部差异，尤其在炎热的夏季，这将为温度敏感性鱼类和水生昆虫提供更加适宜的生境；第四，冬季淹水后，林冠出露水面为越冬水鸟提供了良好的庇护环境；第五，林泽树木通过光合作用产生的氧气能够传输到根部并源源不断地释放到水中，从而增加湖水含氧量；第六，水库是温室气体甲烷的重要来源（碳源），林泽树木的生长能够有效固碳，成为碳汇，从而在一定程度上平衡三峡水库碳排放，对缓解温室效应具有一定影响。

本研究中的林泽工程主要实施区域位于东河河口及乌杨坝回澜湾172.0 m以上区域，植物物种选择池杉（T. ascendens）、落羽杉（T. distichum）等典型耐水淹乔木，并间插种植色叶植物乌桕（S. sebiferum）以丰富湖岸季相景观。林泽边缘配植芦苇（P. australis）、芦竹（A. donax）、水巴茅（M. floridulus）、香蒲（T. orientalis）等高草植物形成高草—林泽复合系统，以进一步增强林泽工程实施区的生物生境功能。

2.2.4 生境岛屿

鸟类是湿地公园生境质量的重要指标，湿地鸟类被形象地比喻为城市湿地公园中“用翅膀投票的游客”[24]。对湿地公园而言，鸟类生境的营造至关重要。河心小岛是河流廊道中重要的结构要素。河流挟带的大量泥沙首先在水流减缓处逐渐沉积形成河心滩，泥沙进一步在河心滩堆积并高出水面时便形成河心洲，随着河心洲植物群落的不断演替，它对泥沙的拦截作用也不断增强，河心洲不断堆高，植物群落结构日趋复杂，最终形成有乔—灌—草复合群落结构的河心岛屿。在《诗经·国风·周南》的开篇之作“关雎”中描写道“关关雎鸠，在河之洲”，以及被世人尊为“诗圣”的唐代诗人杜甫所作《登高》一文中所描绘的“渚清沙白鸟飞回”等文学作品中都反映出河心小岛是一种重要的鸟类生境。从生态学角度分析，食物、水和隐蔽的环境是鸟类生境营造的三大要素[25]。河心小岛复杂的植被结构为鸟类筑巢提供了便利，同时小岛与陆地之间的水面有效减少了人类活动的干扰，降低了鸟类受到蛇类等天敌攻击的概率，小岛周边水草丰茂的浅水区域中生活的鱼虾和水生昆虫为鸟类提供了丰富的食物，这尤其为鹭类及鸻鹬类涉禽提供了绝佳的栖息场所。

生境岛屿主要分布在北岸汉丰坝和乌杨坝外侧海拔168~172m区域。岛屿顶部设计标高174.5~176.0m，其中，175m以上空间配置火棘（Pyracantha fortuneana）、水麻（Debregeasia orientalis）、悬钩子（Rubus）、小果蔷薇（Rosa cymosa）、枸杞（Lycium chinense）、桑树（M. alba）、商陆（Phytolacca acinosa）等带浆果灌木植物，能够为多种鸟类提供食物。地被配置豆科植物葛藤（Pueraria lobata）、合萌（Aeschynomene indica），以及十字花科植物白菜（Brassica pekinensis）、甘蓝（Brassica oleracea）、芥菜（Brassica juncea）等蝴蝶寄主植物，这能增加蝴蝶种类和数量，同时蝶类幼虫能够吸引更多的鸟类捕食，从而增加鸟类多样性。岛上丛植水杉（Metasequoia glyptostroboides）、池杉（T. ascendens）、落羽杉（T. distichum）等高大湿地乔木以增强岛屿景观的层次感和立体感；175.0~174.0 m海拔边坡系数控制在1：8以下，通过斜坡入水的地形塑造构建更大面积的冬季浅水区域，配以芦苇（P. australis）、水巴茅（M. floridulus）、风车草（C. urticifolium）、美人蕉（C. indica）等既耐水湿又耐干旱的高草植物，为冬季水鸟营造出觅食、游憩空间；海拔174.0~172.28 m的岛屿空间通常出露速度较快，适宜种植能经受冬季淹水考验的乡土植物，如在消落带内考察发现的枸杞（L. chinense）、桑树（M. alba）、秋华柳（S. variegata）、南川柳（S. rosthornii）等植物，也可根据景观需要少量种植枫杨（Pterocarya stenoptera）、落羽杉（T. distichum）、池杉（T. ascendens）、水桦（B. nigra）等耐水淹乔木。1月份，汉丰湖水位即可下降至设计常水位172.28 m，适合利用海拔172.28~172.0 m的岛屿空间营造大面积浅水生境，浅水区域水温适宜、光热充足，天然饵料丰富，许多微生物、小虫、小虾能在这片温暖的水域中大量繁衍生长。该区域地形应尽量平缓，边坡系数控制在1：8以下。植物配置以适合消落带水位变动的湿地植物为主，如荷花（N. nucifera）、慈姑（Sagittaria trifolia var. sinensis）、茭白（Zizania latifolia）、荸荠（Heleocharis dulcis）、水稻（Oryza sativa）、西来稗（E. crusgalli）等。除此之外，该区域应通过铺设大量卵石、砾石对基质进行改造。这些卵石、砾石能为鱼、虾、昆虫提供多孔隙栖息空间，同时能为鲫鱼（Carassius auratus）、鲤鱼（Cyprinus carpio）等喜静水产卵的鱼类提供理想的产卵场所。另外，石块表面附着生长的微生物膜还能有效降解有机污染物，对汉丰湖水环境质量的维持具有重要作用（图7）。

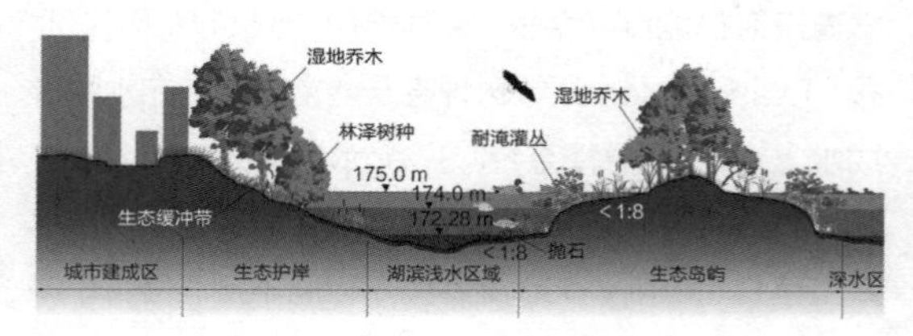

图7　生境岛屿示意图

3　结语

逐水草而居是人的本性，逐水草而栖也是湿地动物的本能。水草，不仅有水，还应该有繁茂的湿地植物，以及在其中生存的鱼类、昆虫和水鸟，以构成完整的湿地生态系统。湿地公园是一种特殊的生态园林，其建设应以人为根本出发点，在改善居民生活质量的同时，实现对环境的保护，这与生态工程设计过程中提出的“人与环境共赢”的基本思想一致。人与自然本应和谐发展，湿地保护与利用也并非完全矛盾对立。作为景观设计工作者，在设计过程中应注意从多角度去思考，尊重大自然，并以生态学原理为指导进行设计，探索生态效益、经济效益和社会效益的平衡点，促进保护和发展的双赢。

4 致谢

感谢澎溪河湿地自然保护区及汉丰湖公司在本研究过程中提供的相应帮助，感谢颜文涛老师在设计过程中的悉心指点，感谢评审专家提出的修改意见以帮助提高本文的严谨性与可读性。■

参考文献

[1] 程瑞梅，王晓荣，肖文发，等. 消落带研究进展[J]. 林业科学，2010（4）：111-119.

[2] Yuan X, Zhang Y, Liu H, et al. The littoral zone in the Three Gorges Reservoir, China: challenges and opportunities[J]. Environmental Science and Pollution Research, 2013（10）：7092-7102.

[3] 袁兴中，熊森，刘红，等. 水位变动下的消落带湿地生态工程——以三峡水库白夹溪为例[J]. 重庆师范大学学报：自然科学版，2012（3）：19-31.

[4] 张银龙，艾丽皎，佘居华. 水淹对三峡库区消落带南川柳植物群落的影响[J]. 南京林业大学学报：自然科学版，2013（4）：27-32.

[5] 张建军，任荣荣，朱金兆，等. 长江三峡水库消落带桑树耐水淹试验[J]. 林业科学，2012（5）：154-158.

[6] 苏晓磊，曾波，乔普，等. 冬季水淹对秋华柳的开花物候及繁殖分配的影响[J]. 生态学报，2010（5）：69-76.

[7] 黄世友，马立辉，方文，等. 三峡库区消落带植被重建与生态修复技术研究[J]. 西南林业大学学报，2013（3）：74-78.

[8] 袁兴中，熊森，李波，等. 三峡水库消落带湿地生态友好型利用探讨[J]. 重庆师范大学学报：自然科学版，2011（4）：29-31.

[9] Li B, Yuan X, Xiao H, et al. Design of the dike-pond system in the littoral zone of a tributary in the Three Gorges Reservoir, China[J]. Ecological Engineering, 2011（11）：1718-1725.

[10] 曾旭东，蔡晶晶. 基于城市设计方法的消落带治理研究——以三峡库区重庆万州天仙湖规划设计为例[J]. 室内设计，2012（5）：43-48.

[11] 袁兴中，颜文涛，叶姜瑜，等. 重庆汉丰湖国家湿地公园总体规划[R]. 重庆：重庆大学，2010.

[12] 周晓钟. 珠江三角洲的基塘系统[J]. 中学地理教学参考，2005（1）：25-26.

[13] 中华人民共和国环境保护部. 人工湿地污水处理工程技术规范[S]. 北京，2010.

[14] Naiman R J, Decamps H, Mcclain M E. Riparian- Ecology, Conservation, and Management of Streamside Communities[M]. San Diego, California: Elsevier Academic Press, 2010.

[15] 汤家喜. 河岸缓冲带对农业非点源污染的阻控作用研究[D]. 沈阳：沈阳农业大学，2014.

[16] Pearson S F, Manuwal D A. Breeding bird response to riparian buffer width in managed Pacific Northwest Douglas-fir forests[J]. Ecological Applications. 2001, 11（3）：840-853.

[17] Richardson J S, Taylor E, Schluter D, et al. Do riparian zones qualify as critical habitat for endangered freshwater fishes?[J]. Canadian Journal of Fisheries and Aquatic Sciences. 2010, 67（7）：1197-1204.

[18] Fisrwg. Stream Corridor Restoration: Principles, Processes and Practices[M]. Washington, DC: 2001.

[19] 陈思佳. 高尔夫球场水环境监测及其水岸缓冲带设计[D]. 北京：北京林业大学，2013.

[20] 胡小贞，许秋瑾，蒋丽佳，等. 湖泊缓冲带范围划定的初步研究——以太湖为例[J]. 湖泊科学，2011（5）：57-62.

[21] 叶春，李春华，邓婷婷. 湖泊缓冲带功能、建设与管理[J]. 环境科学研究，2013（12）：28-34.

[22] Ernst K A, Brooks J R. Prolonged flooding decreased stem density, tree size and shifted composition towards clonal species in a central Florida hardwood swamp[J]. Forest Ecology and Management. 2003, 173（1-3）：261-279.

[23] Iwanaga F, Takeuchi T, Hirazawa M, et al. Effects of total submergence in saltwater on growth and leaf ion content of preflooded and unflooded Taxodium distichum saplings[J]. Landscape and Ecological Engineering. 2009, 5（2）：193-199.

[24] 杨云峰. 城市湿地公园中鸟类栖息地的营建[J]. 林业科技开发，2013（6）：89-94.

[25] Weller M W. Wetland Birds: Habitat Resources and Conservation Implications[M]. Cambridge, United Kingdom: Cambridge University Press, 2004.

图片来源

所有图片均为作者自绘。

南京　摄影/李翔

全国各族人民的大团结万岁！

武汉　摄影/谭刚毅

烧
烤
老长沙

重庆　摄影/褚冬竹

Ⅳ 附 录

历年论坛报告题目与合影

首届“壹江肆城”建筑院校青年学者论坛演讲名录（2015）		
姓 名	单 位	演讲题目
褚冬竹	重庆大学	《城市显微》
魏皓严	重庆大学	《脚下的江山重庆》
谢 辉	重庆大学	《山地城市声景观》
毛华松	重庆大学	《城市文明演变下的宋代城市风景范式研究》
谭刚毅	华中科技大学	《江城水火——城市灾害与城市形态》
王 通	华中科技大学	《城市雨水问题引发的规划设计思考》
周 钰	华中科技大学	《街道界面形态与城市形态的联系及其规划控制探讨》
贾艳飞	华中科技大学	《中外历史保护哲学思想对比研究》
石 邢	东南大学	《三十年的探索——建筑性能优化设计国际研究动态》
易 鑫	东南大学	《知识经济推动下的区域转型探索——以上海闵行区黄浦江两岸发展战略研究为例》
李海清	东南大学	《差异的河流》
邓 浩	东南大学	《分辨率》
栾 峰	同济大学	《政策区：大都市区总体规划的理念与技术方法创新》
王桢栋	同济大学	《城市建筑综合体的城市性探析》
董楠楠	同济大学	《基于社会价值的景观空间探析：研究、教学与实践》
忽 然	上海中森	《坚持与耐性——设计院体制下建筑师的态度》

第二届"壹江肆城"建筑院校青年学者论坛演讲名录(2016)		
姓 名	单 位	演讲题目
孔明亮	重庆大学	《基于空间领域性格下的重庆民国建筑外部空间构成与特征》
杨真静	重庆大学	《重庆地区居住建筑热环境研究与改造实践》
肖 竞	重庆大学	《西南地区典型历史城镇的形态演变》
曾 引	重庆大学	《柯罗林的遗产》
刘 剀	华中科技大学	《武汉三镇城市形态生成与演变》
刘合林	华中科技大学	《武汉城市圈发展阶段及空间发展方向研究》
董贺轩	华中科技大学	《生产城市空间——建筑设计的另一半使命》
童乔慧	武汉大学	《澳门建筑遗产的数字化保护模式》
顾 凯	东南大学	《拟入画中行——晚明江南造园对山水游观体验的空间经营与画意追求》
张 愚	东南大学	《城市高度形态的相似参照逻辑与模拟》
江 泓	东南大学	《城市空间形态转型的成本问题——一个新制度经济学视角下的分析》
窦平平	南京大学	《空间书写与多重作者——以南京长江大桥为例》
陈薇镇	同济大学	《景观规划的价值变迁——战略规划与城市设计两种视角下的分析》
刘 刊	同济大学	《多元文化视角下的上海城市更新》
田唯佳	同济大学	《心理地图与城市公共空间认知——设计基础教学中的两次实验》
姚 栋	同济大学	《原居安老的空间措施研究》
杨孟春	上海中森	《建筑设计的专业性与建筑师的责权延伸——城市健康综合体的设计概念》
张宝贵 彭春妮	北京宝贵石艺 科技有限公司	《厚土·后土》

第三届“壹江肆城”建筑院校青年学者论坛演讲名录（2017）		
姓　名	单　位	演讲题目
黄　珂	重庆大学	《身体在当下,设计在别处——一段关于身体建筑学的生活历程》
黄　勇	重庆大学	《重庆历史文化名镇规划建设实施评估》
冯　棣	重庆大学	《掩门人——西南崖造新探》
王中德	重庆大学	《从“连接”到“链接”网络信息时代“脱域”化对城市公共空间的考量》
王　玺	华中科技大学	《长江中游地区居住热环境中“人本基因”的特征和潜力》
单卓然	华中科技大学	《非机动出行视角下——武汉市“次区域生活圈”空间界定与特征识别》
万　谦	华中科技大学	《〈沙湖志〉再解读——武昌东湖景观建设的近代视野》
赵纪军	武汉大学	《武汉“山林地”私家园林的近代转型》
朱　渊	东南大学	《日常距离》
周聪惠	东南大学	《城市的活性绿纤维——服务绩效导向下的建成环境绿道规划设计》
史　宜	东南大学	《跨江城市中心体系的时空动态特征》
周　凌	南京大学	《地域文化与空间重建》
谭　峥	同济大学	《基础设施视野下的城市空间滨水空间更新探索》
田唯佳	同济大学	《隐性基因的显性表达：滨水城市进化过程中水系演变的空间影响》
翟宇佳	同济大学	《城市开放空间设计特征测量与行为学研究》
程　遥	同济大学	《崛起的上海全球城市区域——基于企业分支机构的研究》
叶　宇	同济大学	《新数据和新技术条件下的人本城市设计新可能》
张　男	上海中森	《流变与绵延》
于　雷	九城都市	《从形式追求到活动激发的转向》

第四届“壹江肆城”建筑院校青年学者论坛演讲名录（2018）		
姓 名	单 位	演讲题目
李云燕	重庆大学	《灾害韧性视角下的城市空间适灾研究》
梁树英	重庆大学	《光环境研究成果在乡村振兴中的应用与思考》
冷 婕	重庆大学	《斜栱的价值与再研究》
李 波	重庆大学	《乡村振兴背景下的山区河流景观优化途径》
刘小虎	华中科技大学	《用母语建造》
殷利华	华中科技大学	《城市高架桥阴空间利用及景观思考》
王宝强	华中科技大学	《韧性城市：从全球共识到地方行动的转译——黄石韧性城市的构建思考》
徐 燊	华中科技大学	《在城乡环境中太阳能连片化和规模化应用潜力研究》
徐 瑾	东南大学	《由“村外人”到“新乡贤”：传统村落复兴的乡村治理新模式研究》
徐 宁	东南大学	《乡村振兴实践——以句容唐陵村东三棚特色田园乡村规划设计为例》
黄华青	南京大学	《作为技术的建筑：从印锡集中化茶厂到中国茶村的现代化进程》
黄旭升	同济大学	《自发与规训：以北京天桥为例的近代城市空间史研究》
王红军	同济大学	《演进中的当代乡土聚落》
张 立	同济大学	《小城镇空间意向初探》
田唯佳	同济大学	《新茅贡：黔东南地区的乡村实践》
杨 晨	同济大学	《基于新型测绘技术的乡村文化景观遗产保护》
张 男	上海中森	《西安秦皇陵铜车马博物馆方案》

致　谢

从萌生沿江四城建筑院校青年学者学术交流的想法，到今天摆在案头的文集样稿，时光已悄然划过五个冬夏。从历次现场交流到如今成文印刷，完成了这个因热情和使命走在一起的微小成果。带着对文字和纸张的敬重，这份成果也阶段性记载了这群人所思、所行。诚然，在成果层出不穷的学术世界里，这本论文集的分量实在有限，但它还是勇敢真实地呈现在你面前，担当着它应有的价值和职责。

借此机会，诚挚地向在这几年给予我们支持、帮助、指导的前辈、同仁、朋友致敬！没有你们在整个过程中的关照和援手，这个活动不会稳健地走到今天，更不会有这本文集的问世。

感谢重庆大学建筑城规学院时任院长赵万民教授在论坛初创时给予的大力支持，才使得这个全新的学术活动能够呱呱坠地，于2015年5月在重庆成功起航！也感谢现任院长杜春兰教授、党委书记李和平教授对论坛的热情关心和大力支持！

感谢华中科技大学建筑与城市规划学院、东南大学建筑学院、同济大学建筑与城市规划学院、《新建筑》杂志，感谢李保峰院长、黄亚平院长、韩冬青院长、李振宇院长、孙彤宇副院长、李晓峰主编/副院长给予历届论坛的大力支持！

特别感谢东南大学建筑学院王建国院士对论坛的关心和指导，并在文集编辑过程中精心撰写寄语，将论坛背景、研讨意义和殷切勉励融入文字，为青年学者们展开了敞亮的发展图景，鼓励着建筑院校青年教师们继往开来、砥砺前行！

论坛和文集的成功呈现，离不开一个重要伙伴——隶属中国建设科技集团股份有限公司的上海中森建筑与工程设计顾问有限公司。中森公司两任董事长对论坛自创立初期至今均给予了最有力的支持。他们求学于重庆，工作开展于上海，亦正契合了论坛主题，让“壹江肆城”论坛的初衷和精神，融入了每个具体参与者、支持者的身上。同时，中森公司也以丰富多样的设计成果和缜密严谨的学术思考直接参与了系列论坛，使这个以高校教师为主体的学术活动增添了优秀行业专家的身影，亦映射出建筑类学科高度的前沿性、社会性和应用性特质。

最后，感谢每一位参与论坛、帮助论坛发展的学者、同仁、朋友！

长江后浪推前浪。青年学者，已迎面而来！

《“壹江肆城”建筑院校青年学者论坛文集》编委会

主编：褚冬竹

2019年10月18日